Java
入门经典（第8版）

[美] 罗格斯 · 卡登海德（Rogers Cadenhead） 著
金婧 郭慧 译

人民邮电出版社
北京

图书在版编目（CIP）数据

Java入门经典 : 第8版 / (美) 罗格斯·卡登海德 (Rogers Cadenhead) 著 ; 金婧, 郭慧译. -- 北京 : 人民邮电出版社, 2020.10
ISBN 978-7-115-54605-0

Ⅰ. ①J… Ⅱ. ①罗… ②金… ③郭… Ⅲ. ①JAVA语言—程序设计 Ⅳ. ①TP312.8

中国版本图书馆CIP数据核字(2020)第142862号

版权声明

◆ 著　　[美] 罗格斯·卡登海德（Rogers Cadenhead）
译　　金 婧 郭 慧
责任编辑　陈聪聪
责任印制　王 郁 焦志炜
◆ 人民邮电出版社出版发行　　北京市丰台区成寿寺路 11 号
邮编　100164　　电子邮件　315@ptpress.com.cn
网址　https://www.ptpress.com.cn
北京天宇星印刷厂印刷
◆ 开本：787×1092　1/16
印张：20.5
字数：479 千字　　2020 年 10 月第 1 版
印数：1 – 2 000 册　　2020 年 10 月北京第 1 次印刷
著作权合同登记号　图字：01-2018-7653 号

定价：89.00 元
读者服务热线：(010) 81055410　印装质量热线：(010) 81055316
反盗版热线：(010) 81055315
广告经营许可证：京东市监广登字 20170147 号

内容提要

本书共分为 24 章，作者用通俗易懂的语言描述了 Java、面向对象编程和 Java 应用的基本概念，主要介绍了 Java 的基本概念，包括变量的类型、字符串的使用、条件和循环语句、数组等；面向对象编程的基本概念，包括对象、继承、数据结构、如何捕获程序的错误、创建线程、人机交互的相关知识等；Java 应用的基本概念，包括如何创建 HTTP 客户端、使用 Java 绘制图形、创建 Minecraft mod、编写 Android 应用程序等。通过阅读本书，读者将学到 Java、面向对象编程的基本知识，以及 Java 应用的基本概念。

本书适合对 Java 和面向对象编程感兴趣的读者阅读。

献　辞

上图是我和我的父亲在 1970 年的合影。在我 12 岁第一次尝试在计算机上编程时，他借给我一台 Timex Sinclair 1000，并一直没有把它拿回去。

我的父亲是一名微电子工程师、业余无线电操作员。如果你以谈论天气与他开始一段对话，一小时后会发现他还在“高谈阔论”。他被安葬在得克萨斯州（简称得州）的哈尼格罗夫，与抚养他的母亲和祖母在一起长眠。他在世时，一直是“得州游骑兵”棒球队总经理乔恩·丹尼尔斯（Jon Daniels）的头号批评者。

关于作者

罗杰斯·卡登黑德（Rogers Cadenhead）是一位作家、计算机程序员和 Web 开发人员，写过超过 25 本编程和互联网相关主题的图书，包括 *Sams Teach Yourself Java in 21 Days*。他维护的网站 the Drudge Retort 和其他网站，每年累计访问量超过 2 000 万。感兴趣的读者可以通过 Twitter 与他联系。

致谢

感谢 Pearson Education 的朋友，尤其是马克·泰伯（Mark Taber）、洛里·里昂斯（Lori Lyons）、阿比盖尔·曼海姆·巴斯（Abigail Manheim Bass）、鲍里斯·明金（Boris Minkin）和达亚尼迪·长鲁纳尼迪（Dhayanidhi Karunanidhi）。他们出色的工作为我提供了很多帮助。

感谢我的妻子玛丽，以及我的儿子麦克斯、伊莱和萨姆。

前　言

我将简要介绍一下：使用 Java 进行计算机编程比看起来容易。

有成千上万使用 Java 的程序员能够在软件开发、服务器编程和 Android 编程领域获得高薪工作。程序员最不希望的事情就是让老板知道任何一个能坚持和有空闲时间的人都可以学习这种“流行”的编程语言。通过本书，读者将能够快速学习 Java 编程。

任何人都可以学习如何编写计算机程序。Java 是一种强大的现代编程语言，它被世界各地的公司所接受和使用。

本书的目标读者是那些认为自己讨厌编程的人、新手程序员，以及那些希望快速掌握 Java 的有经验的程序员。本书使用编写时最新的 Java 版本 Java 9。

Java 是一种非常流行的编程语言，因为它使许多事情成为可能。读者可以编写具有图形用户界面的程序，也可以编写连接到 Web 服务并在 Android 手机或平板计算机上运行的程序。

这种语言会出现在一些“神奇”的地方。例如游戏 Minecraft，它是完全用 Java 编写的。在本书中，读者将学习如何编写与爬行动物和僵尸一起奔跑的 Java 游戏！

本书将从头开始教授 Java 编程。它介绍了基本概念，而不是用术语来逐步举例说明读者将编写的程序。花 24 小时阅读本书后，读者将能够编写自己的 Java 程序，并对自己充满信心，相信使用这门语言可以学习到更多的东西。读者的这些技能也会使用得越来越好、越来越熟练——比如网络计算、图形用户界面设计、移动应用程序创建和面向对象编程。

这些术语现在对读者来说可能没什么意义。事实上，它们可能就是那些使编程看起来令人生畏的东西。但是，如果读者能用计算机在 Facebook 上创建一个相册、缴纳税款或者使用 Excel 电子表格，那么可以通过阅读本书来编写计算机程序。

注意

如果读者更喜欢咖啡而不是 Java，请把本书正面朝前放在商店中行人多的走道两旁的货架上。

资源与支持

本书由异步社区出品，社区（https://www.epubit.com/）为您提供相关资源和后续服务。

配套资源

本书提供如下资源：

- 本书源代码。

要获得以上配套资源，请在异步社区本书页面中单击 配套资源 ，跳转到下载界面，按提示进行操作即可。注意：为保证购书读者的权益，该操作会给出相关提示，要求输入提取码进行验证。

如果您是教师，希望获得教学配套资源，请在社区本书页面中直接联系本书的责任编辑。

提交勘误

作者和编辑尽最大努力来确保书中内容的准确性，但难免会存在疏漏。欢迎您将发现的问题反馈给我们，帮助我们提升图书的质量。

当您发现错误时，请登录异步社区，按书名搜索，进入本书页面，单击“提交勘误”，输入勘误信息，单击“提交”按钮即可。本书的作者和编辑会对您提交的勘误进行审核，确认并接受后，您将获赠异步社区的100积分。积分可用于在异步社区兑换优惠券、样书或奖品。

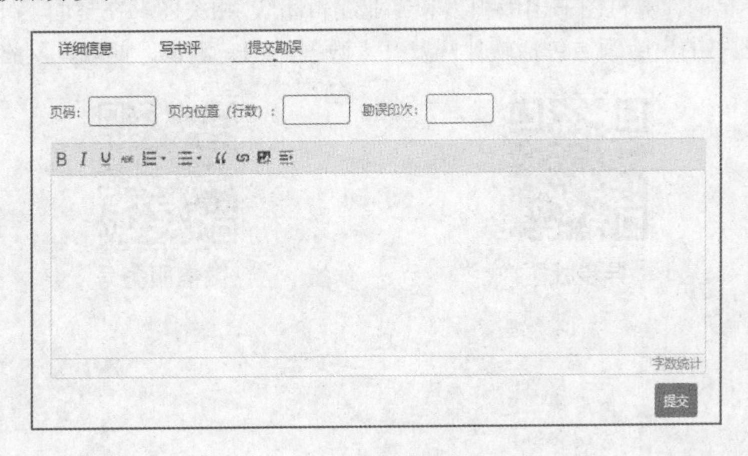

扫码关注本书

扫描下方二维码，您将会在异步社区微信服务号中看到本书信息及相关的服务提示。

与我们联系

我们的联系邮箱是 contact@epubit.com.cn。

如果您对本书有任何疑问或建议，请您发邮件给我们，并请在邮件标题中注明本书书名，以便我们更高效地做出反馈。

如果您有兴趣出版图书、录制教学视频，或者参与图书翻译、技术审校等工作，可以发邮件给我们；有意出版图书的作者也可以到异步社区在线提交投稿（直接访问 www.epubit.com/selfpublish/submission 即可）。

如果您是学校、培训机构或企业，想批量购买本书或异步社区出版的其他图书，也可以发邮件给我们。

如果您在网上发现有针对异步社区出品图书的各种形式的盗版行为，包括对图书全部或部分内容的非授权传播，请您将怀疑有侵权行为的链接发邮件给我们。您的这一举动是对作者权益的保护，也是我们持续为您提供有价值的内容的动力之源。

关于异步社区和异步图书

“**异步社区**”是人民邮电出版社旗下 IT 专业图书社区，致力于出版精品 IT 技术图书和相关学习产品，为作译者提供优质出版服务。异步社区创办于 2015 年 8 月，提供大量精品 IT 技术图书和电子书，以及高品质技术文章和视频课程。更多详情请访问异步社区官网 https://www.epubit.com。

“**异步图书**”是由异步社区编辑团队策划出版的精品 IT 专业图书的品牌，依托于人民邮电出版社近 30 年的计算机图书出版积累和专业编辑团队，相关图书在封面上印有异步图书的 LOGO。异步图书的出版领域包括软件开发、大数据、AI、测试、前端、网络技术等。

异步社区

微信服务号

目 录

第1章 成为一个程序员

在本章中读者将学到以下知识。

- 找出学习 Java 的原因。
- 了解程序是如何运行的。
- 选择一个 Java 编程工具。

读者可能听说过计算机编程极其困难。它需要一个计算机科学学位、数千元的计算机软硬件、敏锐的头脑分析能力、工作时的耐心甚至对含咖啡因饮料的强烈喜好。

这些一直都是错误的认识，除了关于含咖啡因饮料的那个部分。编程比想象得要容易。

这是学习编程的好时机。互联网上有无数免费下载的编程工具，众多的程序员将他们的工作作为开放源码分享，这样其他人就可以查看这些软件是如何编写、修复错误和改进的。在经济复苏之际，许多公司都在招聘程序员。

这是学习 Java 的好时机，因为这种语言“无处不在”。数以十亿计的移动设备使用 Android 操作系统，该操作系统的应用程序都是用 Java 编写的。一部 Android 手机，不论是用它来观看一部电影、在流媒体播放器中播放摇滚音乐，还是用它来玩各类游戏，这些都是在享受 Java 程序员的工作成果。

本书的目的是教以下 3 种人 Java 编程。

1．以前从未尝试过编程的神经紧张的新手。

2．痛苦地尝试编程的初学者，但像伏地魔讨厌那位英国的孤儿一样讨厌它。

3．了解其他编程语言，并且希望快速掌握 Java 的、缺乏耐心的高智商知识分子。

为了达到这个目的，本书尽可能多地使用名词全称，而不是技术术语或晦涩的首字母缩写。在介绍所有新的编程术语时，都会进行全面的解释。

如果成功学完本书，读者将掌握足够强的编程技能。并且能够编写程序，更有信心地投入编程类课程和图书，更容易学习新的语言（这是指编程语言。很明显，本书不会帮助读者掌握西班牙语、世界语或克林贡语）。

读者还将拥有使用 Java 的技能。Java 是使用极为广泛的编程语言之一。

本书的第 1 章提供了有关编程的介绍和计算机相关设置的指导，以便读者可以使用它编写和运行 Java 程序。

1.1 选择一种语言

如果读者对计算机足够熟悉，可以成功准备一份漂亮的简历，或在社交软件上分享度假照片，就可以创建计算机程序。

学习如何编程的关键是选择正确的编程语言。选择哪种编程语言通常取决于想要完成的任务。每种语言都有优点和缺点。在作者那个年代，年轻人主要学习 BASIC 编程，因为在人们的意识中，它是为初学者而创建的。

> **小提示**
> BASIC 的发明是为了方便学生学习的（BASIC 中的字母“B”代表的就是“Beginner”）。使用 BASIC 的缺点是，很容易使读者养成使用这种语言的草率编程习惯。

目前使用的基于 BASIC 的流行语言是 Visual Basic。它是一种来自微软的编程语言，已经远远超越了它的基础语言。Visual Basic 也被称为 VB，是为创建在使用 Windows 操作系统的计算机和移动设备上运行的程序而设计的。另一种流行的语言是 PHP。它是一种用于创建网站的脚本语言。读者可能还听说过其他广泛使用的语言，包括 C++、Ruby、JavaScript 和 Python。

每种语言都有它的追随者，但是在高中和大学的计算机科学课程中，被广泛教授的是 Java。

由 Oracle 提供的 Java 比其他一些语言（如 VB 和 PHP）更难学，但是由于某些原因，Java 是一个很好的起点。Java 的一个优点就是，Java 可以跨各种操作系统和开发环境使用。Java 程序可以是桌面软件、Web 应用程序、Web 服务器程序、Android 移动应用程序等，可以运行在 Windows、macOS、Linux 和其他操作系统上。早期“雄心勃勃”的 Java 口号“编写一次，在任何地方运行”就强调了这种多功能性。

> **小提示**
> 早期的 Java 程序员有一个不那么好听的口号：“编写一次，到处调试”。自从 1996 年 Java 的第一个版本发布以来，这门语言已经取得了长足的进步。

Java 的另一个重要的优点是需要一种高度组织的方法来让程序工作，必须特别注意如何编写程序，以及它们如何存储和更改数据。

当编写 Java 程序时，读者可能不认为这种语言的“挑剔行为”是一种优势，反而厌倦编写程序，甚至在程序可以运行之前就有几个错误需要修复。这些额外工作的好处是，创建的软件更可靠、更有用，并且一般没有错误。

在接下来的几个章节中，将要介绍 Java 的基本概念和要避免的问题。

Java 是由加拿大计算机科学家詹姆斯·戈斯林（James Gosling）等人创建的。1991 年，在 Sun Microsystems 工作时，戈斯林对 C++在一个项目上的“表现”不满意，所以他创建了一种新的语言，可以更好地完成这个项目。当然，Java 是否优于其他编程语言还存在争议，但 Java 的成功证明了它自身的价值。全世界有约 150 亿台（这个数字太惊人了）计算机在运行 Java 程序。自从这种语言被创建以来，已经出版了大量的相关图书。

不管 Java 是不是最好的语言，它绝对是一门值得学习的“伟大”语言。在第 2 章中，将尝试编写读者的第一个 Java 程序。

学习一种编程语言使学习其他编程语言变得更容易。许多编程语言彼此都是相似的，所以当读者一头扎进一个新的编程语言的学习时，并不是从头开始的。例如，许多 C++和 Smalltalk 程序员发现学习 Java 相当容易，因为 Java 借鉴了那些早期语言的思路。类似地，C#从 Java 中吸收了许多思想，因此 Java 程序员更容易理解 C#。

小提示

本章中 C++被提到了好几次，读者可能会对这个术语感到困惑，想知道它是什么意思。C++是由丹麦计算机科学家本贾尼·斯特劳斯特鲁普（Bjarne Stroustrup）在贝尔实验室开发的一种编程语言。C++是 C 语言的增强版，因此名称包含“++”。为什么不叫它 C+呢？加号部分是一个计算机编程的“笑话”，读者将在本书后文中了解。

1.2 告诉计算机该做什么

计算机程序，也称为软件，是告诉计算机执行任务的一种方法。计算机所做的一切，从开机到关机，都是由程序完成的。macOS 是一个程序；*Minecraft* 是一个程序；控制打印机的驱动软件是一个程序；即使是崩溃的 Windows 计算机上可怕的“蓝屏死机”也是一个程序。

计算机程序由运行时计算机按特定顺序处理的指令列表组成。每个指令被称为一条语句。

如果读者有自己的管家，则可以每天给管家一套详细的指令，如下所示。

亲爱的吉夫斯先生：

请帮我处理这些杂务。

第 1 项：用吸尘器清扫客厅。

第 2 项：去商店。

第 3 项：购买酱油、芥末和尽可能多的加州寿司卷。

第 4 项：回家。

你的主人，

伯蒂·伍斯特

如果读者告诉一个管家该做什么，则在要求如何得到满足这方面就有一定的回旋余地。

例如，如果没有加州寿司卷，则吉夫斯（Jeeves）可以购买波士顿寿司卷。

计算机没有回旋余地，它们按字面上的指示去做。读者写的程序被精确地运行，一次一条语句。

下面的例子是一个用BASIC编写的3行计算机程序。读者可以看一看，但不必深究每一行的意思。

```
1 PRINT "Hey Tom, it's Bob from the office down the hall."
2 PRINT "It's good to see you buddy, how've you been?"
3 INPUT A$
```

翻译一下，这个程序相当于给计算机一个待办事项列表。

亲爱的个人计算机：

第1项：显示“Hey Tom, it's Bob from the office down the hall”。

第2项：提出问题，“It's good to see you buddy, how've you been?”。

第3项：给用户一个回答问题的机会。

你的主人，

Lma编码器

计算机按照特定的顺序处理程序中的每条语句，就像厨师按照菜谱或管家吉夫斯按照伯蒂·伍斯特（Bertie Wooster）的指令那样。在BASIC中，行号用于将语句按正确的顺序排列。其他语言（如Java）不使用行号，而是使用不同的方式告诉计算机如何运行程序。

考虑到程序的运行方式，当程序运行出现问题时，不能“责怪”计算机。这台计算机正在做读者让它做的事情，出现问题的责任通常都在读者身上。

这是个坏消息。好消息是读者不会造成任何永久性的问题。当读者学习用Java编程时，没有计算机会受损伤。

1.3　程序是如何运行的

组成计算机程序的语句集合称为它的源代码。

大多数计算机程序的编写方式与读者写电子邮件的方式相同——在文本编辑器窗口中输入每个语句。一些编程工具附带了自己的源代码编辑器，其他编程工具可以与任何文本编辑器一起使用。

当写完一个计算机程序后，把文件保存到硬盘。计算机程序通常有自己的文件名扩展名来表明它们是什么类型的文件。Java程序必须具有扩展名.java，比如Calculator.java。

小提示

计算机程序应为没有特殊格式的文本文件。Notepad是Windows自带的文本编辑器，它将所有文件保存为未格式化的文本文件。读者还可以在macOS上使用TextEdit或在Linux上使用Vi编辑器、Emacs来创建不带格式的文本文件。在后文中有一个更简单的解决方案。

要运行作为文件保存的程序，需要一些辅助。所需的辅助类型取决于所使用的编程语言。有些编程语言需要一个解释器来运行它们的程序。解释器检查计算机程序的每一行并运行这一行，然后继续检查下一行并运行。许多基于BASIC的语言是解释型语言。

解释型语言的程序的最大优势是测试速度更快。当编写一个BASIC程序时，可以立即测试它，修复错误，然后重试。其主要的缺点是解释型语言的程序比其他程序运行得慢。每一行都必须转换成计算机可以运行的指令，每次只能转换一行。

其他编程语言需要编译器。编译器将程序转换成计算机能够理解的形式，它还使程序尽可能高效地运行。编译后的程序可以直接运行，不需要解释器。

编译的程序比解释的程序运行得快，但是需要更多的时间进行测试。必须先写好程序，然后编译整个程序，最后去测试。如果发现错误并想修复它，则必须重新编译程序。

Java是不同寻常的，因为它需要编译器和解释器。编译器将组成程序的语句转换成字节码。一旦成功创建了这个字节码，就可以由称为Java虚拟机的解释器来运行它。

Java虚拟机（Java Virtual Machine，JVM）能够使相同的Java程序在不同的操作系统和不同类型的计算机上运行而不需要修改。Java虚拟机将字节码转换成特定计算机的操作系统可以执行的指令。

小提示

Java 9引入了一种名为JShell的新工具，它的作用类似于解释器，在输入Java语句时立即运行该语句。JShell的工作方式是将语句放入Java程序，将该程序编译为字节码并运行它。这是学习Java和测试Java程序的有用工具。

1.4　程序中的错误

许多新手程序员在开始测试他们的程序时感到气馁，因为他们的程序中到处都是错误。其中一些是语法错误，计算机在检查程序时识别这些错误，并对语句的编写方式进行调整。另一些是逻辑错误，只有在测试程序时才会被程序员注意到（或者可能被完全忽略）。逻辑错误经常导致程序“做”一些意想不到的事情。

当开始编写自己的程序时，读者会非常熟悉错误。它们是程序编写过程中很正常的一部分。编程错误被称为Bug。这个术语可以追溯到一个多世纪以前，用来描述技术设备中的错误。

修复错误的过程也有一个术语：调试。

有这么多描述错误的方法，这不是巧合。在学习编程的过程中，读者会获得很多调试经验——无论读者是否需要。

小提示

1947年，包括美国计算机科学家格蕾丝·霍珀（Grace Hopper）在内的一个团队发现了第一个计算机Bug。霍珀在哈佛大学测试一台计算机时，一个继电器发生了故障。原因不是软件问题——而是一个实际的错误！一名团队成员对计算机进行了调试，他拿走了一只死虫子，并把它粘在了笔记本上，上面写着：“首次发现真正的虫子引发的问题。”

1.5　选择 Java 编程工具

要编写 Java 程序，必须有一个 Java 编程工具。Java 中有几个这样的程序，包括简单的 Java 开发工具包（Java Development Kit，JDK）和更复杂的 Eclipse IDE、IntelliJ IDEA、NetBeans IDE。后 3 种工具是集成开发环境（Integrated Development Environment，IDE），这是专业程序员用来完成工作的强大工具。

每当 Oracle 发布 Java 的新版本时，支持它的第一个工具就是 Java 开发工具包。

要创建本书中的程序，必须使用 JDK 9 或其他基于 JDK 9 的编程工具。Java 开发工具包是一个用于创建 Java 程序的免费命令行工具，但它缺少图形用户界面（Graphical User Interface，GUI）。因此，如果读者从未使用过 Windows 命令提示符窗口或 Linux 命令行界面之类的非图形用户界面编程，那么会发现使用 Java 开发工具包很有挑战性。

NetBeans IDE 也是由 Oracle 免费提供的，它比 Java 开发工具包更容易编写和测试 Java 代码。NetBeans IDE 包括图形用户界面、源代码编辑器、用户界面设计器和项目管理器等。它是 Java 开发工具包的补充，在后台运行，所以在开始开发 Java 程序时，必须在操作系统上同时使用这两个工具。

本书中的大多数程序都是用 NetBeans IDE 创建的，读者可以从 Java 开发工具包中单独下载和安装 NetBeans IDE，也可以使用其他支持 JDK 9 的 Java 开发工具。

小提示

在本书中，如果读者可以使用 Java 开发工具包或其他工具来创建、编译和运行程序（这些是大多数项目需要的步骤），就不必使用 NetBeans IDE。之所以介绍 NetBeans IDE，是因为对于阅读本书前几版的读者来说，它已经被证明比 Java 开发工具包更容易使用。作者的大部分 Java 程序是使用 NetBeans IDE 完成的。

在第 24 章中，将介绍 Android Studio。创建 Android 的 Google 向正在创建 Android 程序的 Java 程序员推荐了这个免费工具。

1.6　安装 Java 编程工具

本书的每一章都包含 Java 编程项目，读者可以在完成这些项目的过程中加深对主要知识的理解。

如果读者的计算机上缺少 Java 编程工具，将无法学到这些知识。

如果读者已经安装了一个支持 Java 的工具，那么可以在接下来的 23 个章节内使用它来开发程序。但是，如果读者还不太熟悉如何使用该工具，那么同时学习 Java 和复杂的 IDE 可能会让读者望而生畏。

在阅读本书时，推荐读者选择 NetBeans IDE 来进行编程，它可以从 Oracle 的网站上免费获得。虽然 NetBeans IDE 具有需要花时间学习的明显特点，但是它使创建和运行简单的 Java

应用程序变得很容易。

要了解如何下载和安装 NetBeans IDE，请阅读附录 A。

1.7 总结

本章介绍了计算机编程的概念——给计算机一组叫作语句的指令，告诉它该做什么。此外，还介绍了为什么选择学习 Java 而不是另一种编程语言。

读者应该下载并安装一个 Java 编程工具，以便在接下来的几个章节中创建程序时使用。

问 10 个程序员最好的编程语言是什么，读者可能会得到 10 种答案，可能包括“我选择的编程语言可以打败读者选择的编程语言”的嘲讽和“读者选择的编程语言所编写的源代码太臃肿”的笑话。Java 在这类争论中的被选择率很高，因为它被广泛采用、功能极其丰富，并且设计巧妙。我们可以用这种编程语言完成很多事情，同时它也让学习其他编程语言变得更容易。

如果读者仍然对程序、编程语言或 Java 感到困惑，不要惊慌。通过对第 2 章的学习，读者将进一步理解相关知识。第 2 章将逐步完成 Java 程序的创建。

1.8 研讨时间

Q&A

Q：BASIC、C++、Smalltalk 和 Java，这些语言的名字是什么意思？

A：BASIC 是初学者通用符号指令代码（Beginner’s All-purpose Symbolic Instruction Code）的简称。C++是一种编程语言，它是对 C 语言的改进，而 C 语言本身就是对 B 语言的改进。Smalltalk 是 20 世纪 70 年代开发的一种创新的面向对象语言，Java 沿用了许多它的思想。

Java“反其道而行之”，不再遵循使用简称或其他有意义的术语来命名语言的传统，它只是使用了 Java 创建者最喜欢的名字，那时 Ruby 这个编程语言还不存在。

当我创建自己的编程语言时，它将被命名为 Salsa。可能每个人都喜欢萨尔萨舞。

Q：为什么解释型语言的程序比编译型语言的程序运行得慢？

A：它们运行得较慢的原因，与用外语翻译无稿演讲的人比翻译有稿演讲的人慢的原因是一样的。现场口译员必须考虑每一个正在进行的陈述，而另一个口译员可以把演讲作为一个整体来进行，并采取捷径来加快这个过程。编译型语言的程序可以比解释型语言的程序运行得更快，因为它们可以使程序运行得更有效率。

课堂测试

通过回答以下问题来测试读者对本章内容的掌握程度。

1．下列哪项不是人们认为计算机编程困难的原因？

A．程序员散布谣言来改善就业前景。

B．术语和简称随处可见。

C．那些觉得编程太难的人可以申请获得政府救助。

2．什么样的工具一次只检查一行来运行计算机程序？

A．缓慢的工具。

B．解释器。

C．编译器。

3．为什么戈斯林在他的办公室里创建 Java？

A．他对他在一个项目中使用的语言不满意。

B．他喜欢的摇滚乐队没有任何演出。

C．当不能在工作时间访问 YouTube 时，互联网是相当枯燥的。

答案

1．C。计算机相关图书作者也没有得到政府救助。

2．C。口译员每次口译一行，编译器事先会明确指令，这样程序就可以运行得更快。

3．A。在 1991 年，因为他对 C++感到失望，所以创建 Java。

第2章
编写读者的第一个程序

在本章中读者将学到以下知识。

- 在文本编辑器中输入 Java 程序。
- 组织一个带有括号标记的程序。
- 将信息存储在变量中。
- 显示存储在变量中的信息。
- 保存、编辑和运行程序。

正如读者在第 1 章中学到的，一个计算机程序是告诉计算机应该做什么的指令的集合。这些指令是用编程语言传送给计算机的。

在本章中，读者将学会通过文本编辑器创建第一个 Java 程序。当完成输入后，读者可以保存程序，编译并测试它。然后读者可以故意编写错误代码并修复它，只是为了炫耀。

2.1　编写程序所需的东西

正如在第 1 章中所解释的，要创建 Java 程序，读者必须有一个支持 Java 编程工具包的编程工具，比如 NetBeans IDE。同时，读者需要有一个可以编译和运行 Java 程序的工具，以及一个可以编写这些程序的文本编辑器。

对大多数的编程语言而言，计算机程序都是通过在文本编辑器（也称为源代码编辑器）中输入文本来编写的。一些编程语言有自己的源代码编辑器。NetBeans IDE 就包含用于编写 Java 程序的源代码编辑器。

Java 程序是纯文本文件，没有像文本居中或文本加粗这样的特殊格式。NetBeans IDE 的源代码编辑器的功能类似于带有一些对程序员有用的增强功能的简单文本编辑器。文本会根据读者输入的语言的不同元素来显示不同的颜色。NetBeans IDE 还可以在源代码编辑器内提供适当地行缩进功能和帮助。

因为 Java 程序是文本文件，所以可以使用任何文本编辑器打开和编辑它们。读者可以用 NetBeans IDE 编写 Java 程序，在 Windows 记事本中打开它并进行更改，然后在 NetBeans IDE 中再次使用它时没有任何问题。

2.2　创建 Saluton 程序

读者创建的第一个 Java 程序将显示一个来自计算机科学世界的传统问候：“Saluton mondo!”

要准备 NetBeans IDE 中的第一个编程项目，如果读者还没有这样做过，请遵循以下步骤创建一个名为 Java24 的项目。

1．选择 File→New Project，弹出 New Project 对话框。

2．选择项目类别 Java 和项目类型 Java Application，然后单击 Next 按钮。

3．输入 Java24 作为项目名称。如果读者以前创建了一个同名项目，则将看到错误消息“Project folder already exists and is not empty”。

4．取消选择 Create Main Class 复选框。

5．单击 Finish 按钮。

Java24 项目在它自己的文件夹中已创建完成。读者可以将此项目用于编写本书中的 Java 程序。

2.3　开始这个程序

NetBeans IDE 会将程序关联到一个项目中。如果读者没有打开 Java24 项目，下面是打开它的步骤。

1．选择 File→Open Project，弹出 File 对话框。

2．找到并选择 NetBeansProjects 文件夹（如果需要的话）。

3．选择 Java24 并单击 Open Project 按钮。

Java24 项目出现在 Projects 窗格中，旁边是一个咖啡杯图标和一个+符号。

展开项目以查看项目包含的文件和文件夹。

如果要向当前打开的项目添加新的 Java 程序，请选择 File→New File，弹出 New File 对话框，如图 2.1 所示。

Categories 列表框中列出了读者可以创建的不同类型的 Java 程序。单击 Java 可以查看属于此类别的项目类型。对于第一个项目，请选择 Empty Java File（在 File Types 列表框中）并单击 Next 按钮。

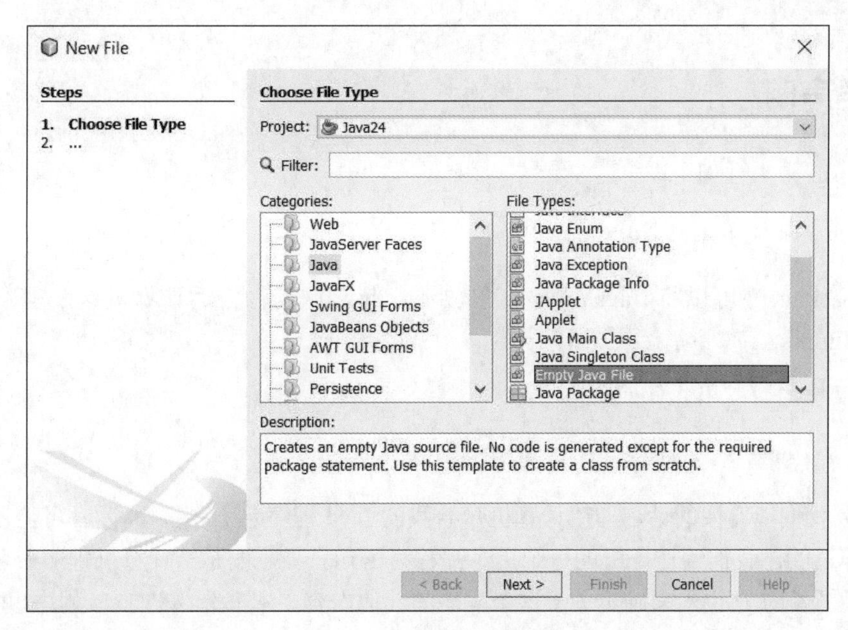

图 2.1　New File 对话框

然后会弹出 New Empty Java File 对话框。按照以下步骤准备编写程序。

1．在 Class Name 文本框中，输入 Saluton。

2．在 Package 文本框中，输入 com.java24hours。

3．单击 Finish 按钮。

现在，读者可以立即开始编写程序。在源代码编辑器中打开一个名为 Saluton.java 的空文件，在其中输入清单 2.1 所示的语句，开始读者的 Java 编程生涯。这些语句是程序的源代码。

> **注意**
> 不需要在每行的开头输入行号和冒号，这些行号和冒号在本书中用于引用特定的行。

清单 2.1　Saluton.java

```
1: package com.java24hours;
2:
3: class Saluton {
4:     public static void main(String[] arguments) {
5:         // 编写我的第一个 Java 程序
6:     }
7: }
```

确保所有内容都按清单 2.1 所示编写，并使用 Enter 键或 Tab 键插入第 4～6 行前面的空格。完成后，选择 File→Save 进行文件保存。

注意，Saluton.java 这个程序仅包含 Java 程序的基本框架。读者会编写很多像这样的程序。第 3 行中的“Saluton”表示程序的名称，并随编写的每个程序而更改。第 5 行应该对读者有意义，因为这是一个有具体含义的句子。其余的对读者来说可能是从未见过的。

2.4　类声明

该程序的第 1 行如下：

```
package com.java24hours;
```

包（package）可以将 Java 程序打包放在一起。这一行告诉计算机这个程序的包名是 com.java24hours。

第 2 行是空白。第 3 行如下：

```
class Saluton {
```

翻译成我们能看懂的话，即“计算机，给我的 Java 程序起个名字”。读者可能还记得在第 1 章中所提过的，我们给计算机的每个指令都称为语句。类声明是给计算机程序命名的方法。稍后读者将看到，它也用来确定关于这个程序的其他内容。本书介绍的 Java 程序也称为类。

在这个例子中，程序名 Saluton 匹配文件名 Saluton.java。Java 程序必须具有与其文件名的第一部分（即句点前的部分，大小写一致）相匹配的名称。如果程序名与文件名不匹配，一些 Java 程序在编译时将会出现错误。

2.5　main 语句的作用

该程序的第 4 行如下：

```
public static void main(String[] arguments) {
```

这一行告诉计算机“程序的主要部分从这里开始”。Java 程序是由不同的部分组成的，因此需要有一种方法来识别程序启动时哪个部分率先被执行。

main 语句是大多数 Java 程序的入口。当然也有例外，例如，Applet 是由 Web 浏览器在网页上运行的程序；Servlet 是运行在 Web 服务器上的程序；App 是运行在移动设备上的程序。

在本书接下来的几章里，读者编写的大多数程序都使用 main 语句作为它们的入口，因为读者需要直接在计算机上运行它们。而运行 Applet、Servlet 和 App 需要间接地借助另一个程序或设备。

为了将它们与其他类型的程序区分开，我们将直接可以调用运行的程序称为应用程序。

2.6　括号标记

在 Saluton 程序中，第 3 行、第 4 行、第 6 行和第 7 行包含某种形式的括号标记——{或}。这些花括号是对程序行进行分组的一种方法（与在句子中使用圆括号来组织字词的作用相同）。在左花括号{和右花括号}之间的内容属于同一组。

这些组称为块。在清单 2.1 中，第 3 行中的左花括号与第 7 行中的右花括号，使整个程序成为一个块。这里用花括号表示程序的开始和结束。

块可以位于其他块中，就像在这个句子中使用圆括号一样。Saluton 程序的第 4～6 行组成了程序的另一个块。这个块以 main 语句开始。main 语句中的块将在程序开始时被执行。

> **小提示**
>
> NetBeans IDE 可以帮助读者确定块的开始和结束位置。如果读者单击 Saluton 程序源代码中的一个花括号，单击的花括号及其对应的花括号会变成黄色。包含在两个黄色花括号中的 Java 语句是一个块。这个技巧在编写像 Saluton 这样的短程序中不是很有用，但是当读者编写更长的程序时，它会帮助读者整理代码。

下面的语句是块中唯一的内容：

```
// 编写我的第一个 Java 程序
```

这一行是一个占位符。行首的//告诉计算机忽略这一行，因为它被放在程序中完全是帮助人们看懂源代码。服务于此目的的内容称为注释。

现在，读者已经编写了一个完整的 Java 程序。读者可以对它进行编译，但如果读者运行它，什么也不会发生。原因是读者还没有告诉计算机要做什么事情。main 语句块中只包含一条注释，该注释会被计算机忽略。读者必须在 main 语句块的左花括号和右花括号内添加一些语句。

2.7 在变量中存储信息

在读者编写的程序中，需要一个地方来存储短时间内的信息。此时读者可以通过使用一个变量来实现。这个变量是一个存储空间，它可以存储整数、浮点数、布尔值、字符和文本等数据。存储在变量中的信息可以改变。

在 Saluton.java 中，将第 5 行替换为以下语句：

```
String greeting = "Saluton mondo!";
```

这个语句告诉计算机要在 greeting 变量中存储文本“Saluton mondo!”。

在 Java 程序中，读者必须告诉计算机变量的数据类型。在 Saluton 程序中，greeting 是一个字符串类型（String）的变量。字符串类型是可以包含字母、数字、标点和其他字符的文本类型。将字符串通过语句设置到要保存的变量中。

在程序中输入此语句后，必须在结束时加上一个分号。分号是 Java 程序中的每个语句的结束符。计算机靠它们来确定当前语句何时结束、下一个语句何时开始。

每行只放一条语句会使程序更容易被理解（对我们而言）。

2.8 显示变量的值

如果读者在此时运行程序，似乎仍然没有发生任何事情。在 greeting 变量中存储文本数据的指令发生在后台。为了让计算机显示它，读者需要做点什么让计算机可以显示变量的值。

在 Saluton 程序的 String greeting = "Saluton mondo!"语句之后插入一个空行，在该空行中输入以下语句：

```
System.out.println(greeting);
```

这个语句告诉计算机显示存储在 greeting 变量中的值。System.out.println 语句会让计算机输出数据到输出设备——显示器。

现在读者所编写的程序有进展了。

2.9　保存程序

读者所编写的程序现在应该类似于清单 2.2，尽管读者第 5～6 行的缩进可能略有不同。读者可以在对程序做任何需要的修改后，通过选择 File→Save 保存程序。

清单 2.2　Saluton 程序的最终版本

```
1: package com.java24hours;
2:
3: class Saluton {
4:     public static void main(String[] arguments) {
5:         String greeting = "Saluton mondo!";
6:         System.out.println(greeting);
7:     }
8: }
```

当计算机运行这个程序时，它会从 main 语句的第 5 行开始运行。清单 2.3 显示了如果程序用我们可以看懂的方式运行的分解。

清单 2.3　对 Saluton 程序的逐条分解

```
1: 把这个程序放到 com.java24hours 包里。
2:
3: Saluton 程序由此开始。
4:     main 语句由此开始。
5:         在名为 greeting 的字符串类型的变量中存储“Saluton mondo!”。
6:         显示变量 greeting 的值。
7:     main 语句就此结束。
8: Saluton 程序就此结束。
```

清单 2.4 显示了用《星际迷航》中的克林贡语描述的 Saluton 程序。

清单 2.4　用克林贡语描述的 Saluton 程序

```
1: 这个程序属于 com.java2hours!
2:
3: 他说:如果读者知道什么对自己有好处，就从这里开始 Saluton 程序吧!
4:     在这里开始这个程序的 main 语句!
5:         在一个名为 greeting 的字符串类型的变量中存储“Saluton mondo!”
6:         展示这种来自比克林贡语还“低等”语言的“胡言乱语”!
7:     在这里结束 main 语句，以避免我的愤怒!
8: 现在结束 Saluton 程序，感谢读者被宽恕了!
```

2.10 将程序编译成类文件

在运行 Java 程序之前，必须先编译它。当读者编译一个程序时，在程序中给计算机的指令将被转换成可以被计算机更好理解的形式。

NetBeans IDE 在保存程序时会自动编译程序。如果读者输入了清单 2.2 所示的内容，程序会被成功编译。

此时会新建一个名为 Saluton.class 的新文件，这是该程序的编译版本。所有的 Java 程序都会被编译成类文件，类文件的扩展名是.class。一个 Java 程序可以由几个共同工作的类组成，但在一个简单的程序中，例如 Saluton 程序中，只需要一个类。

编译器将 Java 源代码转换为字节码，一种可以由 Java 虚拟机运行的形式。

> **注意**
>
> Java 编译器只有在编译错误时才会产生响应。如果读者成功地编译一个程序而没有任何错误，则不会产生任何响应。

诚然，这有点虎头蛇尾。当我刚开始做 Java 程序员的时候，我希望成功编译后可以给我一个盛大的庆祝喇叭声。

2.11 修复错误

当读者在 NetBeans IDE 源代码编辑器中编写程序时，它会将错误用红色警告图标标记在源代码编辑器窗格的左侧，如图 2.2 所示。

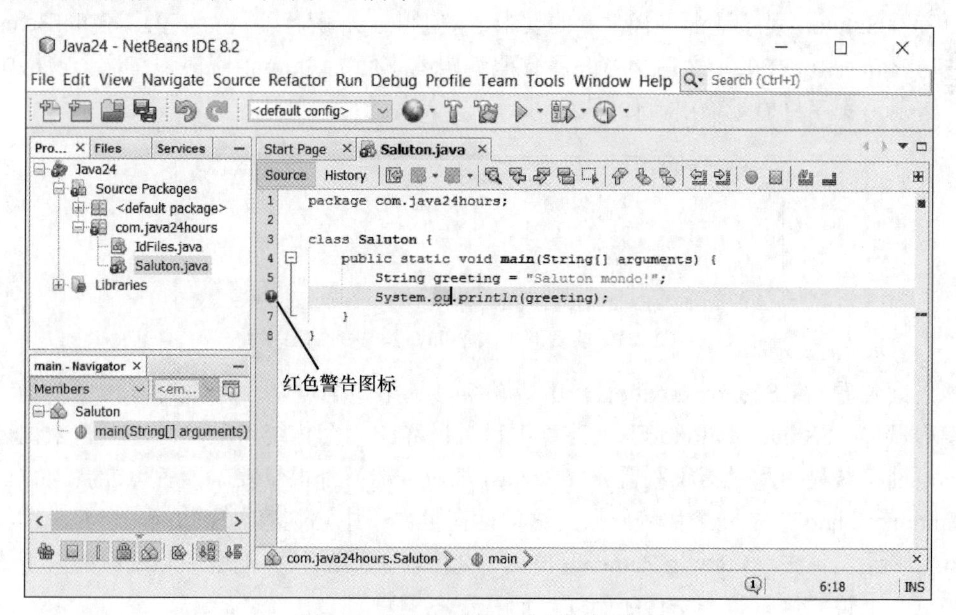

图 2.2 源代码编辑器中标记的错误

图标出现在有错误的行上。读者可以单击此图标来显示错误，单击图标后会弹出对话框，弹出的对话框中详细解释了编译出的错误信息，如下。

- 错误信息。
- 错误的类型。
- 错误所在的行数。

下面是编译 Saluton 程序时可能看到的对话框显示的错误信息：

```
cannot find symbol.
Symbol  : variable greting
Location: class Saluton
```

错误信息是对话框的第一行：“找不到符号”。这些信息通常让新手程序员感到困惑。当错误信息对读者没有意义时，请不要花很多时间试图弄明白。相反，应该查看错误所在的行并找出最明显的原因。

例如，读者能确定以下语句有什么问题吗？

```
System.out.println(greting);
```

这个错误是变量名中的一个拼写错误，应该是 greeting 而不是 greting。读者可以故意在 NetBeans IDE 中添加这个错误拼写，看一看会发生什么。如果读者在创建 Saluton 程序时出现错误对话框，请依照清单 2.2 再次检查程序并纠正发现的任何差异。确保正确的大小写字母和标点符号，包括{、}和;。

通常，仔细查看错误对话框标识的行就足以发现需要修复的错误。

2.12 运行 Java 程序

要查看 Saluton 程序是否符合读者的要求，请使用 Java 解释器运行该类。在 NetBeans IDE 中，选择 Run→Run File，之后会打开源代码编辑器下面的 Output 窗格。在这个窗格中，如果没有错误，程序将显示输出，如图 2.3 所示。

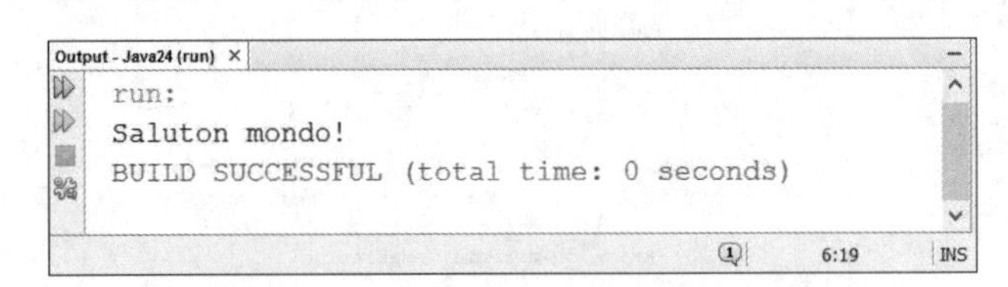

图 2.3　读者的第一个 Java 程序的输出

如果读者看到“Saluton mondo!”，就成功编写了第一个可以运行的 Java 程序！读者刚刚进入编程世界，“Saluton mondo”是计算机科学世界的一个传统问候。对许多人来说，能量饮料、短袖正装衬衫和《英雄联盟》（*League of Legends*）都很重要。读者可能会问自己为什么“Saluton mondo!”是一个传统问候。这句话在世界语中意味着“Hello world !”。世界语是路德维希·柴门霍夫（Ludwig Zamenhof）于 1887 年创造的一种促进国际交流的人工语言。从某种意义上说，这只是一个传统问候，而我试图继承这一传统。

> **小提示**
> Oracle 在网络上为 Java 提供了全面的文档。读者不需要阅读这些文档，因为每一个主题在

介绍的时候都被过于充分地讨论。但是当读者想扩展知识和编写自己的程序时，这些文档是非常有用的。这些文档可以被下载，但是在 Oracle 网站上浏览更方便。

2.13 总结

在本章中，读者拥有了第一次编写 Java 程序的经历。读者可以按照以下 4 个基本步骤开发 Java 程序。

1．使用文本编辑器或 NetBeans IDE 等工具编写程序。

2．把这个程序编译成一个类文件。

3．告诉 Java 虚拟机运行该类。

4．打电话给你的母亲。

在此过程中，读者了解了一些基本的计算机编程概念，例如块、语句和变量。这些会在接下来的几章里变得更加清晰。只要读者在这段时间内完成了 Saluton 程序，就可以继续了。

2.14 研讨时间

Q&A

Q：Java 程序中，在一行中有正确的缩进有多重要？

A：就计算机而言，这完全不重要。缩进是为了方便人们查看计算机程序——Java 编译器对此毫不关心。读者可以在不包含空格或使用 Tab 键缩进的情况下编写 Saluton 程序，它将成功被编译。

尽管行前面的缩进对计算机并不重要，但是无论如何，读者都应该在 Java 程序中使用一致的缩进。为什么？因为缩进使读者更容易看到程序是如何组织的，以及语句属于哪个块。

读者编写的程序必须能够被其他人理解，包括读者自己，当读者在几周或几个月后查看代码以修复 Bug 或进行优化时可读性就很重要。

缩进的一致性是所谓的编程风格的一部分。好的程序员采用一种统一的风格，并在所有工作中实践它。

Q：Java 程序被描述为一个类和一组类，到底使用哪一个？

A：两者都可以使用。读者在接下来的几章内创建的简单 Java 程序将被编译成一个扩展名为.class 的文件。读者可以在 Java 虚拟机中运行它。Java 程序还可以由一组类组成。这个问题将在第 10 章中得到充分的探讨。

Q：如果在每个语句的末尾都需要分号，为什么如下注释行不以分号结尾呢？

```
// 编写我的第一个 Java 程序
```

A：注释完全被编译器忽略。如果将//放在程序中的一行上，这将告诉 Java 编译器忽略该行中//右边的所有内容。下面的例子显示了与语句在同一行的注释：

```
System.out.println(greeting); // hello, world!
```

Q：在编译器发现错误的那一行中，当找不到任何错误时能做什么？

A：错误消息显示的行号并不总是需要修复错误的地方。检查直接位于错误消息上方的语句，看一看是否可以发现任何拼写错误或其他错误。错误通常出现在同一个块中。

课堂测试

通过回答以下问题来测试读者对本章内容的掌握程度。

1．当读者编译 Java 程序时，会发生什么？

A．保存程序到磁盘。

B．将程序转换成计算机能更好理解的形式。

C．将程序添加到程序集合中。

2．什么是变量？

A．摇晃但不会掉下来的东西。

B．编译器忽略的程序中的文本。

C．在程序中存储数据的地方。

3．修复错误的过程叫什么？

A．除霜。

B．调试。

C．分解。

答案

1．B。编译器会将.java 文件转换为.class 文件或一组.class 文件。

2．C。变量是存储数据的地方。稍后读者将了解其他信息，例如数组和常量。Weebles 是摇晃但不会掉下来的东西。注释是编译器忽略的程序中的文本。

3．B。因为计算机程序中的错误称为 Bug，所以修复这些错误称为调试（Debugging）。一些编程工具附带一个称为调试器的工具，它可以帮助读者修复错误。NetBeans IDE 中有一个不是很好的调试器。

活动

如果读者想更全面地探讨本章所涵盖的话题，试一试下面的活动。

- 读者可以用 Google 翻译器将英语短语“Hello world!”翻译成其他语言。编写一个程序，使读者的计算机能够用法语、意大利语或葡萄牙语等语言与世界打招呼。
- 返回到 Saluton 程序中添加一两个错误。例如，在一行的末尾去掉一个分号，或者将一行中的文本 println 更改为 print1n（用数字 1 代替字母 l）。然后将读者看到的错误消息与读者造成的错误进行比较。

第3章 Java“度假”之旅

在本章中读者将学到以下知识。

- 了解 Java 的历史。
- 学习使用 Java 的好处。
- 理解工作中的 Java 示例。

在深入研究 Java 编程之前，有必要进一步了解这种语言，并了解程序员目前正在使用它做什么。尽管 Java 早已不再是一种专注于 Web 浏览器程序的语言，但是依旧可以找到很多在移动应用程序中使用 Java 的例子。

在本章中，我们将关注以 Java 程序为主的网站、以 Java 编写的应用程序以及 Java 的历史和发展。

要去度假，读者需要一部能运行 Java 程序的手机或平板计算机。

打开读者选择的设备，穿上读者最好的蜡染衬衫，准备去度假。如果读者不离开房子，就不会体验到简单的旅游乐趣，如有异国情调的地方、异国的当地人、异国风味的食物等。

不过往好的方面想：没有旅行支票的麻烦，用不着护照。

3.1 Oracle

Java“度假”之旅从 Java 官网开始。该网站由开发 Java 的 Oracle 发布。

运行在移动设备上的 Java 程序称为移动应用程序（App），Java 移动应用程序主要出现在 Android 设备上。Java 也出现在 Web 应用程序上：用 Java 编写的桌面程序可以从 Web 浏览器启动，Java Servlet 由 Web 服务器运行以交付 Web 应用程序，Java Applet 出现在浏览器中的网页上。

《凯尔特英雄》是一款基于 Android 的大型多人在线游戏，可以通过在 Google Play 或 App Store 安装并免费玩这款游戏。

当运行它时，游戏会在几秒内加载，玩家可以创建一个角色并探索一个幻想世界。

Oracle 的 Java 部门负责 Java 的开发。*Java Magazine* 是 Oracle 在 Java 官网上免费提供的在线杂志，它展示了如何在 Android 手机、网站和其他平台上使用 Java，因为许多设备运行用 Java 编写的程序。

Oracle 还为 Java 程序员提供了一个技术网站，在这个网站上可以找到最新发布的 NetBeans IDE、Java 编程工具包以及其他编程工具。

这次 Java“度假”之旅还涉及 Android，因为 Android 已经成为使用 Java 最频繁的操作系统。学习 Java 之后，可以使用 Android 软件开发工具包（Software Development Kit，SDK）来应用所学的技能开发自己的移动应用程序。它是一个免费的编程工具，可以在 Windows、macOS 和 Linux 上运行。

目前已经有超过 30 万个移动应用程序是为 Android 手机和其他运行该操作系统的设备开发的，读者可以在第 24 章学习如何创建它们。

3.2　Java 简史

比尔·乔伊（Bill Joy）是开发 Java 时的 Sun Microsystems 高管之一，他称这种语言是“经过 15 年的努力，最终开发出的一种更好、更可靠的编写计算机程序的方式”。Java 的创建比这要复杂一些。

Java 是戈斯林在 1990 年开发的一种语言，它可以作为智能设备的“大脑”。戈斯林对用 C++编写程序的结果不满意，在灵感的迸发下，他在办公室里，写了一种新的语言来更好地满足自己的需要。

戈斯林把他的新语言命名为“橡树”，因为他可以从办公室的窗户看到这棵树。当交互式电视成为一个价值数百万美元的产业时，这种语言是他的公司盈利战略的一部分。

在一个偶然的情况下，戈斯林的新语言在其应用程序中大量使用表现的出色的特性使其适合于 Web。他的团队设计了一种从网页安全运行程序的方法，并选择了一个朗朗上口的新名称命名该语言，新名称就是“Java”。

> **小提示**
>
> 读者可能听说过 Java 是一个缩写，它只代表一个模糊的缩写。读者可能也听说过它是因戈斯林对咖啡的热爱而命名的。
>
> Java 命名背后的故事不包含任何秘密消息或对咖啡之爱的声明，选择 Java 作为名字的原因和喜剧演员杰里·宋飞（Jerry Seinfeld）喜欢说 salsa 这个词的原因一样：它听起来很酷。

虽然 Java 可以用于许多其他用途，但是 Web 提供了吸引全世界软件开发人员注意所需的展示。当这种语言成为主流语言时，只有被单独监禁或者进行长期的轨道飞行任务时，才能够避免听到这种语言。

截至本书编写时，Java 有 10 个主要版本，每个版本都有一些基本的新特性。

以下是前 9 个版本。

- Java 1.0——最初发布的版本（发布于 1996 年）。
- Java 1.1——Java 数据库连接（Java DataBase Connectivity，JDBC）、改进的图形用户界面（发布于 1997 年）。
- J2SE 1.2——内部类、用于 Web 浏览器的 Java 插件和数据结构（发布于 1998 年）。
- J2SE 1.3——加强多媒体（发布于 2000 年）。
- J2SE 1.4——改进的 Internet 支持、XML 处理和断言（发布于 2002 年）。
- Java 5——泛型、新的 for 循环、注释和自动数据转换（发布于 2004 年）。
- Java 6——内置的 Derby 数据库和 Web 服务（发布于 2006 年）。
- Java 7——内存和资源管理的改进、Nimbus 图形用户界面（发布于 2011 年）。
- Java 8——闭包（发布于 2014 年）。

Java 9 于 2017 年发布。经过 3 年的开发，这个新版本引入了对接口和闭包的改进。这是一个高级特性，在第 16 章中将会讲到。还有一个 HTTP 客户端用于通过 Web 接收和发送数据，在第 21 章将会讲到。

如果读者不知道这些东西（如内部类、泛型或 HTTP）是什么，不要惊慌，本书会在接下来的 21 个章节里介绍它们。

小提示

读者是否疑惑为什么 Java 版本的编号如此奇怪，从 1 跳到 5，第 7 个版本为 Java 6，并在一些版本名中包含整数和小数？我也是!在发布新版本的过程中，Java 的主要版本做出了一些奇怪的决定。幸运的是，自 2006 年以来，编号方案变得更加合理，每个新版本都比上一个版本大一个整数。

3.3 和 Java 一起上学

Web 包含许多教育工作者和小学生需要的资源。由于 Java 移动应用程序可以提供比 Web 页面更具交互性的体验，因此对于增强学习能力的程序来说，Java 是一种自然的选择。

例如，安装 FreeBalls 移动应用程序来访问由俄罗斯程序员伊万·马克利亚科夫（Ivan Maklyakov）创建的自由粒子运动模拟器。该程序使用 Java 来演示由固体或液体组成的数千个粒子基于物理原理运动的动画。运动是通过倾斜屏幕来控制的。图 3.1 显示了丰富多彩的结果。

许多教育程序可用于多种操作系统，但使这个程序脱颖而出的是它的可用性。该模拟器可以在任何 Android 设备上运行，读者可以在任何具有 Java 虚拟机的计算机上运行 Java 程序。

由移动设备或 Web 浏览器加载的 Java 虚拟机与读者在第 2 章中运行 Saluton 程序时所用的 Java 虚拟机相同。

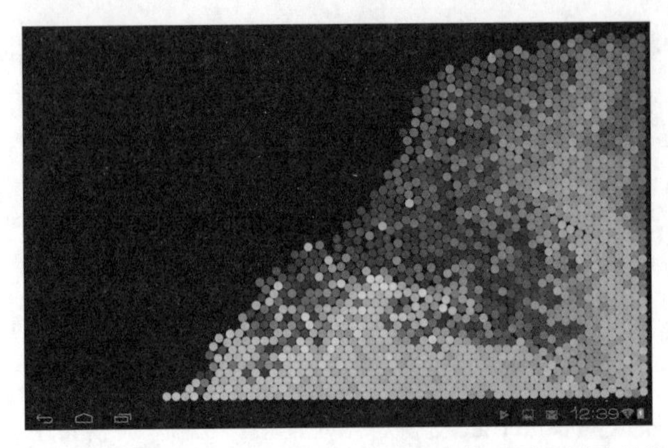

图 3.1　使用 Java 移动应用程序演示交互式基于物理原理运动的粒子动画

Java 程序，例如自由粒子运动模拟器，不需要为特定的操作系统编写。因为像 Windows 这样的操作系统也被称为平台，所以这种优势被称为平台独立性。Java 的创建是为了让程序能够在多个操作系统上工作。Java 的开发人员认为它需要是多平台的，因为它可能在多种平台和其他电子设备上使用。

用户不需要做任何额外的工作就可以在各种操作系统上运行自己用 Java 编写的程序。在适当的环境下，Java 可以消除为不同的操作系统和设备创建特定版本的程序的需要。

3.4　在美食网络上学习制作午餐

通过学习 3.2 节和 3.3 节，打开思路之后，到 Food Network in the Kitchen 上学习制作午餐。这是一个由味觉电视频道（gustatory television channel）开发的免费 Java 移动应用程序。

对于每个频道的明星厨师，厨房里的美食网提供食谱、烹饪笔记、用户评论和视频。移动应用程序的优点之一是，它可以与文章进行交互。

商店里有成千上万像 Pood Network in the kitchen 这样的移动应用程序供用户尝试。因为这些程序来自许多开发人员，所以必须采取保护措施来保护用户及其设备。自从 Java 引入以来，人们一直在热烈讨论的一个问题是，这种语言是否安全。

从 Java 程序在作为移动应用程序交付时的工作方式来看，安全性很重要。在本章尝试的移动应用程序会被下载到读者的手机或平板计算机上，当程序下载完成时，它可以运行。

除非读者认识很多人，否则读者使用的大多数移动应用程序是由陌生人发布的。在安全性方面，运行他们的程序与让大众来借读者的计算机并没有太大的不同。如果 Java 没有防止滥用的安全措施，那么它的程序可能会将病毒引入读者的操作系统、删除文件、播放 William Shatner 的语音歌曲表演，以及做其他不可言说的事情。

Java 包含几种安全性，以确保移动应用程序或在 Web 上运行的程序是安全的。

Java 通常被认为足够安全，可以在 Web 上使用，但是近年来的安全漏洞导致一些安全专家建议用户在浏览器中不使用 Java。当今大多数主流浏览器都不鼓励用户在网站上运行 Java Applet。

Java 在移动应用程序、服务器程序和桌面软件上更常见。这就是为什么本章介绍如何运行移动应用程序而不是 Applet。

3.5 在 NASA 观察天空

本节 Java“度假”之旅是太空之旅。NASA 是一个广泛使用 Java 的美国政府机构。ISS Detector 就是一个例子。这是一个由 RunaR 开发的免费移动应用程序，它可以帮助天文观测者密切关注国际空间站和几颗轨道卫星的位置。

ISS Detector 在夜空中叠加国际空间站和轨道卫星的当前位置、路径。该移动应用程序在运行过程中会重新绘制每颗被跟踪的卫星的位置，并根据用户所面对的方向改变天空地图的方向。这种实时更新是可能的，因为 Java 是多线程的。多线程是计算机在同一时间做多件事情的一种方法。程序的一部分负责一项任务，另一部分负责另一项任务，这两部分可以互不影响。程序的每个部分都称为线程。

在 ISS Detector 移动应用程序中，每颗卫星都可以在自己的线程中运行。如果读者使用 Windows 10 操作系统，那么当读者同时运行多个程序时，就是在使用线程。如果读者在一个窗口中玩 *Minecraft*，在另一个窗口中查看公司销售报告，并给朋友打长途电话，那么读者也是“多线程”的！

3.6 开始工作

在 Java“度假”之旅中，读者可能会有这样的印象：Java 主要用于太空爱好者、业余厨师和“精灵战士”。我们旅程的下一站展示了 Java 开始工作的示例。

安装来自 uInvest Studio 的实时股票报价 Java 移动应用程序——Realtime Stocks Quotes，该移动应用程序显示用户持有的最新股票价格。图 3.2 显示了某公司股票的当前数据。

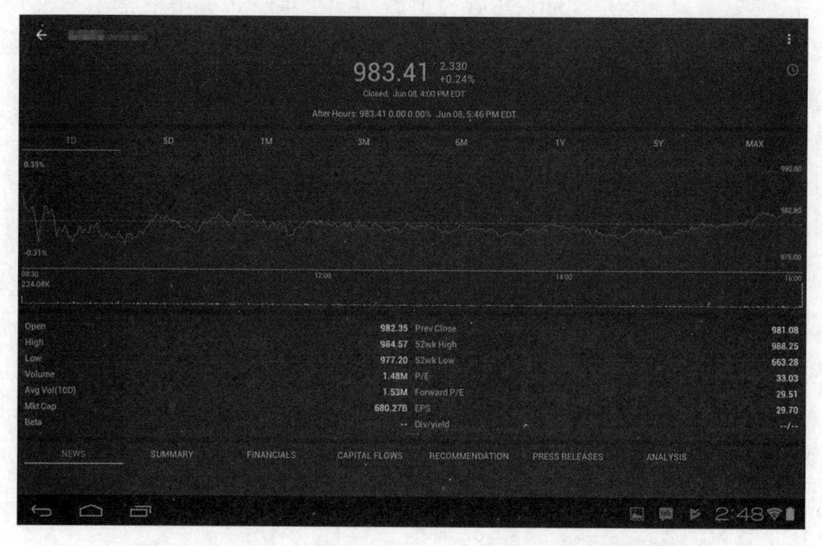

图 3.2　Realtime Stocks Quotes 中显示的股票的当前数据

可以从几个方面来考虑反映股票行情的程序。一种是将程序看作对象——存在于世界上、占用空间并具有某些功能的对象。面向对象编程（Object-Oriented Programming，OOP）是一种将计算机程序创建为一组对象的方法。正如在第 10 章中所介绍的那样，Java 也使用它。每个对象处理特定的作业，并知道如何与其他对象通信。例如，可以将股票行情程序设置为如下一组对象。

- quote 对象，表示单只股票报价。
- portfolio 对象，包含特定股票的一组报价。
- ticker 对象，显示一个投资组合。
- Internet 对象、用户对象和许多其他对象。

在该模型下，股票行情程序是完成工作所需的所有对象的集合。

OOP 是一种创建程序的强大方法，它使编写的程序更加有用。考虑股票行情程序。如果程序员希望将该程序的报价功能用于其他程序，那么可以将 quote 对象与其他程序一起使用，不需要做任何更改。

使用对象创建的程序更容易维护，因为它们更有组织性。对象包含完成其工作所需的数据和完成其工作所需的代码。对象还使程序更具可扩展性。新建对象可以模仿现有对象并使用新建功能进行增强。

3.7　在 SourceForge 附近停下来“问路”

本节 Java“度假”之旅由一位精通基于移动应用程序的旅行的危险和亮点的专业人士带领。读者很快就会开始自己的旅程，因此有必要在一个对程序员非常有用的网站了解一下情况：SourceForge 是找到使用 Java（或任何其他语言）编写的程序的完整示例的网站之一。

SourceForge 是一个致力于协作编程项目的大型网站。如果读者对与他人一起开发读者正在开发的程序感兴趣，可以在 SourceForge 上启动一个项目，共享它的所有文件，招募其他人，并与他们进行交流。网站上的 43 万多个项目都是开源的，这意味着程序员共享了所有的源代码。源代码是用于创建计算机程序的文本文件的另一个名称，在第 2 章中开发的 Saluton.java 文件就是一个源代码示例。

如果用 SourceForge 主页顶部的文本搜索框来搜索 Java，将在网站的项目目录中找到 61 000 多个清单。

SourceForge 上的程序 JSoko 是日本仓库管理员游戏 Sokoban 的 Java 版本。这个益智游戏有动画、图形、键盘控制和声音。

Java 包含一个巨大的类库，可以在自己的程序中使用。JSoko 使用库的 Image 类（在 java.awt 中）来显示盒子等图形，并使用库的 AudioInputStream 类（在 javax.sound. samples 中）在卡车移动和盒子放置时播放声音。

在 SourceForge 或其他地方使用 Java 创建这么多程序的一个原因是，Java 具有强大的功能，而且它被设计得更容易学习。

这种语言最初的设计目标是让它比 C++可以被更快地掌握。戈斯林在 20 世纪 90 年代的智能设备项目中就使用了C++。Java的大部分设计是基于C++的，所以已经学会使用C++的程序员会发现学习Java更容易。然而，C++中较难学习和正确使用的元素并不存在于Java中。

Java不使用C++的一些特性，而是倾向于使语言尽可能地简单。Java的创建是为了易于学习、易于调试和易于使用。Java包含许多增强功能，使其成为其他语言的有力竞争者。

3.8 总结

现在，本章的Java“度假”之旅已经结束，是时候“收拾行李”，准备回到实际的Java编程了。

在接下来的21个章节中，读者将掌握Java的基本概念、学习如何创建自己的对象来完成面向对象编程中的任务、设计图形用户界面，等等。除非读者不再阅读本书而去扮演凯尔特英雄。

3.9 研讨时间

Q&A

Q：为什么Java Applet不再流行？

A：当Java在20世纪90年代中期被引入时，大多数人都在学习编写Applet的语言。曾经，Java是创建在Web浏览器中运行的交互式程序的唯一方法。多年来，替代方案不断涌现。Macromedia Flash、Microsoft Silverlight和新发布的Web标准HTML5都提供了将程序放到Web上的方法。

由于加载时间过长、浏览器程序开发人员对Java新版本的支持缓慢以及黑客可利用的安全漏洞，因此Applet的发展受到了阻碍。Applet正在从Web中消失，Java已经超越了最初作为Web浏览器增强功能的Applet，现在它是一种复杂的通用编程语言。

Q：Java标准版和Java企业版有什么不同？使用Java企业版需要付费吗？

A：Java企业版是Java标准版的扩展，包括支持高级技术（如Enterprise Java Beans、XML处理和Web服务器上运行的Java程序Servlet）的包。Java企业版还包括application server，它是用于运行Java程序的复杂环境，适用于需要大量计算的公司和其他大型组织。

课堂测试

如果此时读者的大脑还没有“度假”，用下面的问题来测试一下读者对本章知识的掌握程度。

1．面向对象编程是如何得名的？

A．程序被认为是一组一起工作的对象。

B．人们经常反对它，因为它很难掌握。

C．它的“父母”给它起的名字。

2．Java 移动应用程序在哪里运行？

A．网络浏览器。

B．Android 手机或平板计算机。

C．台式计算机。

3．计算机或移动设备运行 Java 程序需要什么？

A．Java 编译器。

B．Java 虚拟机。

C．两者都需要。

答案

1．A。它的简称为 OOP。

2．B。所有 Android 应用程序都是用 Java 编写的，它们可以在浏览器和台式计算机上运行，但它们是为移动设备和平板计算机开发的。

3．B。Java 虚拟机是一种解释器，它将 Java 字节码转换成计算机或移动设备可以运行的指令。创建 Java 程序需要编译器，但编译器不会运行它们。

活动

在读者“收拾行李”之前，可以通过以下活动更充分地探索本章的主题。

- 使用 SourceForge 查找使用 Java 开发的纸牌游戏。
- 在读者的 Android 设备上使用 Google Play 来搜索物理模拟，选择一个听起来有趣的程序并安装它。

第4章
理解 Java 程序是如何运作的

在本章中读者将学到以下知识。

- 学习应用程序如何工作。
- 将参数发送到应用程序。
- 学习 Java 程序是如何组织的。
- 使用 Java 类库。
- 试一试 Java 9 的新的工具 JShell。
- 在应用程序中创建对象。

在 Java 编程中要做的一个重要的事情是区别程序应该在哪里运行。有些程序是在计算机上运行的，有些程序是在手机或平板计算机上运行的。

在计算机本地运行的 Java 程序称为应用程序，由 Web 服务器运行的程序称为伺服小程序，在移动设备上运行的程序称为移动应用程序。

在本章中，读者将创建一个应用程序并在计算机上运行它。

4.1 创建一个应用程序

在第 2 章中编写的 Saluton 程序是一个 Java 应用程序的示例。下面要创建的应用程序将计算一个数字的平方根并显示该值。

在 NetBeans IDE 中打开 Java24 项目后，按照以下步骤创建一个应用程序。

1．选择 File→New File，弹出 New File 对话框。

2．选择类别 Java 和文件类型 Empty Java File，然后单击 Next 按钮。

3．输入类名 Root。

4．输入包名 com.java24hours。

5．单击 Finish 按钮。

在 NetBeans IDE 创建 Root.java，然后在源代码编辑器中打开 Root.java，这样就可以开始处理它了。输入清单 4.1 所示的所有内容，记住不要在清单左侧输入行号和冒号。这些行号和冒号用于使程序在书中更好地被描述。完成后，单击工具栏上的 Save All 按钮保存文件。

清单 4.1　Root.java

```
1: package com.java24hours;
2:
3: class Root {
4:     public static void main(String[] arguments) {
5:         int number = 225;
6:         System.out.println("The square root of "
7:             + number
8:             + " is "
9:             + Math.sqrt(number)
10:         );
11:     }
12: }
```

Root 程序的相关说明如下。

- 第 1 行——Root 程序位于 com.java24hours 包中。
- 第 5 行——整数 225 存储在一个名为 number 的变量中。
- 第 6～10 行——显示这个整数及其平方根。第 9 行中的语句 Math.sqrt(number)用来计算平方根。

如果输入清单 4.1 时没有出现任何拼写错误，包括所有标点符号和大写字母的拼写错误，那么可以通过在 NetBeans IDE 中选择 Run→Run File 来运行文件。Root 程序的输出显示在 Output 窗格中，如图 4.1 所示。

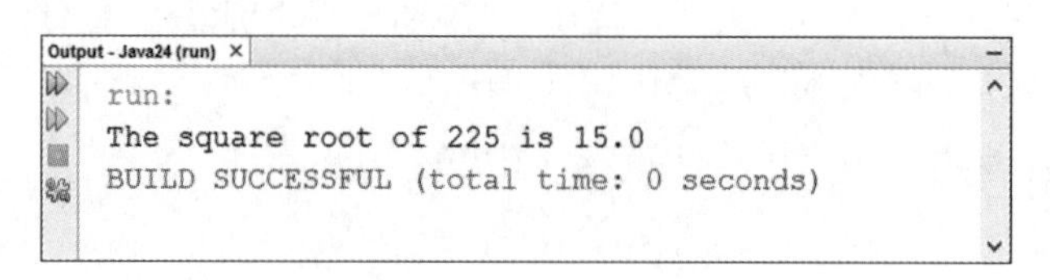

图 4.1　Root 程序的输出

当运行 Java 应用程序时，Java 虚拟机查找 main 语句块并开始处理该块中的 Java 语句。如果读者的程序没有 main 语句块，Java 虚拟机将出现错误响应。

第 9 行中的语句 Math.sqrt(number)演示了 Java 的一种内置功能——计算数字的平方根。有一个名为 Math 的 Java 程序，它有一个名为 sqrt()的方法来计算指定数字的平方根。

Math 程序是 Java 类库的一部分，我们会在后文中讨论它。

4.2 向应用程序发送参数

读者可以使用 Java（调用 Java 虚拟机的程序）从命令行工具运行 Java 应用程序。NetBeans IDE 在运行程序时在后台使用这个程序。当 Java 应用程序作为命令运行时，Java 虚拟机加载应用程序。该命令可以包含额外信息，如下所示：

```
java TextDisplayer readme.txt /p
```

任何发送到应用程序的额外信息都称为参数。第一个参数（如果有的话）在应用程序名称后面隔一个空格的位置上。每个参数都被空格隔开。在上面的示例中，参数是 readme.txt 和/p。

如果读者想在参数中包含空格，必须在它前后加上引号，如下所示：

```
java TextDisplayer readme.txt /p "Page Title"
```

这个例子使用 3 个参数运行 TextDisplayer 程序，分别为 readme.txt、/p 和"Page Title"。引号用于防止 Page 和 Title 被当作单独的参数。

读者可以向 Java 应用程序发送合理范围内的任意数量的参数。要处理它们，必须在应用程序中编写语句来处理它们。

要了解参数在应用程序中的工作方式，请按照以下步骤在 Java24 项目中创建一个类。

1. 选择 File→New File。
2. 在 New File 对话框中，选择类别 Java 和文件类型 Empty Java File。
3. 输入类名 BlankFiller、包名 com.java24hours，然后单击 Finish 按钮。

在源代码编辑器中输入清单 4.2 所示的内容，并在完成之后保存它。编译程序，并在输入时纠正源代码编辑器标记的任何错误。

清单 4.2 BlankFiller.java

```
1: package com.java24hours;
2:
3: class BlankFiller {
4:     public static void main(String[] arguments) {
5:         System.out.println("The " + arguments[0]
6:             + " " + arguments[1] + " fox "
7:             + "jumped over the "
8:             + arguments[2] + " dog."
9:         );
10:    }
11: }
```

该应用程序被编译成功，并被运行。但如果读者选择 Run→Run File，会得到一个看起来复杂的错误，如下所示：

输出

```
Exception in thread "main" java.lang.ArrayIndexOutOfBoundsException: 0
    at BlankFiller.main(BlankFiller.java:5)
```

发生此错误是因为程序希望在运行时接收 3 个参数。读者可以通过在 NetBeans IDE 中自定义项目来指定参数，步骤如下。

1．选择 Run→Set Project Configuration→Customize，弹出 Project Properties 对话框。

2．在 Main Class 文本框中，输入 com.java24hours.BlankFiller。

3．在 Arguments 文本框中，输入 retromingent purple lactose-intolerant 并单击 OK 按钮。

因为读者已经自定义了项目，所以必须以稍微不同的方式运行它。选择 Run→Run Project，运行项目。应用程序使用指定为形容词的参数来填充句子。BlankFiller 程序的输出如图 4.2 所示。

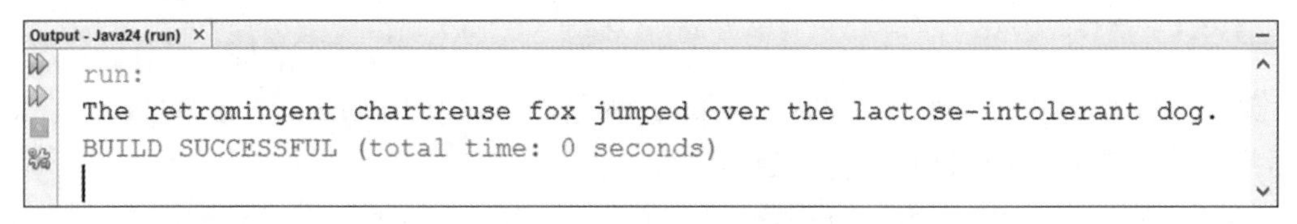

图 4.2 BlankFiller 程序的输出

回到 Project Properties 对话框，指定 3 个读者自己选择的形容词作为参数，确保至少包含 3 个。

参数是自定义程序行为的一种简单方法。参数存储在数组类型的变量中。我们将会在第 9 章学习数组。

4.3 Java 类库

本书将介绍如何使用 Java 从头创建自己的程序。读者将学习构成语言的所有关键字和运算符，然后把它们用于编写语句，让计算机做有趣和有用的事情。

虽然这种方法是学习 Java 的最佳方法，但它有点像通过让某人从头开始构建汽车的每个部分来展示如何构建汽车。

作为一名 Java 程序员，对于读者来说其实大量工作已经完成了，剩下的只需知道在哪里可以找到 Java 程序。

Java 附带了称为 Java 类库的大量代码，读者可以在自己的程序中使用这些代码。这个库包含数千个类，其中很多类都可以在读者编写程序时被用到。

注意

其他公司和组织也提供了许多类库。Apache 是 Apache Web 服务器的创建者，它拥有十多个 Java 开源项目。Tomcat 是一组用于创建 Web 服务器的类，这些 Web 服务器可以运行如 Java Servlet 的 Web 应用程序。

这些类可以在程序中以某种类似于变量的方式工作。

类用于创建对象，对象类似于变量，但比变量要复杂得多。对象可以像变量那样保存数据，也可以像程序那样执行任务。

Oracle 为 Web 上的 Java 类库提供了全面的文档。Java 类库文档页面如图 4.3 所示。

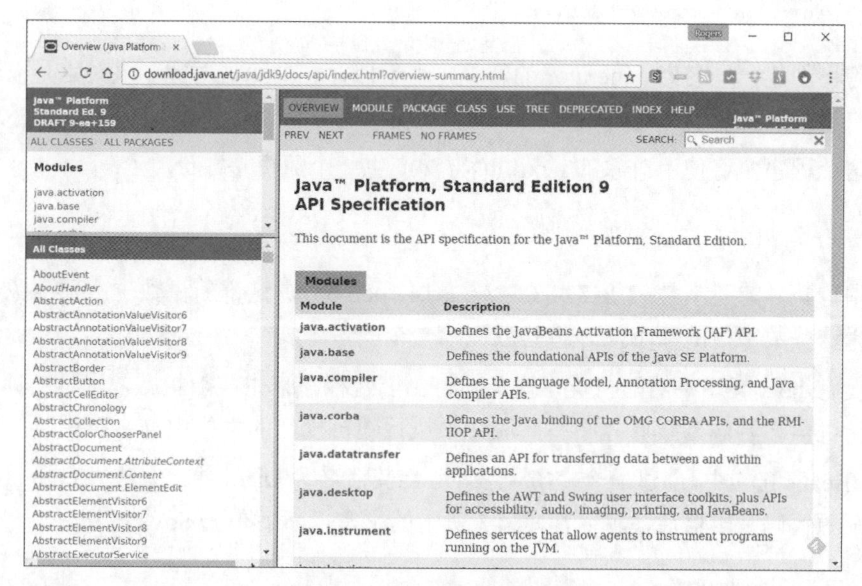

图 4.3 Java 类库文档页面

Java 类被组织成包，包的功能类似于计算机上的文件夹。到目前为止，读者创建的程序属于 com.java24hours 包。

Java 类库文档页面分为几个框。最大的框列出了组成 Java 类库的所有包和每个包的描述。

包的名称有助于描述它们的用途。例如，java.io 是用于从磁盘驱动器、Internet 服务器以及其他数据源输入和输出的类；java.time 是与时间和日期相关的类；java.util 中含有很多实用程序类。

在 Java 类库页面上，最大的框是包列表，其中的每个包都有一个简短的描述。单击包的名称可以了解更多信息。单击后加载的页面列出了包中的类。

Java 类库中的每个类在这个网站上都有自己的文档页面，它由 22 000 多页组成。但读者不需要看完所有的页面。

在本章最后的项目中，读者将查看库并使用现有的 Java 类来做一些工作。

Dice 程序使用 java.util 包中的随机类，以创建随机数。

读者在程序中使用这个类要做的第一件事是用以下语句导入包：

```
import java.util.*;
```

这可以让我们在不使用它的全名（java.util.Random）的情况下引用 Random 类。相反，读者可以简单地将其称为 Random。*指导入了包中所有的类。

如果只想导入 Random 类，可以使用以下语句：

```
import java.util.Random;
```

Java 程序可以看作执行一个或多个任务的对象。Random 类是一个可以用来创建随机对象的模板。要创建一个对象，使用 new 关键字，后面跟着空格、类名和圆括号，如下所示：

```
Random generator = new Random();
```

该语句将创建一个名为 generator 的变量，用于保存一个随机对象。该对象是一个可以产生随机数的随机数生成器。对象可以执行的任务称为方法。

对于这个程序，将使用对象的 nextInt()方法产生一个随机整数：

```
int value = generator.nextInt();
```

Java 中，整数的范围是−2 147 483 648～2 147 483 647。这个随机数生成器对象 generator 会随机选择这些数字中的一个，并将其分配给一个变量。

如果没有 Java 类库中的随机类，就必须自己创建程序来生成随机数，这是一项非常复杂的任务。随机数在游戏、教育程序和其他必须执行随机操作的程序中非常有用。

在 NetBeans IDE 中，创建一个空 Java 文件，将其命名为 Dice，并将其放入 com.java24hours 包中。打开源代码编辑器后，输入清单 4.3 所示的文本，然后单击 Save 按钮。

清单 4.3　Dice.java

```
1: package com.java24hours;
2:
3: import java.util.*;
4:
5: class Dice {
6:     public static void main(String[] arguments) {
7:         Random generator = new Random();
8:         int value = generator.nextInt();
9:         System.out.println("The random number is "
10:            + value);
11:     }
12: }
```

选择 Run→Run File 运行程序。Dice 程序的输出如图 4.4 所示，尽管显示的数字会有所不同。实际上，有四十亿分之一的概率是相同的，这比彩票中奖还难。

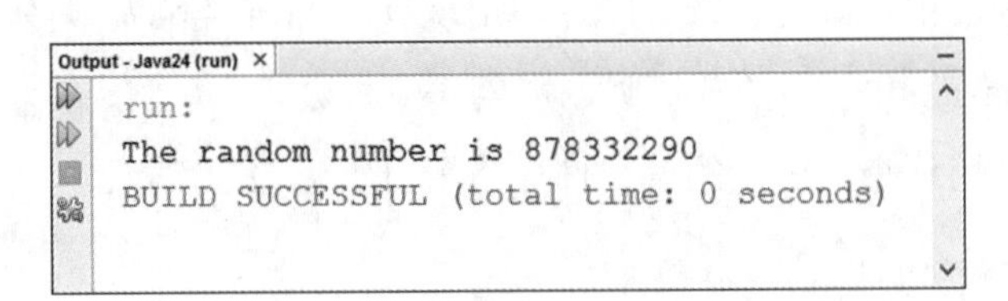

图 4.4　Dice 程序的输出

读者现在有一个可以随机选择的整数，好好“照顾”它。

与 Java 类库中的所有类一样，Random 类具有详细的文档，读者可以在 Oracle 网站上阅读它。该文档中描述了类的用途、类所属的包、如何创建该类的对象以及可以调用类来执行某些操作的方法。

作为一个工作经验少于 4h 的 Java 程序员，读者会发现这个文档难以理解。这不必惊慌，因为这个文档是为有经验的程序员编写的。

但当读者阅读本书并对 Java 内置类的使用方式感到疑惑时，可以通过查看类的官方文档获得一些有用的信息。使用此文档的一种方法是在文档中查找该类的每个方法。

在 Random 类的文档中，读者可以拖动左侧滚动条向下滚动页面到方法 nextInt()的解释部分。该方法在清单 4.3 的第 8 行中被使用。图 4.5 显示了页面中 nextInt()在文档中的解释。

> **注意**
>
> 本书所涵盖的所有 Java 类都在这个文档中进行了描述，因此这个文档不需要在这 24h 内被阅读完成，它也不是成为一名 Java 程序员的必要条件。由于本书中使用的类在这个文档中有更多的扩展特征的描述，因此读者可以将 Java 类库文档作为补充资料进行学习。

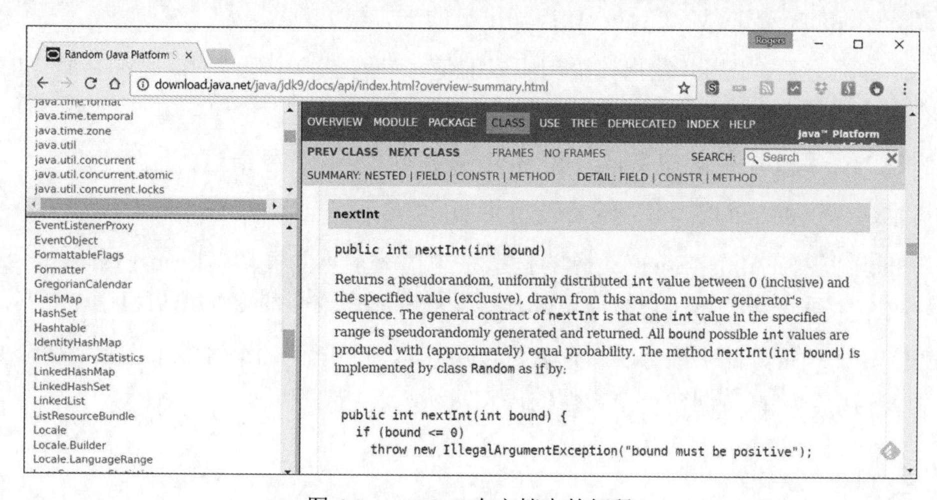

图 4.5 nextInt()在文档中的解释

4.4 在 JShell 中尝试 Java 语句

Java 9 首次推出了一个让初学者更容易学习这种语言且充满乐趣的新工具——JShell。它是包含 Java 开发工具包的命令行程序，它可以用来输入单个 Java 语句并立即看到运行结果。

JShell 是一种语言 Shell，也是一种通过输入命令来使用 Java 的交互式环境。每个命令都是一个 Java 语句。按 Enter 键后，该语句就会由 Java 虚拟机运行，就好像它是一个完整的 Java 程序的一部分。

要运行 JShell，请在文件系统中找到安装 Java 开发工具包的文件夹。这个文件夹有一个叫作 bin 的子文件夹。打开该文件夹并双击 JShell。

这时会打开一个窗口，读者可以在其中输入 Java 语句并查看运行结果。

使用 JShell 的例子如图 4.6 所示。

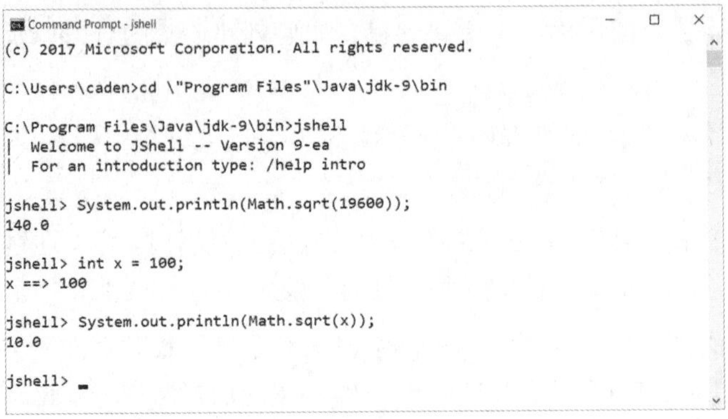

```
Command Prompt - jshell
(c) 2017 Microsoft Corporation. All rights reserved.

C:\Users\caden>cd \"Program Files"\Java\jdk-9\bin

C:\Program Files\Java\jdk-9\bin>jshell
|  Welcome to JShell -- Version 9-ea
|  For an introduction type: /help intro

jshell> System.out.println(Math.sqrt(19600));
140.0

jshell> int x = 100;
x ==> 100

jshell> System.out.println(Math.sqrt(x));
10.0

jshell>
```

图 4.6　使用 JShell 的例子

JShell 命令是在 JShell >提示符旁输入的。在图 4.6 中，如下 3 个语句被输入。

1．System.out.println(Math.sqrt(19600));：显示一个整数的平方根。

2．int x = 100;：设置变量 x 的值。

3．System.out.println(Math.sqrt(x));：输出 x 的平方根。

在每个命令之后，JShell 输出该语句生成的值。当创建一个变量时，它会存储在内存中，并出现在后续语句中，就像图 4.6 中使用的 x 一样。

与完整 Java 程序中的语句不同，JShell 中的语句不必以分号结尾。

读者准备退出 JShell 时，使用命令/exit 即可。

像 JShell 这样的语言 Shell 也称为读取—求值—输出的循环（Read-Eval-Print Loop，REPL）。这个术语来自 Lisp，它的特点是具有深受程序员喜爱的交互式 Shell。

REPL 是一种很好的实践方法，读者可以用在本书中学到的编程技术进行实验。拿一个读者读到过的语句，试着创建一个类似的语句，看一看它有什么用。

4.5　总结

在本章中，读者学习了利用 Java 类库中的现有方法，创建一个可以传递参数的 Java 程序。

接下来的几章中，我们将继续关注应用程序，以让读者作为 Java 程序员的经验越来越丰富。应用程序的测试速度更快，因为它们不需要读者做任何额外的工作来运行它们，就像读者对其他类型的程序所做的一样。

本章讨论了如何在 Java 程序中使用对象及其方法。读者将在第 10 章回顾这些内容。

4.6　研讨时间

Q&A

Q：发送到 Java 应用程序的所有参数都必须是字符串吗？

A：Java 应用程序在运行时将所有参数存储为字符串。读者想使用整数或其他非字符串作为参数时，必须转换参数类型。读者将在第 11 章中学习如何转换参数类型。

课堂测试

通过回答以下问题来测试读者对本章内容的掌握程度。

1．哪种类型的 Java 程序可以在移动设备上运行？

A．移动应用程序。

B．应用程序。

C．没有。

2．JVM 代表什么？

A．假期营销杂志（Journal of Vacation Marketing）。

B．杰克逊维尔退伍军人纪念馆（Jacksonville Veterans Memorial）。

C．Java 虚拟机（Java Virtual Machine）。

3．如果读者在向 Java 应用程序发送信息的方式上与某人发生冲突，读者会做什么？

A．为字符串而挣扎。

B．为参数而争论。

C．为功能性而争斗。

答案

1．A。移动应用程序运行在手机或平板计算机等移动设备中，而应用程序可以运行在几乎任何地方。

2．A、B 或 C。恶作剧问题！虽然 Java 虚拟机是读者在本书中需要记住的东西，但是它的首字母可以代表这 3 种东西。

3．B。应用程序以参数的形式接收信息。我们不能好好相处吗？

活动

如果读者想将自己的敏锐运用到程序中，建议进行以下活动。

- 使用 Root 程序作为向导，创建一个可以计算 625 的平方根的程序。
- 使用 Root 程序作为向导，创建一个新的 Root 程序，它可以计算作为参数提交的数字的平方根。

第5章 在程序中存储和更改值

在本章中读者将学到以下知识。

- 创建一个变量。
- 使用不同类型的变量。
- 将值存储在变量中。
- 在算术表达式中使用变量。
- 将一个变量的值存储在另一个变量中。
- 增大和减小变量的值。

在第2章中，使用了变量，一个用于存储信息的特殊存储空间。存储在变量中的信息可以在程序运行时进行更改。Saluton程序将文本字符串存储在变量中。字符串只是可以存储在变量中的信息的一种类型，它们还可以保存字符、整数、浮点数和对象。

在本章中，读者将了解更多关于在Java程序中使用变量的知识。

5.1 语句和表达式

计算机程序是告诉计算机做什么的一组指令。每个指令称为一条语句。下面是一条Java语句的例子：

```
int highScore = 450 000;
```

我们可以在Java程序中使用花括号将一组语句分在一起，这些分组称为块。例如下面的程序：

```
1: public static void main(String[] arguments) {
2:     int a = 3;
```

```
3:     int b = 4;
4:     int c = 8 * 5;
5: }
```

上例中的第 2～4 行是一个块。第 1 行中的左花括号表示块的开始，第 5 行中的右花括号表示块的结束。

有些语句之所以称为表达式，是因为它们涉及算术表达式并产生结果。上例中的第 4 行是一个表达式，因为它将 c 变量的值设置为 8 乘以 5。在本章中读者将学习表达式。

5.2 分配变量类型

变量是计算机在运行程序时记忆信息的主要方式。第 2 章中的 Saluton 程序使用 greeting 变量来保存"Saluton mondo!"，它是计算机需要记住的文字，以便以后可以显示它。

在 Java 程序中，变量是用一条语句创建的，该语句必须包含以下两点。

- 变量的名称。
- 变量将存储的数据类型。

变量还可以包括存储的信息的值。

要查看不同类型的变量及其创建方式，请启动 NetBeans IDE 并使用类名 Variable 创建一个空 Java 文件。

开始编写程序，输入以下几行：

```
package com.java24hours;

class Variable {
    public static void main(String[] arguments) {
        // 即将到来:变量
    }
}
```

继续并在继续之前保存该文件。

5.3 整数和浮点数

到目前为止，变量程序有一个 main 语句块，其中只有一条语句——//即将到来：变量。删除注释并输入以下语句：

```
int tops;
```

该语句创建一个名为 tops 的变量。它没有为 tops 指定值，所以目前这个变量是一个空的存储空间。语句开头的 int 将 tops 指定为一个用于存储整数的变量。读者可以使用整型（int）来存储计算机程序中需要的大多数非小数。它可以容纳的整数范围是−21.4 亿～21.4 亿。

在 int tops;语句后面添加空行，输入以下语句：

```
float gradePointAverage;
```

该语句创建一个名为 gradePointAverage 的变量。其中，float 代表浮点型，浮点型变量用于存储可能包含小数点的数值。

浮点型变量可以容纳最多 38 位小数，较大的双精度浮点型（double）变量最多可容纳 300 位小数。

5.4　字符和字符串

因为到目前为止所处理的变量都是数值型的，所以读者可能会觉得所有变量都是用来存储数值的。我们还可以使用变量来存储文本，可以将两种类型的文本，即字符和字符串存储为变量。字符是单个字母、数字、标点符号或其他符号，字符串是一组字符。

创建 Variable 程序的下一步是创建一个字符型（char）变量和一个字符串型（String）变量。在 float gradePointAverage;行之后添加以下两个语句：

```
char key = 'C';
String productName = "Larvets";
```

正如读者可能已经注意到的，这两个语句在文本周围使用不同的符号。当在程序中使用字符时，必须在赋给变量的字符两边都加上单引号。对于字符串，必须在它的两边加上双引号。

引号用于防止字符或字符串与变量名或语句的其他部分混淆。请看下面的语句：

```
String productName = Larvets;
```

这条语句看起来就像告诉计算机用文本 Larvets 创建一个名为 productName 的字符串型变量。但是，由于 Larvets 的两边没有引号，因此计算机被告知将 productName 值设置为与名为 Larvets 的变量相同的值。如果没有名为 Larvets 的变量，则程序编译失败，并出现错误。

在添加 char 和 String 语句之后，程序应该类似于清单 5.1。读者在进行任何必要的更改后需保存文件。

清单 5.1　Variable.java

```
 1: package com.java24hours;
 2:
 3: class Variable {
 4:     public static void main(String[] arguments) {
 5:         int tops;
 6:         float gradePointAverage;
 7:         char key = 'C';
 8:         String productName = "Larvets";
 9:     }
10: }
```

Variable 程序中的最后两个变量在被创建时使用“=”符号获取一个初始值。我们可以对在 Java 程序中创建的任何变量使用此符号，本节稍后将介绍这一点。

小提示

虽然其他变量类型都是小写字母（int、float 和 char），但在创建字符串型变量时，String 需要首字母大写。Java 程序中的字符串不同于变量语句中使用的其他类型的信息，在第 6 章中将介绍这一区别。

这个程序可以运行，但不产生输出。

5.5 其他数值变量类型

到目前为止，我们介绍的变量类型是大多数 Java 编程中使用的主要变量类型，读者还可能在不太常见的情况下使用一些其他类型的变量。

第一个是字节（byte）型。该类型变量用来存储整数，整数范围为-128～127。下面的语句创建了一个名为 escapeKey 的变量，初始值为 27：

```
byte escapeKey = 27;
```

第二个是短整（short）型。该类型变量可用于存储比整型（int）变量范围小的整数，整数范围为-32 768～32 767。例如，下面的语句：

```
short roomNumber = 222;
```

最后一个是长整（long）型。该类型变量用于存储因为值太大而整型变量无法容纳的整数，整数范围为-9.22×10^{18}～9.22×10^{18}。这是一个可以覆盖一切的足够大的数量。

在 Java 中处理大量数字时，可能很难一眼看出数字的值，如下所示：

```
long salary = 264400000000L;
```

除非读者数一数这些零，否则可能看不出它是 2 644 亿美元。Java 使得用下画线（_）字符组织值过大的数成为可能。如下的一个例子：

```
long salary = 264_400_000_000L;
```

这里下画线会被忽略，因此变量仍然等于相同的值，它们只是让数字更容易让人读懂。

数字末尾的大写“L”将其指定为一个长值。如果省略了“L”，Java 编译器就会假定该数字是整数，并标记“整数太大”的错误。

注意

如果在 NetBeans IDE 源代码编辑器中将数字中的下画线标记为错误，则 NetBeans IDE 就会被设置为使用旧版本的 Java。要纠正这个问题，在 Projects 窗格中右击当前项目的名称（可能是 Java24）并选择 Properties。弹出 Project Properties 对话框，在 Categories 列表框中选择 Sources。检查 Source/Binary Format，确保选择的是 Java 的当前版本。

5.6 布尔变量类型

Java 中有一种名为布尔（boolean）的变量类型，只能用于存储值 true 或 false。乍一看，布尔型变量似乎不是特别有用，除非读者打算编写大量对或错的测试。然而，布尔型变量在读者的程序中的各种情况下都可以使用。下面是可以用布尔型变量来回答问题的一些例子。

- 用户是否按了键？
- 游戏结束了吗？
- 我的银行账户透支了吗？
- 穿这条裤子让我的屁股看起来很肥吗？
- 这些是我要找的机器人吗？

布尔型变量用于回答是/否和真/假问题。下面的语句创建了一个名为 gameOver 的布尔型变量：

```
boolean gameOver = false;
```

这个变量的初始值是 false，所以像这样的语句可以在游戏程序中表明游戏还没有结束。当游戏结束时，gameOver 变量可以设置为 true。

虽然这两个布尔值看起来像程序中的字符串，但不应该用引号标注。第 7 章将进一步探索布尔型变量。

小提示

boolean 是以 George Boole（1815—1864）的名字命名的。Boole 是一位数学家，成年之前几乎都是自学成才，他发明了布尔代数，而布尔代数已经成为计算机编程、数字电子和逻辑的基础部分。

5.7 命名变量

Java 中的变量名可以以字母、下画线或美元符号（$）开头。名称的其余部分可以是任何字母或数字。读者可以给创建的变量取任何自己喜欢的名字，但是命名的方式应该是一致的。本节概述了通常推荐的变量命名方法。

当涉及变量名时，Java 是区分大小写的，因此必须始终以相同的方式书写变量名。例如，如果 gameOver 变量在程序中的某个地方被写为 GameOver，则程序将被编译失败。

变量的名称应该以某种方式描述其用途。第一个字母应该是小写的，如果变量名有多个单词，那么后面每个单词的第一个字母应该是大写的。例如，如果读者想在游戏程序中创建一个整型变量来存储历史最高分数，则可以使用以下语句：

```
int allTimeHighScore;
```

不能在变量名中使用标点符号或空格，因此以下两个语句都不起作用：

```
int all-TimeHigh Score;
int all Time High Score;
```

如果尝试在程序中使用这些变量名，NetBeans IDE 通过在源代码编辑器的行右侧用红色警告图标标记错误来响应报错。

> **小提示**
>
> 变量名并不是 Java 中唯一区分大小写的。程序中可以命名的所有对象，包括类、包和方法，都必须使用一致的书写方式来引用。

Java 使用的关键字，如 public、class、true 和 false 等，不能作为变量的名称。

Java 9 增加了另一个限制：变量名不能是单个下画线字符。这种形式过去在 Java 中是被允许的：

```
int _ = 747;
```

现在尝试一下上述语句，源代码编辑器中会出现一个错误，显示的消息是“_”是一个关键字。

5.8 在变量中存储值

在 Java 程序中创建变量的同时，可以在变量中存储值。还可以在程序后面的任何时候在变量中放入一个值。

若要在变量创建时为其设置初始值，请使用等号（=）。下面是一个创建名为 pi 的双精度浮点型变量的示例，初始值为 3.14：

```
double pi = 3.14;
```

所有存储值的变量都可以以类似的方式设置。如果读者正在设置一个字符型或字符串型变量，则必须在描述的值的两边加上引号。

如果两个变量的类型相同，还可以将一个变量的值赋给另一个变量，如下面的例子：

```
int mileage = 300;
int totalMileage = mileage;
```

首先，创建一个名为 mileage 的整型变量，初始值为 300。接下来，创建一个名为 totalMileage 的整型变量，其值与 mileage 相同，即两个变量的初始值都是 300。接下来读者将学习如何将一个变量的值赋给另一个变量。

> **注意**
>
> 如果读者没有给变量赋一个初始值，那么应该在另一个语句中使用它之前给它赋一个值。如果变量没有赋值，在编译程序时，可能会出现一个错误，说明变量“可能还没有初始化”。

正如读者所了解的，Java 具有类似的数值类型变量，这些变量保存不同大小的值。int 变量和 long 变量保存整数，而 long 变量保存更大范围的整数。float 变量和 double 变量都保存浮点数，但 double 变量保存的浮点数的范围更大。

读者可以在数值后面加一个字母来表示数值的类型，如下所示：

```
float pi = 3.14F;
```

值 3.14 后面的“F”表示它是一个浮点数。如果省略了“F”，Java 假设 3.14 是一个双精度浮点数。

字母“L”表示长整数，“D”表示双精度浮点数。

Java 中的另一个命名约定是将值不变的变量名中的每个字母大写。这些变量叫作常量。下面创建 4 个常量：

```
final int TOUCHDOWN = 6;
final int FIELDGOAL = 3;
final int CONVERSION = 2;
final int PAT = 1;
```

因为常量的值永远不会改变，所以读者可能想知道为什么应该使用一个常量——可以只使用分配给常量的值。使用常量的一个优点是它们使程序更容易理解。

在前面 4 个语句中，常量的名称被大写，这在 Java 中不是必需的，但是它已经成为程序员之间区分常量和其他变量的标准约定。

5.9 运算符

语句可以通过使用运算符“+”“-”“*”“/”和“%”来使用算术表达式。读者可以使用这些运算符在整个 Java 程序中处理数字。

Java 中的加法表达式使用“+”运算符，如下所示：

```
double weight = 205;
weight = weight + 10;
```

第二个语句使用“+”运算符将 weight 变量设置为其当前值加上 10。

Java 中的减法表达式使用“-”运算符，如下所示：

```
weight = weight - 15;
```

读语句将 weight 变量设置为其当前值减去 15。

Java 中的除法表达式使用“/”运算符，如下所示：

```
weight = weight / 3;
```

读语句将 weight 变量设置为其当前值除以 3。

要从除法表达式中获取余数，请使用“%”运算符（也称为模运算符）。下面的语句求245除以3的余数：

```
int remainder = 245 % 3;
```

Java 中的乘法表达式使用“*”运算符。下面是一个使用乘法表达式作为其部分语句的复杂语句：

```
int total = 500 + (score * 12);
```

表达式的 score * 12 部分将 score 乘以 12。完整语句将 score 乘以 12，然后将结果加上 500。如果 score 等于 20，表达式的结果 total 就等于 740，即 500 + (20 × 12)。

5.10 递增和递减变量

程序中的一个常见任务是将变量的值更改 1。读者可以将值增加 1，这叫作变量的递增，或者将值减少 1，这叫作变量的递减。Java 中有专门的运算符来完成这两个任务。

若要将变量的值增加 1，请使用“++”运算符，如下所示：

```
power++;
```

该语句将 power 变量中存储的值增加 1。

若要将变量的值减少 1，请使用“--”运算符，如下所示：

```
rating--;
```

该语句将 rating 变量中存储的值减少 1。

还可以将“++”和“--”运算符放在变量名前面，如下所示：

```
++power;
--rating;
```

将运算符放在变量名前面称为前缀，将运算符放在变量名后面称为后缀。

在表达式中使用“++”和“--”运算符时，前缀运算符和后缀运算符之间的区别变得非常重要。

如下例子：

```
int x = 3;
int answer = x++ * 10;
```

在处理这些语句之后，answer 变量的值等于多少？读者可能期望它等于 40，这也许是对的。如果 3 增加 1，就等于 4，然后 4 乘以 10，得到 40。

但是，answer 变量的值是 30，因为使用的是后缀运算符而不是前缀运算符。

当对表达式中的变量使用后缀运算符时，在对表达式进行完全求值之前，变量的值不会发生变化。语句 int answer = x++ * 10 运算的顺序与下面两个语句相同：

```
int answer = x * 10;
x++;
```

前缀运算符的情况正好相反。如果在表达式内部的变量上使用它们，则在对表达式求值之前，变量的值会发生变化。

如下例子：

```
int x = 3;
int answer = ++x * 10;
```

这会导致 answer 变量的值等于 40。前缀运算符在计算表达式之前更改 x 变量的值。语句 int answer = ++x * 10 做同样的事情，顺序如下：

```
x++;
int answer = x * 10;
```

读者很容易对“++”和“--”运算符感到困惑，因为它们不像本书中遇到的许多概念那样简单。

希望我告诉读者的这些内容并没有违反程序员的不成文法则。读者不需要在自己的程序中使用“++”和“--”运算符，可以使用“+”和“-”运算符来达到同样的效果，如下所示：

```
x = x + 1;
y = y - 1;
```

递增和递减是很有用的快捷方式，但是在表达式中采用较长的方式也很好。

小提示

回顾第 1 章所提到的，C++的名字被描述成一个读者在后文中会了解的“笑话”。现在已经介绍了“++”运算符，相信读者已经掌握了所有需要的信息，可以理解为什么 C++的名称中有两个加号，而不是只有一个加号了。因为 C++在 C 语言的基础上添加了新的特性和功能，所以可以认为它是 C 语言的增强版——因此得名 C++。

读完本书的 24 个章节后，读者也可以讲这样的“笑话”，也许能让世界上 99%的人都无法理解。

5.11　运算符优先级

当读者使用的表达式有多个运算符时，需要知道计算机在计算表达式时使用的顺序。例如以下语句：

```
int y = 10;
x = y * 3 + 5;
```

除非知道计算机在计算这些表达式时使用的顺序，否则无法确定 x 变量的值等于多少。

可以预测其为 35 或 80，这取决于计算机先计算 y * 3 还是先计算 3 + 5。

计算机计算表达式时使用以下顺序求值。

1．进行递增和递减。

2．进行乘法、除法和模数除法。

3．进行加、减法。

4．进行比较。

5．等号“=”用于设置变量的值。

因为乘法发生在加法之前，所以回顾前面的例子并得出答案：先 y 乘以 3，等于 30，然后加上 5。x 变量的值被设置为 35。

比较将在第 7 章中进行讨论。由于其余的内容都在本章内进行了描述，因此应该能够计算出以下语句的结果：

```
int x = 5;
int number = x++ * 6 + 4 * 10 / 2;
```

这些语句将 number 变量的值设置为 50。

计算机是怎么得出这个总数的？首先，处理“++”运算符，x++将 x 变量的值设置为 6。但是，请注意，在表达式中，“++”运算符在 x 变量的后面。这意味着表达式是用 x 变量的初始值求值的。

由于 x 变量的初始值是在变量递增之前使用的，因此表达式如下：

```
int number = 5 * 6 + 4 * 10 / 2;
```

现在，乘法和除法是从左到右处理的。首先 5 乘以 6，然后 4 乘以 10 再将结果除以 2（4 × 10/2）。表达式如下：

```
int number = 30 + 20;
```

这个表达式的结果是，number 变量的值被设置为 50。

如果希望按不同的顺序计算表达式，则可以使用圆括号对应该先处理的表达式部分进行分组。例如，表达式 x = 5 * 3 + 2;通常会得出 x = 17，因为乘法是在加法之前被处理的。

但是，看一看这个表达式的一个修改形式：

```
x = 5 * (3 + 2);
```

在本例中，首先处理圆括号内的表达式，因此结果等于 25。在语句中，读者可以根据需要经常使用圆括号。

5.12 使用表达式

当读者在学校里做一道特别不愉快的数学题时，有没有向老师抱怨或抗议过在生活中永远不会用到这些知识？很抱歉打断读者，但是老师是对的——读者的数学技能在计算机编程中派上用场了。这是个坏消息。

好消息是，计算机可以做任何要求它做的数学题。在计算机程序中，表达式经常用于完成以下任务。

- 改变变量的值。
- 计算程序中某件事情发生的次数。
- 在程序中使用数学公式。

在编写计算机程序时，读者会发现自己在使用表达式的同时也在借鉴旧的数学知识。表达式可以使用加法、减法、乘法、除法和模数除法。

要查看实际的表达式，启动 NetBeans IDE 并使用类名 PlanetWeight 创建一个 Java 程序，这个程序用于跟踪一个人在太阳系其他天体上的体重变化。在源代码编辑器中输入清单 5.2 所示的内容。本节会对程序的每个部分依次进行讲解。

清单 5.2　PlanetWeight.java

```
 1: package com.java24hours;
 2:
 3: class PlanetWeight {
 4:     public static void main(String[] arguments) {
 5:         System.out.print("Your weight on Earth is ");
 6:         double weight = 178;
 7:         System.out.println(weight);
 8:
 9:         System.out.print("Your weight on Mercury is ");
10:         double mercury = weight * .378;
11:         System.out.println(mercury);
12:
13:         System.out.print("Your weight on the Moon is ");
14:         double moon = weight * .166;
15:         System.out.println(moon);
16:
17:         System.out.print("Your weight on Jupiter is ");
18:         double jupiter = weight * 2.364;
19:         System.out.println(jupiter);
20:     }
21: }
```

完成后，保存程序，它应该会自动编译。选择 Run→Run File 运行程序。输出显示在图 5.1 所示的 Output 窗格中。

与创建的其他程序一样，PlanetWeight 程序对其所有工作使用 main 语句块。这个块可以分为以下 4 节。

1．第 5～7 行：人的体重最初被设置为 178。

2．第 9～11 行：计算水星上的减重情况。

3．第 13～15 行：计算月球上的减重情况。

4．第 17～19 行：计算木星上的增重情况。

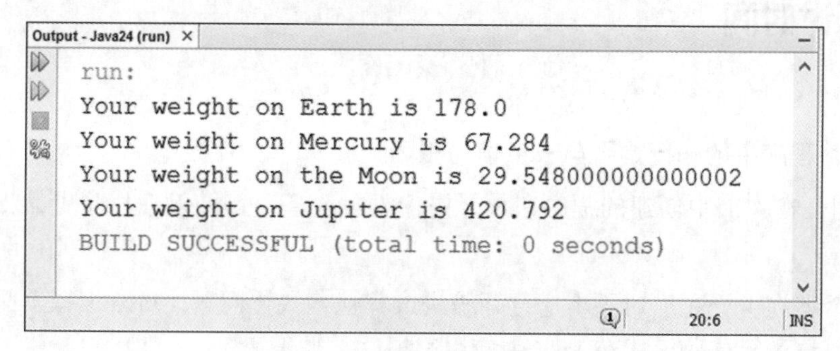

图 5.1 PlanetWeight 程序的输出

第 6 行创建了 weight 变量，并将其指定为一个 double 变量。该变量的初始值为 178，并在整个程序中用于监控人的体重。

第 7 行类似于程序中的几个语句：

```
System.out.println(weight);
```

System.out.println()命令显示圆括号中包含的字符串。在第 5 行中，System.out.print()命令显示文本“Your weight On Earth is”。

程序中有多个 System.out.print()和 System.out.println()语句。

它们之间的不同之处在于，print()在显示文本之后不会开始新行，而 println()会开始新行。

小提示

对于初始值，PlanetWeight 程序使用了 178 磅（1 磅≈0.45 千克）的体重，根据 BMC 的一项健康研究，这恰好是北美洲人的平均体重。相比之下，大洋洲人的平均体重约为 164 磅，欧洲人约为 156 磅，拉丁美洲人约为 150 磅，非洲人约为 134 磅，亚洲人约为 127 磅。如果读者在北美洲读到这篇文章，有人问读者，“你想要一个苹果派吗？”这个问题的答案是否定的。

5.13 总结

本章介绍了变量和表达式，通过学习本章，读者可以在程序中为计算机提供各种各样的指令。

有了在本章中学到的技能，读者就可以编写程序来完成许多与计算器相同的任务，轻松地处理复杂的数学方程。

同时，也会知道去月球旅行是一个有效的减肥计划。

数字只是一种可以存储在变量中的东西，还可以存储字符、字符串和称为布尔值的特殊 true 或 false 值。第 6 章将扩展字符串变量以及如何存储和使用它们的知识。

5.14　研讨时间

Q&A

Q：Java 程序中的一行是否与一条语句相同？

A：不同。在本书中创建的程序在每行中仅添加一条语句，以使程序更易于理解，但这不是必需的。

Java 编译器在编译程序时不考虑行、缩进或其他格式化问题。Java 编译器只看每个语句末尾的分号。这种行代码模式在 Java 中应用得很好，如下所示：

```
int x = 12; x = x + 1;
```

在一行中放入多个语句会使人们在阅读程序源代码时更难理解程序。因此，不建议这样做。

Q：为什么变量名的第一个字母应该是小写的，就像 gameOver 那样？

A：这是一种命名约定，它在两方面帮助编程。一方面，它使变量更容易在 Java 程序的其他元素中找到。另一方面，通过在变量命名中遵循一致的风格，可以消除在程序中多个位置使用变量时可能出现的错误。本书中使用的大小写风格是多年来大多数 Java 程序员所采用的风格。

Q：可以在 Java 中指定整数为二进制值吗？

A：可以。将字符“0b”放在数字前面，并在后面加上值中的位。由于 1 101 是数字 13 的二进制形式，下面的语句将整数设置为 13：

```
int z = 0b0000_1101;
```

下画线只是为了让数字更容易读，就像值较大的数字一样。Java 编译器会忽略下画线。

十六进制值可以用前面有“0x”的数字表示，如超级碗 0x33 中，新英格兰爱国者队以 0x22 比 0x1C 的比分击败了亚特兰大猎鹰队。

Q：什么是“Larvets”？

A：Larvets（蠕虫），本章提到的产品，是一种由可食用的蠕虫制成的小吃。这些蠕虫被杀死、晾干，并加入了与多力多滋薯片一样美味的食物调味料。

课堂测试

通过回答以下问题来测试读者在本章中对变量、表达式和其他内容的掌握程度。

1．怎么称呼一组包含左花括号和右花括号的语句？

A．块。

B．组件。

C．带括号的语句。

2．布尔变量用于存储 true 或 false 值？

A．对。

B．错。

C．不，谢谢，我已经吃了。

3．什么字符不能用来定义变量名？

A．美元符号。

B．两个斜杠标记（//）。

C．字母。

答案

1．A。分组语句称为块。

2．A。true 或 false 是布尔型变量可以存储的值。

3．B。变量可以以字母、美元符号或下画线开头。如果读者以两个斜杠标记开始命名一个变量，那么该行的其余部分将被忽略，因为两个斜杠标记用于定义注释行。

活动

读者可以通过以下活动更全面地回顾本章的主题。

- 扩展 PlanetWeight 程序，继续计算一个人在金星（其上人的体重为地球上体重的 90.7%）和天王星（其上人的体重为地球上体重的 88.9%）上的体重。
- 创建一个简短的 Java 程序，该程序使用一个整型 x 变量和一个整型 y 变量，并显示 $x^2 + y^2$ 的结果。

第6章 使用字符串进行通信

在本章中读者将学到以下知识。

- 在字符串型变量中存储文本。
- 在程序中输出字符串。
- 在字符串中使用特殊字符。
- 将字符串粘贴在一起。
- 连接字符串和变量。
- 比较字符串。
- 确定字符串的长度。

读者的计算机程序可以安静地工作，从不停下来“聊天”。

但是当程序需要告诉我们一些事情时，最简单的方法就是使用字符串。

Java 程序使用字符串作为与用户通信的主要方式。字符串是字母、数字、标点符号和其他字符的集合。在本章中，读者将学习如何使用字符串。

6.1 在字符串型变量中存储文本

字符串型变量存储文本并呈现给用户。字符串最基本的元素是字符。

字符可以是单个字母、数字、标点符号或其他符号。

在 Java 程序中，字符是可以存储在变量中的数据类型之一。

字符型变量是用 char 类型在语句中创建的，如下所示：

```
char keyPressed;
```

该语句创建一个名为 keyPressed 的变量。该变量可以保存字符。当读者创建字符型变量时，可以用一个初始值来设置它们，如下所示：

```
char quitKey = '@';
```

字符的值必须用单引号标注。

字符串是字符的集合。读者可以通过以下带有变量名称的字符串来设置一个变量，并将其用于保存字符串，如下所示：

```
String fullName = "Fin Shepard";
```

这个语句创建了一个名为 fullName 的变量，包含文本“Fin Shepard”，这是电影《鲨卷风》（*Sharknado*）中的英雄。在 Java 语句的文本的两边用双引号包围字符串。这些双引号不包含在字符串本身中。

与读者使用的其他类型的变量（int、float、char 和 boolean 等）不同，字符串型 String 是以大写字母开头的。

在 Java 中，字符串是一种称为对象的特殊信息，所有对象的类型在 Java 中都是大写的。在第 10 章中我们可以学到对象。在本章中需要注意的一件重要的事情是字符串型与其他的变量类型是不同的，由于这种差异，字符串型 String 是以大写字母开头的。

6.2 在程序中输出字符串

在 Java 程序中输出字符串的最基本方法是使用语句 System.out.println()。该语句会将字符串和圆括号内的其他变量值输出至计算机的输出设备——显示器上。这里有一个例子：

```
System.out.println("We can't just wait here for sharks to rain down on us.");
```

该语句将输出以下文本：

```
We can't just wait here for sharks to rain down on us.
```

在屏幕上显示文本通常称为输出，这就是 println()的含义——输出行。稍后读者可以使用语句 System.out.println()在双引号和变量中输出文本。读者需要把所有想要输出的内容放在圆括号里。

另一种输出字符串的方法是使用语句 System.out.print()。该语句用于输出圆括号内的字符串和其他变量值，但与 System.out.println()不同的是，它允许后续语句输出的文本与它输出的文本在同一行。

读者可以在一行中多次使用 System.out.print()来在同一行输出多个内容，如下所示：

```
System.out.print("There's ");
System.out.print("a ");
System.out.print("shark ");
System.out.print("in ");
System.out.print("your ");
```

```
System.out.print("pool.");
System.out.println();
```

这些语句将输出以下文本：

```
There's a shark in your pool.
```

没有参数的方法，即 println()的调用结束了这一行。

6.3　在字符串中使用特殊字符

当一个字符串被创建或显示时，它的文本必须用双引号标注。这些引号不会被输出。这就产生了一个问题：如果读者想输出双引号要怎么做?

为了输出这个字符，Java 有一个特殊的代码，读者可以放入字符串\"。这个字符串会输出为双引号。例如：

```
System.out.println("Anthony Ferrante directed \"Sharknado\".");
```

这行代码将输出以下文本：

```
Anthony Ferrante directed "Sharknado".
```

我们可以用这种方式将其他特殊字符插入字符串。表 6.1 展示了这些特殊字符。注意，每一个特殊字符前面都有一个反斜杠（\）。

表 6.1　特殊字符

特殊字符	输出
\'	单引号
\"	双引号
\\	反斜杠
\t	制表符
\b	退格符
\r	回车符
\f	跳页符
\n	换行符

换行符将导致该字符后面的文本输出在下一行的开头。例如：

```
System.out.println("Script by\nThunder Levin");
```

该语句将输出以下文本：

```
Script by
Thunder Levin
```

6.4 将字符串粘贴在一起

当读者使用 System.out.println()并以其他方式处理字符串时，可以用“+”将两个字符串粘贴在一起。“+”运算符也可用于数字的加法运算。

“+”运算符运用在字符串中有不同于数学运算的含义，它可以把两个字符串连接在一起。这样做可以将字符串一起输出，或者将两个较短的字符串组成一个长的字符串。

把两个字符串连接在一起称为连接（concatenation）。

> **注意**
>
> 在构建读者的编程技能时，读者可能会在其他图书中看到术语“连接”（concatenation）。然而，当一个字符串和另一个字符串连接在一起时，本书使用的术语是粘贴（pasting）。粘贴听起来很有趣。连接听起来像是永远不应该在明面上出现的词语。

下面的语句是使用“+”运算符来输出一个长字符串：

```
System.out.println("\"\'Sharknado\' is an hour and a half of your "
    + "life that you'll never get back.\nAnd you won't want to.\"\n"
    + "\t-- David Hinckley, New York Daily News");
```

不要将整个字符串放在一行上，以免在之后查看程序时更难理解。读者可以使用“+”运算符将文本分隔到代码的上、下两行。此语句输出时就会显示成这样：

```
"'Sharknado' is an hour and a half of your life that you'll never get back.
And you won't want to."
    -- David Hinckley, New York Daily News
```

以上的语句中使用了几个特殊的字符：\"、\'、\n 和\t。为了更好地熟悉这些字符，请将输出和语句 System.out.println()中的字符串进行对比。

6.5 连接字符串和变量

虽然读者可以使用“+”运算符将两个字符串粘贴在一起，但是更经常使用到的，应该是用它来连接字符串和变量，如下所示：

```
int length = 86;
char rating = 'R';
System.out.println("Running time: " + length + " minutes");
System.out.println("Rated " + rating);
```

这段代码的输出如下：

```
Running time: 86 minutes
Rated R
```

这个例子显示了关于“+”运算符如何处理字符串的一个独特的方面。它可以将非字符串当作字符串一样输出。变量 length 值为整数 86，它被输出在字符串“Running time:”和“minutes”之间。语句 System.out.println()被要求输出一个字符串、一个整数和另一个字符串。这个语句之所以有效，是因为组中至少有一部分是字符串。Java 提供了这种方便信息展示的功能。

对于字符串，读者可能还想要做的事是将某些内容多次粘贴到字符串上，如下所示：

```
String searchKeywords = "";
searchKeywords = searchKeywords + "shark ";
searchKeywords = searchKeywords + "hurricane ";
searchKeywords = searchKeywords + "danger";
```

这段代码将变量 searchKeywords 设置为“shark hurricane danger”。第一行代码创建了变量 searchKeywords 并将其设置为空字符串，因为双引号之间没有任何内容。第二行代码设置了变量 searchKeywords 等于它当前的字符串加上末尾添加的字符串“shark”。接下来的两行以同样的方式添加了“hurricane”和“danger”。

正如读者所看到的，当读者在一个变量的末尾粘贴更多的文本时，程序中将多次出现该变量的名称。Java 提供了一个简化这个过程的快捷方式：运算符“+=”。运算符“+=”是结合了运算符“=”和“+”的运算符。对于字符串，它用于向现有字符串的末尾添加内容。以上 searchKeywords 的例子可以用“+=”来缩短，如下所示：

```
String searchKeywords = "";
searchKeywords += "shark ";
searchKeywords += "hurricane ";
searchKeywords += "danger";
```

这段代码产生了相同的结果：变量 searchKeywords 的值被设置为“shark hurricane danger”。

6.6 高级的字符串处理

还有其他几种方法可以查看字符串型变量并更改其值。因为字符串是 Java 中的对象，这些高级特性是可以实现的。使用字符串会提高读者之后在其他对象上使用的技能。

6.6.1 比较字符串

读者在程序中经常测试的一件事是，一个字符串是否等于另一个字符串。读者可以在一条语句中使用 equals()方法来处理这两个字符串，如下所示：

```
String favorite = "chainsaw";
String guess = "pool cue";
System.out.println("Is Fin's favorite weapon a " + guess + "?");
System.out.println("Answer: " + favorite.equals(guess));
```

本例使用两个不同的字符串型变量。一个是 favorite，它存储了 Fin 使用的工具的名称“chainsaw”。另一个是 guess，它存储了猜测的 Fin 最喜欢的东西。据猜测，Fin 更喜欢“pool cue”。

第 3 行“Is Fin’s favorite weapon a”，后面是变量 guess 的值和问号。第 4 行输出“Answer:”，然后包含以下内容：

```
favorite.equals(guess)
```

语句的这一部分是一种在 Java 程序中完成任务的方法。该方法的任务是确定一个字符串是否与另一个字符串相同。如果两个字符串相同，调用该方法将输出“true”；否则将输出“false”。下面是这个例子的输出。

输出

```
Is Fin's favorite weapon a pool cue?
Answer: false
```

对 equals()方法的调用会产生一个可以存储在变量中的布尔值。考虑以下修改后的语句：

```
boolean checker = favorite.equals(guess);
```

如果变量 favorite 和 guess 的值相同，则 checker 等于 true。否则，它等于 false。

在处理字符串时，经常需要验证字符串是否为空。

空字符串，即字符串为 null，在双引号中没有任何内容。例如：

```
if (favorite.equals("")) {
    System.out.println("No favorite has been defined");
}
```

还有一个 equalsIgnoreCase()方法，它将不考虑大小写地比较字符串。当 favorite 等于“chainsaw”时，如果另一个字符串是“chainsaw”“Chainsaw”或“CHAINSAW”，它们都会被认为是相等的。

6.6.2 确定字符串的长度

读者还可以使用 length()方法确定字符串的长度。这个方法的工作方式与 equals()方法相同，但是只涉及一个字符串型变量。请看下面的例子：

```
String cinematographer = "Ben Demaree";
int nameLength = cinematographer.length();
```

这个例子将整型变量 nameLength 设置为 11。cinematographer.length()方法的作用是计算名为 cinematographer 的字符串型变量中的字符数，然后将该数值存储到整型变量 nameLength 中。

6.6.3 创建一个不同大小写的字符串

因为计算机是从字面上理解一切，所以很容易混淆大小写字母。虽然人类会认识到文本 Ian Ziering 和文本 IAN ZIERING 指的是同一件事，但大多数计算机并不会认识到。本章讨论过的 equals()方法会认为“Ian Ziering”不等于“IAN ZIERING”。

为了克服这些障碍，Java 有一些方法，这些方法接受一个字符串型变量并创建另一个值全是大写字母或全是小写字母的变量，它们分别是 toUpperCase()和 toLowerCase()方法。下面的例子显示了 toUpperCase()方法的作用：

```
String fin = "Ian Ziering";
String change = fin.toUpperCase();
```

这段代码设置了字符串型变量 change 等于将字符串型变量 fin 的值转换为大写字母后的值——“IAN ZIERING”。而 toLowerCase()方法返回一个全是小写字母的字符串。

注意，toUpperCase()方法不会更改它所调用的原字符串型变量的值的大小写。在前面的例子中，fin 变量仍然等于“Ian Ziering”。

6.6.4　查找字符串

处理字符串时的另一个常见任务是，查看是否可以在一个字符串中找到另一个字符串。可以使用 indexOf()方法查看字符串，将要查找的字符串放在圆括号内。如果没有找到字符串，indexOf()方法将生成值-1。如果找到字符串，indexOf()方法将生成一个整数，该整数表示字符串开始的位置。

字符串中的位置从 0 开始编号。在字符串“Sharknado”中，文本“nado”所在的位置从 5 开始。

如果 Sharknado 的整个剧本存储在一个名为 script 的字符串中，那么可以使用下面的语句搜索该引用：

```
int position = script.indexOf("We're gonna need a bigger chopper");
```

如果可以在字符串型变量 script 中找到该文本，则 position 等于文本开始的位置。否则，它等于-1。

如果读者正在另一个字符串中查找一个字符串，但不关心其位置，则可以使用 contains()方法，它会返回一个布尔值。如果找到所查找的字符串，则布尔值为 true；否则布尔值为 false。这里有一个例子：

```
if (script.contains("There's a shark in your pool")) {
    int stars = 4;
}
```

注意

indexOf()和 contains()方法区分大小写，这意味着它们只查找与搜索字符串大小写完全相同的文本。如果字符串包含相同的文本，但大小写不同，则 indexOf()生成值-1，contains()返回 false。

indexOf()方法还可以用于查找字符串中的字符。

6.6.5　输出演职员表

为了加深对本章中已经介绍过的字符串处理特性的理解，读者可以编写一个 Java 程序来输出电影的演职员表。读者大概能猜到这部电影。

打开 NetBeans IDE 中的 Java24 项目，并在 com.java24hours 包中创建一个名为 Credits 的空 Java 文件。在源代码编辑器中输入清单 6.1 所示的内容，并在完成后保存文件。

清单 6.1 Credits.java

```
 1: package com.java24hours;
 2:
 3: class Credits {
 4:     public static void main(String[] arguments) {
 5:         // 建立电影资料
 6:         String title = "Sharknado";
 7:         int year = 2013;
 8:         String director = "Anthony Ferrante";
 9:         String role1 = "Fin";
10:         String actor1 = "Ian Ziering";
11:         String role2 = "April";
12:         String actor2 = "Tara Reid";
13:         String role3 = "George";
14:         String actor3 = "John Heard";
15:         String role4 = "Nova";
16:         String actor4 = "Cassie Scerbo";
17:         // 输出演职员表
18:         System.out.println(title + " (" + year + ")\n" +
19:             "A " + director + " film.\n\n" +
20:             role1 + "\t" + actor1 + "\n" +
21:             role2 + "\t" + actor2 + "\n" +
22:             role3 + "\t" + actor3 + "\n" +
23:             role4 + "\t" + actor4);
24:     }
25: }
```

看一下这个程序，读者是否能弄清楚它在每个阶段都在做什么。以下是逐行的说明。

- 第 3 行给出 Java 程序的名称 Credits。
- 第 4 行是 main 语句块的开始，所有程序的工作都在该语句块中完成。
- 第 6～16 行设置变量来保存关于电影、导演和演员的信息。其中变量 year 的数据类型是整型，其余的变量是字符串型变量。
- 第 18～23 行是一个很长的 System.out.println()语句。第 18 行第一个圆括号和第 23 行最后一个圆括号之间的所有内容都会被输出。换行符（\n）会在新行开始时输出其后的文本。制表符（\t）在输出中插入制表符间距。其余的是应该输出的文本或字符串型变量。
- 第 24 行结束 main()语句块。
- 第 25 行结束程序。

如果在 Credits 程序中遇到错误信息，请及时纠正错误并再次保存程序。NetBeans IDE 自动编译程序。运行该程序后，将看到一个 Output 窗格，如图 6.1 所示。

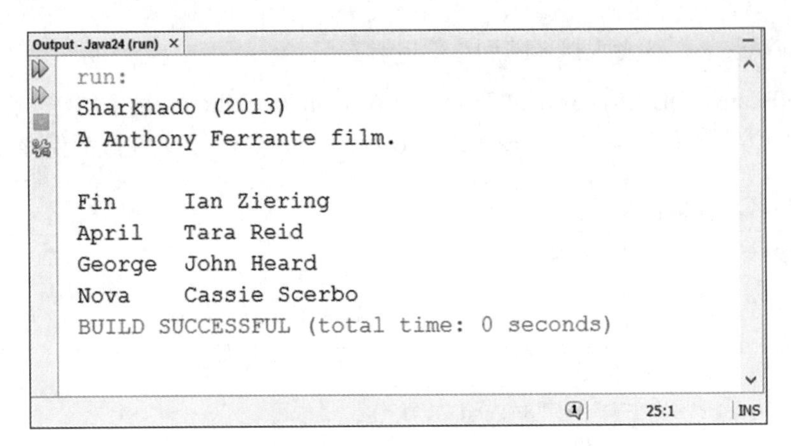

图 6.1　Credits 程序的输出

6.7　总结

当读者编写的 Credits 程序输出如图 6.1 所示时，请给自己一些掌声。到现在为止，读者已经可以编写更长的 Java 程序，处理的问题也更复杂。字符串是读者每次坐下来写程序时都会用到的东西。读者将以多种方式使用字符串与用户进行通信。

6.8　研讨时间

Q&A

Q：如何将字符串型变量的值设置为空？

A：使用一对双引号和没有任何文本的空字符串。下面的代码演示了一个名为 georgeSays、其值为空的字符串型变量：

```
String georgeSays = "";
```

Q：无法让 toUpperCase()方法更改字符串，使其全部为大写字母，是不是做错了什么？

A：不是。当读者调用字符串对象的 toUpperCase()方法时，实际上不会更改被调用的字符串对象。相反，它会创建一个全是大写字母的新字符串。思考如下代码：

```
String firstName = "Baz";
String changeName = firstName.toUpperCase();
System.out.println("First Name: " + firstName);
```

这段代码输出文本“First Name: Baz”，因为 firstName 的值未改变，依旧是原始字符串。如果将最后一条语句改为输出 changeName 变量，它将输出“First Name: BAZ”。

在 Java 中创建的字符串的值不会被改变。

Q：Java 中的所有方法是否与 equals()方法相同，都是以字符串的方式输出 true 或 false？

A：方法在使用后产生响应的方式不同。当一个方法像 equals()方法返回一个值时，它被称为返回一个值。equals()方法返回一个布尔值。其他方法可能返回一个字符串、一个整数或另一种类型的值，或者什么都不返回（用 void 表示）。

Q：为什么学校用字母 A、B、C、D、F 来评分，却不用 E 来评分？

A：E 级的字母已经在另一种分级制度中被使用。直到 20 世纪中期，在美国最流行的评分系统是，E 代表优秀，S 代表满意，N 代表需要改进，U 代表“可怕”的不满意。因此，当 ABCD 评分系统出现时，给一个不及格的学生 E 级被认为不是一个好主意。

ESNU 评分系统在小学中仍然被广泛使用。

课堂测试

通过回答以下问题来测试读者对本章内容的掌握程度。

1．读者的朋友在进行连接操作。读者应该举报他吗？

A．不。这件事只有在冬季才非法。

B．是的。但是在读者把这个故事发给记者之后再举报。

C．不。他所做的是在程序里将两个字符串粘贴在一起。

2．为什么 String 开头字母是大写的，而 int 和其他字符不是？

A．字符串是一个完整的单词，但 int 不是。

B．像所有 Java 的标准部分的对象一样，String 被要求首字母是大写的。

C．Oracle 质量控制不力。

3．下列哪个字符是将单引号在字符串中正确输出的方式？

A．<引用>。

B．/'。

C．'。

答案

1．C。concatenation 表示粘贴、连接、融合，是将两个字符串连接在一起的另一种说法。当读者在字符串上使用“+”和“+=”运算符时，就会发生这种情况。

2．B。Java 中可用的对象类型的首字母都是大写的，这是变量名称的首字母要小写的主要原因。它让我们将其与对象区别开。

3．B。可以在特殊字符前加入单个反斜杠来显示特殊字符。

活动

读者可以通过以下活动更全面地回顾本章的主题。

- 编写一个名为 Favorite 的 Java 程序，并将 6.6.1 节的代码放入 main 语句块中。测试一下，确保它能像描述的那样工作，并说明 Fin 最喜欢的工具不是“pool cue”。完成后，将 guess 变量的初始值从“pool cue”更改为“chainsaw”，看一看会发生什么。
- 修改 Credits 程序，使导演和所有演员的名字全部用大写字母显示。

第7章 使用条件测试来做决定

在本章中读者将学到以下知识。

- 使用 if 语句进行基本条件测试。
- 测试一个值是否大于或小于另一个值。
- 测试两个值是否相等。
- 使用 else 语句作为 if 语句的反义词。
- 将几个条件测试链接在一起。
- 使用 switch 语句进行复杂的条件测试。
- 使用三元运算符创建测试。

在编写一个计算机程序时，给计算机提供了一个叫作语句的指令列表，这些指令被严格遵循。让计算机算出一些令人费解的数学公式，它就能算出来；告诉它显示一些信息，它就会尽职地响应。

有时候，需要对计算机功能更加挑剔。如果编写了一个平衡支票簿的程序，可能希望计算机在账户透支时显示一条警告消息。只有当账户透支时，计算机才会显示此消息。如果账户没有透支也显示警告信息，那么这条信息将是不准确的，并且在情感上令人不安。

在 Java 程序中完成此任务的方法是使用条件语句，该语句只在满足特定条件的情况下才会在程序中发生某些事情。在本章中，读者将学习如何使用条件语句 if、else 和 switch。

当 Java 程序做决策时，它通过使用条件语句来实现。在本章中，主要介绍使用条件关键字 if、else、switch、case 和 break 来检查 Java 程序中的条件。还可以使用条件运算符==、!=、<、>、<=、>=、?和布尔型变量。

7.1 if 语句

在 Java 中测试条件的基本方法是使用 if 语句。if 语句测试一个条件为真或假，并且仅在该条件为真时才采取行动。

读者可以使用 if 和如下条件语句一起进行测试：

```
long account = -17_000_000_000_000L;
if (account < 0) {
    System.out.println("Account overdrawn; you need a bailout");
}
```

if 语句使用小于运算符“<”检查 account 变量是否小于 0。如果是，则运行 if 语句中的块，显示一条消息。

if 语句块只在条件为真时才运行。在前面的示例中，如果 account 变量的值为 0 或更大，则忽略 System.out.println()语句。注意，测试的条件必须用圆括号标注，如(account < 0)。

小于运算符“<”是可以用于条件语句的几个运算符之一。

7.1.1 小于和大于比较

从上面可以看到，“<”运算符的使用方法与数学中的使用方法相同：作为小于号。还有一个“>”运算符，在以下语句中使用：

```
int elephantWeight = 900;
int elephantTotal = 13;
int cleaningExpense = 200;

if (elephantWeight > 780) {
    System.out.println("Elephant too big for tightrope act");
}

if (elephantTotal > 12) {
    cleaningExpense = cleaningExpense + 150;
}
```

第一个 if 语句测试 elephantWeight 变量的值是否大于 780。第二个 if 语句测试 elephantTotal 变量的值是否大于 12。

如果在 elephantWeight 变量的值等于 600 和 elephantTotal 变量的值等于 10 的程序中使用前面两条语句，则忽略每个 if 语句块中的语句。

可以使用“<=”运算符确定某个值是否小于或等于其他值。这里有一个例子：

```
if (account <= 0) {
    System.out.println("You are flat broke");
}
```

还有一个用于大于或等于测试的“>=”运算符。

7.1.2　相等和不相等比较

测试程序的另一个条件是等式。一个变量的值是否等于一个特定的值，一个变量的值是否等于另一个变量的值，这些问题可以用“==”运算符来回答，如下所示：

```
char answer = 'b';
char rightAnswer = 'c';
int studentGrade = 85;
if (answer == rightAnswer) {
    studentGrade = studentGrade + 10;
}

if (studentGrade == 100) {
    System.out.println("Show off!");
}
```

> **注意**
> 用于进行等式测试的运算符有两个等号：==。很容易将这个运算符与“=”运算符混淆。“=”运算符用于为变量赋值。在条件语句中始终使用“==”运算符。

还可以使用“!=”运算符来测试不等式，即某项是否不等于另一项，如下所示：

```
if (answer != rightAnswer) {
    score = score - 5;
}
```

可以对除字符串之外的所有类型的变量使用“==”和“!=”运算符，因为字符串是对象。

7.1.3　用块组织程序

到目前为止，本章的if语句都伴随着一个包含在花括号中的块。

在第2.6节中，已经看到了如何标记Java程序的main语句块的开始和结束。当程序运行时，main语句块中的每个语句都会被处理。

if语句不需要块。它可以占据一行，如下所示：

```
if (account <= 0) System.out.println("No more money");
```

如果没有块，则仅在条件为真时才运行if条件后面的语句。

下面使用if语句来记录足球比赛的得分，在每次触地得分之后得分被加上7分，或者在每次射门得分之后得分被加上3分。

以下是代码：

```
int total = 0;
```

```
int score = 7;
if (score == 7) {
    System.out.println("You score a touchdown!");
}
if (score == 3) {
    System.out.println("You kick a field goal!");
}
total = total + score;
```

如果条件为真，则可以在 if 语句中使用块使计算机执行多个操作。下面是一个包含块的 if 语句的例子：

```
int playerScore = 12000;
int playerLives = 3;
int difficultyLevel = 10;

if (playerScore > 9999) {
    playerLives++;
    System.out.println("Extra life!");
    difficultyLevel = difficultyLevel + 5;
}
```

花括号用于对 if 语句的所有语句进行分组。如果变量 playerScore 大于 9 999，则会发生以下 3 种情况。

- playerLives 变量的值增加 1（因为使用了递增运算符“++”）。
- 输出“Extra life!”。
- difficultyLevel 变量的值增加 5。

如果变量 playerScore 不大于 9 999，则什么也不会发生，if 语句块中的所有 3 条语句都将被忽略。

7.2 if-else 语句

有些时候，如果一个条件为真，想做一些事情；如果条件为假，想做另一些事情。此时，可以将 else 语句与 if 语句结合使用，如下所示：

```
int answer = 17;
int correctAnswer = 13;

if (answer == correctAnswer) {
    score += 10;
    System.out.println("That's right. You get 10 points");
} else {
    score -= 5;
    System.out.println("Sorry, that's wrong. You lose 5 points");
}
```

与 if 语句不同，else 语句没有在其旁边列出条件，这是因为 else 语句与它前面的 if 语句匹配。还可以使用else将多个if语句链接在一起，如下所示：

```
char grade = 'A';

if (grade == 'A') {
    System.out.println("You got an A. Awesome!");
} else if (grade == 'B') {
    System.out.println("You got a B. Beautiful!");
} else if (grade == 'C') {
    System.out.println("You got a C. Concerning!");
} else {
    System.out.println("You got an F. You'll do well in Congress!");
}
```

通过这种方式组合多个if和else语句，可以处理各种条件。上面的例子中向A级学生、B级学生、C级学生和F级学生发出了不同的信息。

7.3 switch语句

if和else语句适用于有两种可能条件的情况，但是有时读者有两个以上的条件。

在前面的评分示例中，可以看到if和else语句可以链接起来处理几个不同的条件。

另一种方法是使用switch语句，它可以测试各种不同的条件并做出相应的响应。以下代码为用switch语句重写评分示例：

```
char grade = 'B';

switch (grade) {
    case 'A':
        System.out.println("You got an A. Awesome!");
        break;
    case 'B':
        System.out.println("You got a B. Beautiful!");
        break;
    case 'C':
        System.out.println("You got a C. Concerning!");
        break;
    default:
        System.out.println("You got an F. You'll do well in Congress!");
}
```

switch语句的第一行指定在本例中进行测试的变量grade。然后，switch语句使用花括号形成一个块。

每个case语句根据特定的值检查switch语句中的测试变量。case语句中使用的值可以是字符、整数或字符串。在前面的示例中，有字符“A”“B”和“C”的case语句。每个语句后面都有一两个语句。当其中一个case语句中的值与switch语句中的变量值匹配时，计算机将运行case语句之后的所有语句，直到遇到break语句为止。

例如，如果 grade 变量的值是“B”，那么输出“You got a B Beautiful!”。下一条语句是 break 语句，因此在 switch 语句中不执行任何其他操作。break 语句告诉计算机跳出 switch 语句。

在 switch 语句的 case 部分中忘记使用 break 语句会导致不希望的结果。如果在这个评分示例中没有 break 语句，那么无论 grade 变量等于“A”“B”还是“C”，都会显示前 3 条消息。

如果前面的 case 语句都不为真，则执行 default 语句。在本例中，如果 grade 变量不等于“A”“B”或“C”，就会发生这种情况。读者不必对程序中的每个 switch 语句块都使用 default 语句。当它被省略时，如果 case 语句都没有正确的值，则什么也不会发生。

本章的第一个项目是清单 7.1 所示的 Commodity 类，它使用 switch 语句来购买或出售未指定的商品。这种商品的售价为 20 美元，销售利润为 15 美元。

switch 语句测试一个名为 command 的字符串型变量的值，如果它等于“BUY”，则运行一个块；如果它等于“SELL”，则运行另一个块。

在 NetBeans IDE 中，使用包 com.java24hours 中的类名 Commodity 创建一个空 Java 文件，然后输入清单 7.1 所示的内容。

清单 7.1 Commodity.java

```
 1: package com.java24hours;
 2:
 3: class Commodity {
 4:     public static void main(String[] arguments) {
 5:         String command = "BUY";
 6:         int balance = 550;
 7:         int quantity = 42;
 8:
 9:         switch (command) {
10:             case "BUY":
11:                 quantity += 5;
12:                 balance -= 20;
13:                 break;
14:             case "SELL":
15:                 quantity -= 5;
16:                 balance += 15;
17:         }
18:         System.out.println("Balance: $" + balance + "\n"
19:             + "Quantity: " + quantity);
20:     }
21: }
```

在 Commodity 程序中，第 5 行用于将 Command 字符串型变量的值设置为“BUY”。当测试第 9 行中的 switch 语句时，运行第 11～13 行中的 case 语句块，即将商品的数量增加 5 个，余额减少 20 美元。

当 Commodity 程序运行时，产生图 7.1 所示的输出。

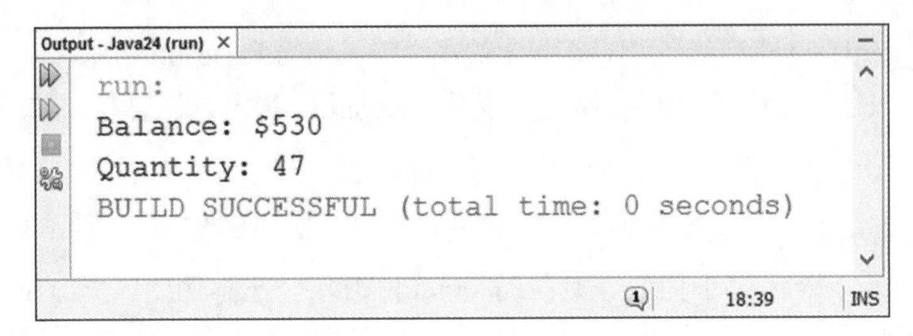

图 7.1　Commodity 程序的输出

7.4　三元运算符

Java 中较复杂的条件语句是三元运算符。

三元运算符根据条件分配值或输出值。例如，对于一个电子游戏，根据 skillLevel 变量是否大于 5，将 numberOfEnemies 变量的值设置为两个值中的一个。读者可以用 if-else 语句来实现该任务，如下所示：

```
if (skillLevel > 5) {
    numberOfEnemies = 20;
} else {
    numberOfEnemies = 10;
}
```

一个更短但更复杂的方法是使用三元运算符。三元表达式有以下 5 个部分。

- 测试的条件，用圆括号标注，如(skillLevel> 5)。
- 一个问号（?）。
- 条件为真时使用的值。
- 一个冒号（:）。
- 条件为假时使用的值。

使用三元运算符根据 skillLevel 变量设置 numberOfEnemies 变量的值，可以使用以下语句：

```
int numberOfEnemies = (skillLevel > 5) ? 20 : 10;
```

还可以使用三元运算符来确定要显示什么信息。比如，一个程序输出文本“Ms.”还是“Mr.”，取决于 gender 变量的值。以下语句可以实现这一点：

```
String gender = "female";
System.out.print( (gender.equals("female")) ? "Ms." : "Mr." );
```

三元运算符可能很有用，但它也是 Java 中初学者最难理解的条件运算符。在学习 Java 时，不会遇到必须使用三元运算符而不能用 if-else 语句的情况。

7.5　观察 Clock 程序

本节的项目提供了另一种方法来查看可能在程序中使用的每个条件测试语句。这个项目将使用 Java 内置的计时功能，该功能跟踪当前日期和时间，并以句子形式输出此信息。

加载 NetBeans IDE 或其他用于创建 Java 程序的编程工具，并为新文件指定名称 Clock.java 和所归属的 com.java24hours 包。这个程序很长，但是大部分由多行条件语句组成。在源代码编辑器中输入清单 7.2 所示的内容并在完成的时候保存文件。

清单 7.2 Clock.java

```
 1: package com.java24hours;
 2:
 3: import java.time.*;
 4: import java.time.temporal.*;
 5:
 6: class Clock {
 7:     public static void main(String[] arguments) {
 8:         //  获取当前时间和日期
 9:         LocalDateTime now = LocalDateTime.now();
10:         int hour = now.get(ChronoField.HOUR_OF_DAY);
11:         int minute = now.get(ChronoField.MINUTE_OF_HOUR);
12:         int month = now.get(ChronoField.MONTH_OF_YEAR);
13:         int day = now.get(ChronoField.DAY_OF_MONTH);
14:         int year = now.get(ChronoField.YEAR);
15:
16:         //  输出问候
17:         if (hour < 12) {
18:             System.out.println("Good morning.\n");
19:         } else if (hour < 17) {
20:             System.out.println("Good afternoon.\n");
21:         } else {
22:             System.out.println("Good evening.\n");
23:         }
24:
25:         //  以输出分钟数开始计时信息
26:         System.out.print("It's");
27:         if (minute != 0) {
28:             System.out.print(" " + minute + " ");
29:             System.out.print( (minute != 1) ? "minutes" :
30:                 "minute");
31:             System.out.print(" past");
32:         }
33:
34:         // 输出小时数
35:         System.out.print(" ");
36:         System.out.print( (hour > 12) ? (hour - 12) : hour );
37:         System.out.print(" o'clock on ");
38:
39:         //  输出月份
40:         switch (month) {
41:             case 1:
42:                 System.out.print("January");
43:                 break;
44:             case 2:
```

```
45:                 System.out.print("February");
46:                 break;
47:             case 3:
48:                 System.out.print("March");
49:                 break;
50:             case 4:
51:                 System.out.print("April");
52:                 break;
53:             case 5:
54:                 System.out.print("May");
55:                 break;
56:             case 6:
57:                 System.out.print("June");
58:                 break;
59:             case 7:
60:                 System.out.print("July");
61:                 break;
62:             case 8:
63:                 System.out.print("August");
64:                 break;
65:             case 9:
66:                 System.out.print("September");
67:                 break;
68:             case 10:
69:                 System.out.print("October");
70:                 break;
71:             case 11:
72:                 System.out.print("November");
73:                 break;
74:             case 12:
75:                 System.out.print("December");
76:         }
77:
78:         //  输出日期和年份
79:         System.out.println(" " + day + ", " + year + ".");
80:     }
81: }
```

保存程序之后，在运行它之前，仔细查看代码，了解如何使用条件测试。

注意

这个程序使用了 Java 的新特性，如果当前 NetBeans IDE 项目被设置为使用该语言的较早版本，那么它将无法被编译。要确保选择了正确的设置，请选择 File→Project Properties。在 Project Properties 对话框中，查找 Source/Binary Format，确保选择的是 JDK 9。

除第 3～4 行和第 8～14 行之外，Clock 程序中包含到目前为止已经讨论过的内容。在设置了一系列用于保存当前日期和时间的变量之后，将使用一系列 if 或 switch 语句来确定应该输出哪些信息。

Clock 程序使用 System.out.println()和 System.out.print()的几种用法来输出字符串。

第 8～14 行引用了一个名为 now 的 LocalDateTime 变量。LocalDateTime 变量类型的首字母是大写的，因为 LocalDateTime 变量是一个对象。

在第 10 章中，读者将学习如何创建和使用对象。在本章中，我们将把注意力集中在这些语句里发生了什么，而不是它是如何发生的。

Clock 程序由以下几个部分组成。

- 第 3 行使程序能够使用跟踪当前日期和时间所需的类：java.time.LocalDateTime。
- 第 4 行使程序能够使用 java.time.temporalfield.ChronoField，它听起来像是一部时间旅行电影。
- 第 6～7 行开始编写 Clock 程序及其 main 语句块。
- 第 9 行创建了一个名为 now 的 LocalDateTime 对象，它包含操作系统的当前日期和时间。now 对象在每次运行此程序时都会更改。除非宇宙的物理规律被改变，时间静止不动。
- 第 10～14 行创建变量来保存小时数、分钟数、月份、日期和年份。这些变量的值是从 LocalDateTime 对象中提取的，该对象是这些信息的存储库。圆括号内的信息，如 ChronoField.DAY_OF_MONTH，指示提取日期和时间的哪一部分。
- 第 17～23 行输出 3 个可能的问候语之一：“Good morning.”“Good afternoon.”或“Good evening.”。根据 hour 变量的值选择要输出的问候语。
- 第 26～32 行输出当前分钟数和一些附带的文本。如果 minute 变量的值为 0，则忽略第 28～31 行，因为第 27 行中有 if 语句。if 语句是必要的，因为程序不可能告诉某人现在是 1 小时 0 分钟。第 28 行显示 minute 变量的当前值。第 29～30 行使用三元运算符来输出文本“minutes”或“minute”，这取决于 minute 变量的值是否等于 1。
- 第 35～37 行使用另一个三元运算符输出当前小时数。第 36 行中的三元条件语句会导致小时数在大于 12 的情况下以不同的方式输出，从而防止计算机显示“15 o'clock on”之类的时间。
- 第 40～76 行（几乎占程序的一半）是一个很长的 switch 语句，根据存储在 month 变量中的整数值输出不同的月份。
- 第 79 行以输出当前日期和年份结束输出。
- 第 80～81 行关闭 main 语句块，然后关闭整个 Clock 程序。

运行此程序时，输出应该是基于当前日期和时间的句子。Output 窗格中的 Clock 程序的输出如图 7.2 所示。

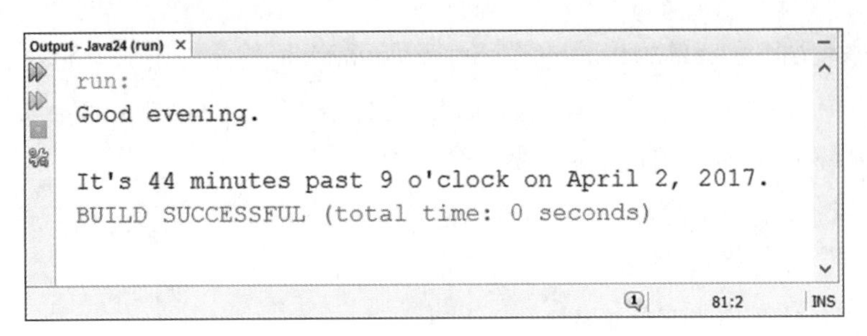

图 7.2　Clock 程序的输出

多次运行程序，看一看它是如何“跟上时钟”的。

> **小提示**
> Clock 程序使用 Java 中引入的日期/时间应用程序接口（Application Programming Interface，API）。早期的 Java 使用不同的类库来处理日期和时间。正如读者在第 4 章中学到的那样，Java 类库包含数千个执行有用任务的类。Clock 程序中使用的 java.time 和 java.time.temporal 包是日期/时间 API 的一部分。

7.6　总结

现在可以使用条件语句了，Java 程序的智能水平有了很大的提高。程序可以评估信息，并使用它在不同的情况下做出不同的响应。即使信息在程序运行时发生了变化，程序也可以根据具体情况在两个或多个备选方案之间做出决定。

编写计算机程序需要将任务分解为一组要执行的逻辑步骤和必须做出的决策。在编程中使用 if 语句和其他条件语句还可以促进逻辑思维发展，这种思维可以在生活的其他方面获益。

- 如果我违反了试用期的规定，那么只有达拉斯牛仔队会选我。

7.7　研讨时间

Q&A

Q：if 语句似乎是最有用的。是否可以只在程序中使用 if 语句而从不使用其他语句？

A：没有 else 或 switch 语句也可以，而且许多程序员从来不使用三元运算符。然而，else 和 switch 语句通常对在程序中使用是有益的，因为它们使程序更容易理解。一组链接在一起的 if 语句会让程序变得“笨拙”。

Q：在本章中，花括号有时不与 if 语句一起使用，而只用一条语句，使用花括号不是必须的吗？

A：不是。花括号可以用作任何 if 语句的一部分，以包围依赖于条件测试的程序部分。使用花括号是一个很好的实践，因为它可以防止在修改程序时出现常见错误。如果没有在 if 语句中为单个语句添加花括号，那么当稍后添加第二个语句但忽略了添加花括号时，会发生什么事情呢？会发生意想不到的事情。“意想不到”这个词在编程中几乎从来都是不好的。

Q：在 case 语句后面的每部分语句都必须使用 break 吗？

A：不是必须使用 break。如果不在一组语句的末尾使用它，程序就将处理 switch 语句块中的所有剩余语句，而不管它们使用的是什么 case 值。

然而，在大多数情况下，我们可能希望在每个组的末尾有一个 break 语句。

课堂测试

在学习了 Java 中的条件语句之后，通过回答以下问题来测试读者对此的掌握程度。

1．条件测试的结果要么为真，要么为假。这让读者想起了什么变量类型？

A．没有。别用这些问题来烦我。

B．长整型。

C．布尔型。

2．在 switch 语句块中，哪个语句用作最后的选择？

A．default。

B．otherwises。

C．onTheOtherHand。

3．什么是一个条件（conditional）？

A．洗头后用来修复分叉和头发打结的东西。

B．测试一个条件是否为真或假的程序中的某些东西。

C．向警察认罪的地方。

答案

1．C。布尔型变量只能为 true 或 false，这使它类似于条件测试。如果读者选 A，对不起，只剩 17 章了，我们还有很多东西要讲。Java 不会自动被学会。

2．A。如果其他 case 语句都不匹配 switch 语句中的变量，则运行 default 语句。

3．B。其他的答案指的是护发素（conditioner）和忏悔（confessional）。

活动

要提高 Java 条件语句的掌握程度，请通过以下活动回顾本章的主题。

- 在 Clock 程序的某一行 break 语句前面添加“//”，使其成为注释，然后编译它，看一看运行时会发生什么。删除一些 break 语句，再试一次。
- 创建一个简短的程序，将选择的值（1～100）存储在名为 grade 的整型变量中。将 grade 变量与条件语句一起使用，可以为所有“A”“B”“C”“D”和“F”级的学生显示不同的消息。先用 if 语句试一试，然后用 switch 语句试一试。

第8章 用循环重复一个动作

在本章中读者将学到以下知识。

- 使用 for 循环。
- 使用 while 循环。
- 使用 do-while 循环。
- 提前退出循环。
- 命名一个循环。

对小学生来说，一个非常恼人的惩罚就是让他们在黑板上一遍又一遍地写东西。在《辛普森一家》（*The Smpsons*）中，巴特·辛普森（Bart Simpson）不得不写了几十遍“I will stop asking when Santa goes to the bathroorr”（我不会再问圣诞老人什么时候去洗手间了）。这种惩罚可能对孩子有效，但在计算机上完全没用。计算机程序可以轻松地重复做一项任务。

由于有循环，因此程序非常适合反复执行相同的操作。循环是在程序中重复的语句或块。有些循环运行的次数是固定的，而有些可以无限运行下去。

Java 中有 3 个循环语句：for、do 和 while。每一种语句的使用方法类似，但是学习这 3 种语句的使用方法是有益的。通常可以通过选择正确的语句简化程序的循环部分。

8.1 for 循环

在程序中，读者会发现循环在许多情况下是有用的。读者可以多次使用它们来做一些事情，比如一个反病毒程序打开每一封新邮件来寻找病毒。读者还可以使用循环使计算机在短时间内“什么也不做”，比如一个每分钟移动一次分针的时钟动画。

循环语句使计算机程序多次返回同一位置，就像特技飞机完成特技循环一样。

Java 最复杂的循环语句是 for 循环。for 循环以固定的次数重复程序的某个部分，如下所示：

```
for (int dex = 0; dex < 1 000; dex++) {
    if (dex % 12 == 0) {
        System.out.println("#: " + dex);
    }
}
```

这个循环可以输出 0～999 中所有能被 12 整除的数字。

for 循环有一个变量，它决定循环何时开始和结束。这个变量称为计数器（或索引）。上述循环中的计数器是 dex 变量。

在 for 关键字后面的圆括号中有 3 个部分：初始化、条件和变化部分。这些部分用分号（;）分隔。

这个例子详细说明了这 3 个部分。

- 初始化部分中，dex 变量的初始值为 0。
- 条件部分中，有一个条件，就像读者可能在 if 语句中使用的条件：dex < 1 000。
- 变化部分是一个语句，它通过使用“++”运算符来改变 dex 变量的值。

在初始化部分需要设置计数器。读者可以在 for 语句中创建变量，就像上面的示例中创建整型变量 dex 一样。读者还可以在程序的其他地方创建变量。在本节中应该给变量一个初始值。当循环开始时，变量就会拥有这个值。

条件部分包含一个必须保持为 true 的条件，循环才能继续循环。

当条件为 false 时，循环结束。在本例中，当 dex 变量等于或大于 1 000 时循环结束。

for 语句的变化部分包含一个语句，该语句更改计数器的值。每次循环运行时都会处理该语句。计数器必须以某种方式进行更改，否则循环将永不结束。在本例中，dex 变量在变化部分中增加 1。如果 dex 变量没有改变，它将保持原来的值 0，且条件 dex < 1 000 总是为 true。

for 语句的块在每次循环运行时被运行。

上面的例子在 for 语句块中有以下语句：

```
if (dex % 12 == 0) {
    System.out.println("#: " + dex);
}
```

这些语句运行了 1 000 次。循环开始时，程序将 dex 变量设置为 0。在每次循环中，它都会向 dex 增加 1。当 dex 不再小于 1 000 时，循环结束。

注意

与循环相关的一个不寻常的术语是迭代。迭代是通过一个循环的一次“旅行”。用于控制循环的计数器也称为迭代器。

正如读者在 if 语句中看到的，如果 for 循环只包含一条语句，则不需要花括号，如下所示：

```
for (int p = 0; p < 500; p++)
    System.out.println("I will not sell miracle cures");
```

这个循环输出文本“I will not sell miracle cures”500次。虽然循环中的单个语句不需要花括号，但是读者可以使用花括号使块更容易被发现，如下所示：

```
for (int p = 0; p < 500; p++) {
    System.out.println("I will not sell miracle cures");
}
```

在本章中创建的第一个程序将输出9的前200个倍数：9、18、27，以此类推，直到1 800（9 × 200）。打开NetBeans IDE，在com.java24hours包中创建一个名为Nines的空Java文件。然后输入清单8.1所示的内容。保存该文件时，它被存储为Nines.java。

清单 8.1　Nines.java

```
 1: package com.java24hours;
 2:
 3: class Nines {
 4:     public static void main(String[] arguments) {
 5:         for (int dex = 1; dex <= 200; dex++) {
 6:             int multiple = 9 * dex;
 7:             System.out.print(multiple + " ");
 8:         }
 9:     System.out.println();
10:     }
11: }
```

在Nines程序中，第5行中包含一个for语句。该语句分为以下3个部分。

- 初始化部分——int dex = 1，它创建一个名为dex的整型变量，并赋予它一个初始值1。
- 条件部分——dex <= 200，在每次循环中都必须为true。当它不为true时，循环结束。
- 变化部分——dex ++，它在每次循环中使dex变量增加1。

选择Run→Run File，在NetBeans IDE中运行程序。Nines程序的输出如图8.1所示。

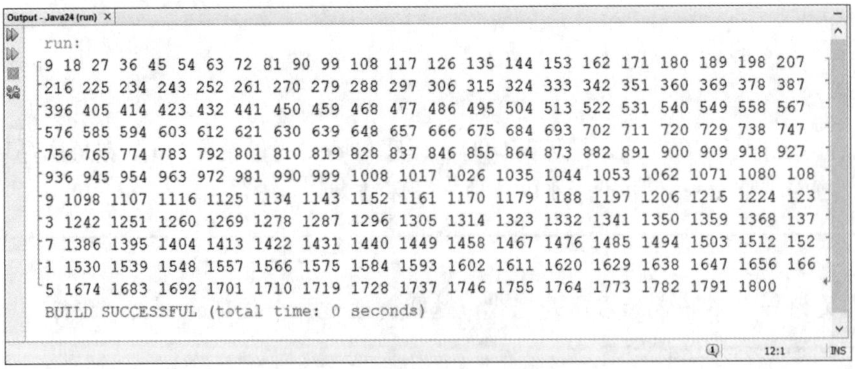

```
Output - Java24 (run)
run:
9 18 27 36 45 54 63 72 81 90 99 108 117 126 135 144 153 162 171 180 189 198 207
216 225 234 243 252 261 270 279 288 297 306 315 324 333 342 351 360 369 378 387
396 405 414 423 432 441 450 459 468 477 486 495 504 513 522 531 540 549 558 567
576 585 594 603 612 621 630 639 648 657 666 675 684 693 702 711 720 729 738 747
756 765 774 783 792 801 810 819 828 837 846 855 864 873 882 891 900 909 918 927
936 945 954 963 972 981 990 999 1008 1017 1026 1035 1044 1053 1062 1071 1080 108
9 1098 1107 1116 1125 1134 1143 1152 1161 1170 1179 1188 1197 1206 1215 1224 123
3 1242 1251 1260 1269 1278 1287 1296 1305 1314 1323 1332 1341 1350 1359 1368 137
7 1386 1395 1404 1413 1422 1431 1440 1449 1458 1467 1476 1485 1494 1503 1512 152
1 1530 1539 1548 1557 1566 1575 1584 1593 1602 1611 1620 1629 1638 1647 1656 166
5 1674 1683 1692 1701 1710 1719 1728 1737 1746 1755 1764 1773 1782 1791 1800
BUILD SUCCESSFUL (total time: 0 seconds)
12:1 INS
```

图8.1　Nines程序的输出

NetBeans IDE中的Output窗格不会“包装”文本，因此所有数字都出现在一行中。

要使文本换行，右击 Output 窗格中的任何位置，并从弹出的快捷菜单中选择 Wrop Text 命令。

8.2 while 循环

while 循环比 for 循环简单。它唯一需要的是一个条件测试，并伴随 while 语句，如下所示：

```
int gameLives = 3;
while (gameLives > 0) {
    // the statements inside the loop go here
}
```

这个循环继续循环，直到 gameLives 变量的值不再大于 0。

while 语句在处理循环中的任何语句之前测试循环开始时的条件。如果程序第一次到达 while 语句时测试条件为 false，则忽略循环中的语句。

如果 while 语句的条件为 true，则循环运行一次并再次测试 while 语句的条件。

如果测试的条件在循环中没有发生变化，那么循环就会一直循环下去。

下面的语句使用 while 循环多次输出同一行文本：

```
int limit = 5;
int count = 1;
while (count < limit) {
    System.out.println("Pork is not a verb");
    count++;
}
```

while 循环使用循环语句之前设置的一个或多个变量。在本例中，两个整型变量开始工作：limit（初始值为 5）和 count（初始值为 1）。

上面的 while 循环将文本“Pork is not a verb”输出 4 次。如果将 count 变量的初始值设为 6 而不是 1，则永远不会显示文本。

8.3 do-while 循环

do-while 循环类似于 while 循环，但是条件测试位于不同的位置。下面是 do-while 循环的一个例子：

```
int gameLives = 0;
do {
    // the statements inside the loop go here
} while (gameLives > 0);
```

与 while 循环一样，这个循环继续循环，直到 gameLives 变量的值不再大于 0。do-while 循环不同，因为条件测试是在循环语句之后运行的，而不是在循环语句之前。

当程序运行且第一次到达 do 循环时，会自动处理 do 和 while 之间的语句，然后测试 while

语句的条件，以确定是否应该重复该循环。如果条件为 true，则循环再循环一次；如果条件为 false，则循环结束。必须在 do 和 while 之间的语句中完成更改条件的操作，否则循环将无限地继续。do-while 循环中的语句总是至少运行一次。

下面的语句导致 do-while 循环多次输出同一行文本：

```
int limit = 5;
int count = 1;
do {
    System.out.println("I am not allergic to long division");
    count++;
} while (count < limit);
```

与 while 循环类似，do-while 循环使用在循环语句之前设置的一个或多个变量。

上面的 do-while 循环将输出 4 次文本“I am not allergic to long division”。如果将 count 变量的初始值设为 6 而不是 1，则文本将被输出一次，即使 count 从不小于 limit。

在 do-while 循环中，即使循环条件第一次为 false，循环内的语句也会至少运行一次。这就是 do-while 循环和 while 循环的不同点。

8.4　退出循环

退出循环的正常方法是将测试条件变为 false。这适用于 Java 中的所有 3 种循环类型。有时候，读者可能希望一个循环立即结束，即使正在测试的条件仍然为 true。读者可以用一个 break 语句来完成，如下所示：

```
int index = 0;
while (index <= 1 000) {
    index = index + 5;
    if (index == 400) {
        break;
    }
}
```

break 语句用于结束包含该语句的循环。

在本例中，while 循环被设计为直到 index 变量的值大于 1 000 才停止的循环。但是，有一种特殊情况会导致循环提前结束：如果 index = 400，则运行 break 语句，立即结束循环。

可以在循环中使用的另一个特殊语句是 continue。continue 语句使循环退出当前遍历，并在下一次循环的第一个语句处重新开始。思考以下代码：

```
int index = 0;
while (index <= 1 000) {
    index = index + 5;
    if (index == 400) {
        continue;
    }
    System.out.println("The index is " + index);
}
```

在这个循环中，除非 index 的值等于 400，否则正常运行语句。在这种情况下，continue 语句将导致循环返回 while 语句，而不是正常地运行 System.out.println()语句。由于使用了 continue 语句，循环将不会输出以下文本：

```
The index is 400
```

读者可以对所有 3 种循环使用 break 和 continue 语句。

读者可以使用 break 语句在程序中创建一个循环，该循环被设计为永久运行，如下所示：

```
while (true) {
    if (quitKeyPressed == true) {
        break;
    }
}
```

本例假设程序的另一部分中的某些内容将使 quitKeyPressed 变量等于 true。在这种情况发生之前，while 循环将一直循环下去——因为它的条件总是等于 true，而且永远不会改变。

8.5 命名循环

与 Java 程序中的其他语句一样，循环也可以放在其他循环中。下面是一个在 while 循环中嵌套 for 循环的例子：

```
int points = 0;
int target = 100;
while (target <= 100) {
    for (int i = 0; i < target; i++) {
        if (points > 50) {
            break;
        }
        points = points + i;
    }
}
```

在本例中，如果 points 变量的值大于 50，则 break 语句将导致 for 循环结束。然而，while 循环永远不会结束，因为 target 变量的值永远不会大于 100。

在某些情况下，读者可能希望同时跳出多个循环。为了实现这一点，读者必须为外部循环（在本例中为 while 循环）提供一个名称。

要为循环命名，请将循环的名称放在循环开始之前的行上，并在后面加上冒号。

当循环有名称时，使用 break 或 continue 语句后的名称来指示 break 或 continue 语句应用于哪个循环。下面的示例重复上面的示例，但有一点例外：如果 points 变量的值大于 50，则两个循环都结束。

```
int points = 0;
int target = 100;
targetLoop:
```

```
while (target <= 100) {
    for (int i = 0; i < target; i++) {
        if (points > 50) {
            break targetLoop;
        }
        points = points + i;
    }
}
```

当循环的名称在 break 或 continue 语句中使用时，该名称不包含冒号。

复杂的循环

for 循环可能比在本章介绍的更复杂。循环可以在初始化、条件和变化部分中包含多个变量。读者可以在 for 语句的初始化部分设置多个变量，在变化部分设置多个语句，如下所示：

```
int i, j;
for (i = 0, j = 0; i * j < 1 000; i++, j += 2) {
    System.out.println(i + " * " + j + " = " + (i * j));
}
```

在用分号分隔的 for 循环的每个部分中，使用逗号分隔变量，如 i = 0, j = 0。示例中循环输出了 i 和 j 变量的值相乘的方程列表。在每次循环中，i 变量增加 1，j 变量增加 2。当 i 乘以 j 等于或大于 1 000 时，循环结束。

For 语句的初始化部分也可以是空的。例如，循环的计数器已经在程序的另一部分中被赋予了一个初始值，如下所示：

```
int displayCount = 1;
int endValue = 13;
for ( ; displayCount < endValue; displayCount++) {
    // 编写循环语句
}
```

8.6　测试计算机的运行速度

本章的下一个项目是一个 Java 程序，它运行一个基准测试，即测量计算机硬件或软件的运行速度。基准程序使用循环语句反复运行以下算术表达式：

```
double x = Math.sqrt(index);
```

该语句调用 Math.sqrt()方法来计算一个数字的平方根。在第 11 章中，读者将学习更多关于方法的知识。

读者正在创建的基准是指该 Java 程序在一分钟内可以计算平方根的次数。

使用 NetBeans IDE 在 com.java24hours 包中创建一个名为 Benchmark 的空 Java 文件。输入清单 8.2 所示的内容，然后保存文件。

清单 8.2 Benchmark.java

```
 1: package com.java24hours;
 2:
 3: class Benchmark {
 4:     public static void main(String[] arguments) {
 5:         long startTime = System.currentTimeMillis();
 6:         long endTime = startTime + 60 000;
 7:         long index = 0;
 8:         while (true) {
 9:             double x = Math.sqrt(index);
10:             long now = System.currentTimeMillis();
11:             if (now > endTime) {
12:                 break;
13:             }
14:             index++;
15:         }
16:         System.out.println(index + " loops in one minute.");
17:     }
18: }
```

在这个程序中发生了以下事情。

- 第 5 行——startTime 变量的值是用当前时间（以 ms 为单位）创建的值，通过调用 Java 的 System 类的 currentTimeMillis()方法来测量。
- 第 6 行——endTime 变量的值比 startTime 变量的值大 60 000。
- 第 7 行——设置了一个长整型变量 index，初始值为 0。
- 第 8 行——while 语句使用 true 作为条件开始循环，这将导致循环永远继续（换句话说，直到其他东西结束它）。
- 第 9 行——计算 index 的平方根并将其存储在 x 变量中。
- 第 10 行——使用 currentTimeMillis()方法用当前时间创建 now 变量。
- 第 11～13 行——如果 now 大于 endTime，则表示循环已经运行了 1min，break 语句结束 while 循环。否则，它会继续循环。
- 第 14 行——index 变量在每次循环中增加 1。
- 第 16 行——在循环之外，程序输出它运行平方根计算的次数。

Benchmark 程序的输出显示在图 8.2 所示的 Output 窗格中。

```
Output - Java24 (run)
run:
11995818265 loops in one minute.
BUILD SUCCESSFUL (total time: 1 minute 0 seconds)
19:1 INS
```

图 8.2 Benchmark 程序的输出

基准测试程序是查看读者的计算机是否比我的计算机快的好方法。

在这个程序的测试过程中，我的笔记本计算机运行了大约119.9亿次计算。

8.7　总结

循环是大多数编程语言的基本组成部分这一。通过按顺序显示多个图形来创建动画是许多任务之一，如果没有循环，则读者无法利用Java或任何其他编程语言完成这些任务。

8.8　研讨时间

Q&A

Q：术语“初始化”已在几个地方使用。这是什么意思？

A：它的意思是创建某物并给它一个初始值。当读者创建一个变量并为其分配一个初始值时，读者正在初始化该变量。

Q：如果循环没有结束，程序如何停止运行？

A：通常在一个循环没有结束的程序中，其他东西被设置为以某种方式停止运行。例如，当玩家的生命仍然存在时，游戏程序中的循环可以无限地继续下去。

在读者处理程序时经常出现的一个Bug是无限循环，一个不会因为编程错误而停止的循环。如果读者运行的某个Java程序陷入无限循环，请单击Output窗格左侧的红色警告图标。

课堂测试

下面的问题测试读者对循环知识的掌握程度。本着“循环”的精神，重复这些步骤，直到读者做对为止。

1．必须使用什么来分隔for语句的每个部分？

　A．逗号。

　B．分号。

　C．不当班的警察。

2．哪个语句使程序返回到开始循环的语句，然后继续循环？

　A．continue语句。

　B．next语句。

　C．skip语句。

3．Java中的哪个循环语句总是至少运行一次？

　A．for语句。

　B．while语句。

　C．do-while语句。

答案

1. B。逗号用于分隔一个语句中的内容，分号用于分隔各个语句。
2. A。continue 语句完全结束一个循环，并继续跳转到下一个循环。
3. C。do-while 条件直到第一次遍历循环之后才测试。

活动

如果读者的大脑没有在这些循环中“打转”，可以通过以下活动来回顾本章的主题。

- 修改基准测试程序，测试简单的数学计算，如乘法或除法。
- 编写一个简短的程序，使用循环查找前 400 个数字中是 13 的倍数的数字。

第9章 用数组存储信息

在本章中读者将学到以下知识。

- 创建一个数组。
- 设置数组的大小。
- 将值存储在数组中。
- 更改数组中的信息。
- 多维数组。
- 对一个数组进行排序。

计算机是存储、分类和研究信息的理想工具，信息存储在计算机程序中的基本方式是将其放入变量中。到目前为止，使用的所有变量都是单个信息项，例如浮点数或字符串。

圣诞老人列出的孩子名单就是收集大量类似信息的一个例子，保存一系列的这类信息，可以使用数组。

数组是一组共享相同类型的相关变量，可以存储为变量的任何类型的信息都可以成为存储在数组中的项。数组可用于跟踪比单个变量更复杂的信息类型，但它们几乎同样易于创建和操作。

9.1 创建数组

数组是用一个公共名称组合在一起的变量。数组这个词对我们来说应该很熟悉——想象一下，一个销售人员在炫耀他的一系列产品，或者一个游戏节目中有琳琅满目的奖品。与变量一样，数组也是通过声明组织到数组中的变量类型和数组的名称来创建的。类型后面有一对方括号（[]），用于区分数组和变量。

可以为能够存储为变量的任何类型的信息创建数组。下面的语句创建一个字符串型数组：

```
String[] naughtyChild;
```

下面是两个语句，分别创建整型数组和布尔型数组：

```
int[] reindeerWeight;
boolean[] hostileAirTravelNations;
```

小提示

在创建数组时，Java 对于方括号的位置非常灵活。读者可以把它们放在变量名后面，而不是变量类型后面，如下所示：

```
String niceChild[];
```

为了让数组更容易在程序中被发现（对于人类），应该坚持使用一种样式，而不是来回切换。本书中使用数组的程序一直保持在变量或对象类型后面加上方括号。

上面的示例中创建变量来保存数组，但不在其中存储任何值。为此，可以将 new 关键字与变量类型一起使用，或者将值存储在花括号标记内的数组中。在使用 new 关键字时，必须指定数组中存储了多少不同的项。数组中的每一项都称为元素。下面的语句创建一个数组，并为它所持有的值留出空间：

```
int[] elfSeniority = new int[250];
```

这个例子创建了一个名为 elfSeniority 的整型数组。这个数组有 250 个元素，可以存储每个圣诞精灵在北极工作的月份。（如果圣诞老人经营着一家联合商店，这些信息是非常重要的。）

使用 new 语句创建数组时，必须指定元素的数量。数组中的每个元素都有一个初始值，这个值取决于数组的类型。所有数值数组的初始值为 0，字符型数组的初始值为 '\0'，布尔型数组的初始值为 false。字符串型数组和所有其他对象的初始值为 null。

对于不是特别大的数组，读者可以在创建它们的同时设置它们的初始值。下面的例子创建一个字符串型数组，并赋给它们初始值：

```
String[] reindeerNames = { "Dasher", "Dancer", "Prancer", "Vixen",
    "Comet", "Cupid", "Donner", "Blitzen" };
```

应该存储在数组元素中的信息放在花括号之间，每个元素之间用逗号分隔。数组中的元素数设置为逗号分隔的列表中的元素数。

数组元素编号时，第一个元素编号为 0。可以通过在方括号中引用这个数字来访问特定的元素。上面的语句实现的功能与下面的代码相同：

```
String[] reindeerNames = new String[8];
reindeerNames[0] = "Dasher";
reindeerNames[1] = "Dancer";
reindeerNames[2] = "Prancer";
reindeerNames[3] = "Vixen";
reindeerNames[4] = "Comet";
```

```
reindeerNames[5] = "Cupid";
reindeerNames[6] = "Donner";
reindeerNames[7] = "Blitzen";
```

数组的每个元素必须是相同类型的。在这里，一根“绳子”用来系住“每只驯鹿的名字”（reindeerNames）。

在创建数组之后，将不能为更多的元素腾出空间。即使能回忆起最著名的驯鹿，也不能把“Rudolph”作为reindeerNames的第9个元素。Java编译器不会让“可怜”的Rudolph加入reindeerNames。

9.2　使用数组

在程序中使用数组就像使用任何变量一样，但有一点不同：数组的元素编号必须在数组名称旁边的方括号中。可以在任何能够使用变量的地方使用数组元素，如下所示：

```
elfSeniority[193] += 1;
niceChild[9428] = "Eli";
currentNation = 413;
if (hostileAirTravelNations[currentNation] == true) {
    sendGiftByMail();
}
```

因为数组的第一个元素编号为0而不是1，这意味着最大的数字比读者期望的少1。考虑以下语句：

```
String[] topGifts = new String[10];
```

该语句创建一个字符串型数组，数组的元素编号为0～9。如果在程序的某个地方引用topGifts[10]，将得到一条错误消息，该消息引用ArrayIndexOutOfBoundsException。

异常是Java程序中错误的另一种说法。这个异常是一个“数组索引越界”错误，这意味着程序试图使用在其定义的边界内不存在的数组元素。在第14章中，读者将了解有关异常的更多信息。

如果想检查数组的上限，以便避免超出上限，那么每个数组都关联一个名为length的变量。length变量的值是一个整数，它表示数组中包含的元素个数。下面的例子创建一个数组，然后记录它的长度：

```
String[] reindeerNames = { "Dasher", "Dancer", "Prancer", "Vixen",
    "Comet", "Cupid", "Donder", "Blitzen", "Rudolph" };
System.out.println("There are " + reindeerNames.length + " reindeer.");
```

在这个例子中，reindeerNames.length的值为9，这意味着可以指定的最大元素编号是8。

在Java中，可以使用文本作为字符串或字符型数组。在处理字符串时，一种有用的方法是将字符串中的每个字符放入字符型数组的元素中。为此，调用字符串的toCharArray()方法。该方法生成元素数量与字符串长度相同的字符型数组。

本章的第一个项目使用本节介绍的两种方法。SpaceRemover 程序输出一个字符串，其中所有空格都被句点（.）替换。

在 NetBeans IDE 中打开 Java24 项目，选择 File→New File 并在 com.java24hours 包中创建一个名为 SpaceRemover 的空 Java 文件。在源代码编辑器中输入清单 9.1 所示的内容，完成后保存文件。

清单 9.1　SpaceRemover.java

```
 1: package com.java24hours;
 2:
 3: class SpaceRemover {
 4:     public static void main(String[] arguments) {
 5:         String mostFamous = "Rudolph the Red-Nosed Reindeer";
 6:         char[] mfl = mostFamous.toCharArray();
 7:         for (int dex = 0; dex < mfl.length; dex++) {
 8:             char current = mfl[dex];
 9:             if (current != ' ') {
10:                 System.out.print(current);
11:             } else {
12:                 System.out.print('.');
13:             }
14:         }
15:         System.out.println();
16:     }
17: }
```

选择 Run→Run File 运行程序，以查看图 9.1 所示的输出。

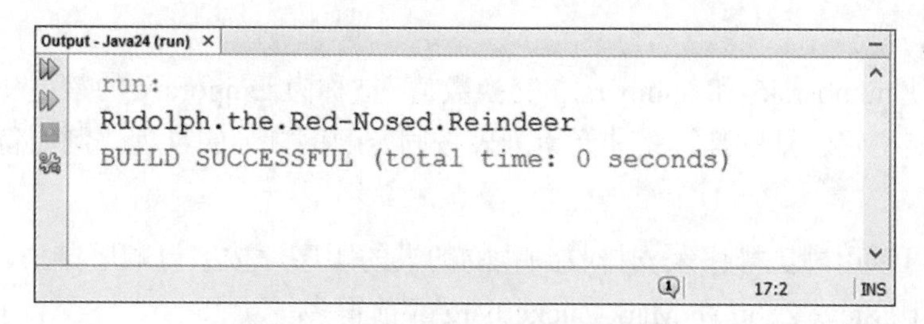

图 9.1　SpaceRemover 程序的输出

SpaceRemover 程序将文本“Rudolph the Red-Nosed Reindeer”存储在两个地方：名为 mostFamous 的字符串和名为 mfl 的字符型数组。该数组在第 6 行中通过调用 mostFamous 的 toCharArray()方法创建，该方法将文本中的每个字符填充到数组的元素中。字符“R”进入元素 0，“u”进入元素 1，以此类推，直到最后一个“R”进入元素 29。

第 7～14 行中的 for 循环查看 mfl 数组中的每个字符。如果字符不是空格，则输出该字符；如果是空格，则输出“.”字符。

9.3　多维数组

到目前为止，我们介绍的数组都是一维的，因此可以使用单个数字检索元素。某些类型的信息需要更多维度的数组来存储，例如 O_{xy} 坐标系中的点。数组的一个维度可以存储 x 轴坐标，另一个维度可以存储 y 轴坐标。

要创建具有两个维度的数组，在创建和使用数组时必须使用一组额外的方括号，如下所示：

```
boolean[][] selectedPoint = new boolean[50][50];
selectedPoint[4][13] = true;
selectedPoint[7][6] = true;
selectedPoint[11][22] = true;
```

这个例子创建了一个名为 selectedPoint 的布尔型数组。数组的第一个维度有 50 个元素，数组的第二个维度也有 50 个元素，共有 2 500 个数组元素（50×50）。在创建数组时，每个元素的默认值都是 false。有 3 个元素的值为 true：一个是位置为(4,13)的点，一个是位置为(7,6)的点，一个是位置为(11,22)的点。

数组可以设置需要的任意多个维度，但是请记住，它们会占用大量内存。创建 50×50 的 selectedPoint 数组相当于创建 2 500 个单独的变量。

9.4 数组排序

当将一组类似的元素组合到一个数组时，我们可以做的一件事是重新排列元素。下面的语句在一个名为 numbers 的整型数组中交换两个元素的值：

```
int[] numbers = { 3, 7, 9, 12, 5, 0, 8, 19 };
int temporary = numbers[5];
numbers[5] = numbers[6];
numbers[6] = temporary;
```

这些语句使 numbers[5]和 numbers[6]交换数值。被称为 temporary 的整型变量用作被交换的值的临时存储位置。排序是将相关元素列表按固定顺序排列的过程，例如将数字列表从低到高排序。

圣诞老人可以用姓氏排序来安排收到礼物的人的顺序，按字母顺序排列，Willie Aames 和 Hank Aaron 比 Steve Zahn 和 Mark Zuckerberg 靠前得多。

在 Java 中对数组进行排序很容易，因为 Arrays 类完成了所有的工作。Arrays 类是 java.util 类库的一部分，可以重新排列所有变量类型的数组。

要在程序中使用 Arrays 类，请遵循以下步骤。

1．使用 import java.util.*语句，这使读者在程序中更容易使用 java.util 中的类。

2．创建数组。

3．使用 Arrays 类的 sort()方法重新排列数组。

数组被 Arrays 类重新排列成升序。字符和字符串按字母顺序排列。

要查看实际效果，请在 com.java24hours 包中创建一个名为 NameSorter 的空 Java 文件。在源代码编辑器中输入清单 9.2 所示的内容，完成后保存文件。

清单 9.2 NameSorter.java

```
 1: package com.java24hours;
 2:
 3: import java.util.*;
 4:
 5: class NameSorter {
 6:     public static void main(String[] arguments) {
 7:         String names[] = { "Glimmer", "Marvel", "Rue", "Clove",
 8:             "Thresh", "Foxface", "Cato", "Peeta", "Katniss" };
 9:         System.out.println("The original order:");
10:         for (int i = 0; i < names.length; i++) {
11:             System.out.println(i + ": " + names[i]);
12:         }
13:         System.out.println();
14:         Arrays.sort(names);
15:         System.out.println("The new order:");
16:         for (int i = 0; i < names.length; i++) {
17:             System.out.println(i + ": " + names[i]);
18:         }
19:         System.out.println();
20:     }
21: }
```

运行此程序时，它将按初始顺序输出包含 9 个名称的列表，对名称进行排序，然后重新输出该列表。图 9.2 所示为 NameSorter 程序的输出。

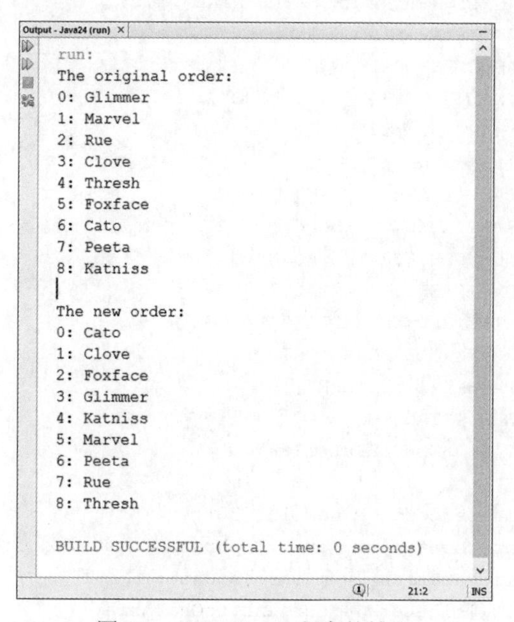

图 9.2 NameSorter 程序的输出

在处理字符串和基本类型的变量（如整数和浮点数）时，只能使用 Arrays 类按升序对它们进行排序。如果读者希望对元素进行不同的排序，或者希望排序效率比 Arrays 类提供的效率更高，那么可以编写代码手工进行排序。

9.5　计算字符串中的字符出现的次数

英语中出现频率最高的字母依次是E、R、S、T、L、N、C、D、M、O。如果读者曾经参加过辛迪加游戏节目《幸运之轮》(*wheel of Fortune*)，这是一个值得了解的事实。

> **小提示**
>
> 《幸运之轮》是一个游戏，3个参赛者猜一个短语、名字或引文的字母。如果他们答对了一个辅音字母，就赢得大轮盘上转到的钱。

下一个Java程序将计算读者输入的不同短语和表达式中字母出现的次数。数组用于计算每个字母出现的次数。当输入完成时，程序将输出每个字母在短语中出现的次数。

在NetBeans IDE中创建一个名为Wheel的空Java文件，把它放到com.java24hours包里。将清单9.3所示的内容输入这个文件，并在完成时保存文件。可以随意在第17行和第18行之间添加额外的短语，并将它们格式化为与第17行完全相同的格式。

清单9.3　Wheel.java

```
 1: package com.java24hours;
 2:
 3: class Wheel {
 4:     public static void main(String[] arguments) {
 5:         String phrase[] = {
 6:             "A STITCH IN TIME SAVES NINE",
 7:             "DON'T EAT YELLOW SNOW",
 8:             "TASTE THE RAINBOW",
 9:             "EVERY GOOD BOY DOES FINE",
10:             "I WANT MY MTV",
11:             "I LIKE IKE",
12:             "PLAY IT AGAIN, SAM",
13:             "FROSTY THE SNOWMAN",
14:             "ONE MORE FOR THE ROAD",
15:             "HOME FIELD ADVANTAGE",
16:             "SHEFFIELD WEDNESDAY",
17:             "GROVER CLEVELAND OHIO",
18:             "SPAGHETTI WESTERN",
19:             "TEEN TITANS GO",
20:             "IT'S A WONDERFUL LIFE"
21:         };
22:         int[] letterCount = new int[26];
23:         for (int count = 0; count < phrase.length; count++) {
24:             String current = phrase[count];
25:             char[] letters = current.toCharArray();
26:             for (int count2 = 0; count2 < letters.length; count2++) {
27:                 char lett = letters[count2];
28:                 if ( (lett >= 'A') & (lett <= 'Z') ) {
29:                     letterCount[lett - 'A']++;
30:                 }
31:             }
```

```
32:         }
33:         for (char count = 'A'; count <= 'Z'; count++) {
34:             System.out.print(count + ": " +
35:                 letterCount[count - 'A'] +
36:                 " ");
37:             if (count == 'M') {
38:                 System.out.println();
39:             }
40:         }
41:         System.out.println();
42:     }
43: }
```

如果读者在程序中没有添加短语，那么 Wheel 程序的输出应该如图 9.3 所示。

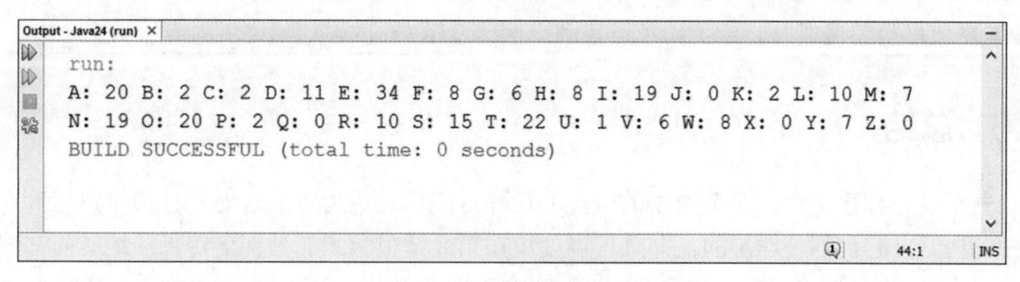

图 9.3 Wheel 程序的输出

在 Wheel 程序中发生以下事件。

- 第 5～21 行——短语被存储在称为 phrase 的字符串型数组中。
- 第 22 行——创建了一个名为 letterCount 的整型数组，其中包含 26 个元素。这个数组用于存储每个字母出现的次数。元素的顺序是 A～Z。letterCount[0]存储字母“A”出现的次数，letterCount[1]存储字母“B”出现的次数，以此类推，直到 letterCount[25]存储字母“Z”出现的次数。
- 第 23 行——使用 for 循环遍历存储在 phrase 数组中的短语。phrase.length 变量用于在到达最后一个短语后结束循环。
- 第 24 行——将 phrase 数组的当前元素的值赋给名为 current 的字符串型变量。
- 第 25 行——创建字符型数组，将其用于存储当前短语中的所有字符。
- 第 26 行——使用 for 循环遍历当前短语的字母。letters.length 变量用于在到达最后一个字母后结束循环。
- 第 27 行——用当前字母的值初始化一个名为 lett 的字符型变量。除文本值之外，字符还有一个数字值。因为数组的元素是有编号的，所以每个字符的数值用于确定其元素编号。
- 第 28～30 行——使用 if 语句清除所有不属于字母表的字符，如标点符号和空格。letterCount 数组的元素的值根据当前字符（存储在 lett 中）的数值增加 1。字母表的数字值为 65（表示“A”）～90（表示“Z”）。因为 letterCount 数组从 0 开始到 25

结束，所以需要从 lett 中减去“A”的数值（65）来决定增加哪个数组元素的值。

- 第 33 行——使用 for 循环从字母“A”循环到“Z”。
- 第 34～40 行——输出当前字母，后面跟着一个冒号和存储在 phrase 数组中的短语中出现该字母的次数。当前字母为“M”时，将输出一个换行符，因此输出将分散在两行中。

这个程序展示了如何使用两个嵌套的 for 循环一次一个字母地循环一组短语。Java 中为每个字符附加一个数值，这个值比数组中的字符更容易被使用。

> **小提示**
> 与“A”～“Z”的每个字符相关联的数值是 ASCII 字符集使用的数值。ASCII 字符集是 Unicode 的一部分，它是 Java 支持的完整字符集。Unicode 字符集支持世界上 6 万多种书面语言中使用的不同字符。ASCII 字符集被限制为 256 种。

9.6 总结

数组使在程序中存储复杂类型的信息并操作这些信息成为可能。对于任何可以排列在列表中的内容，它们都是理想的，并且可以使用在第 8 章中学到的循环语句轻松地访问它们。

读者编写的程序中也可能会使用数组来存储使用变量难以处理的信息，即使没有创建任何列表或二次检查它们。

9.7 研讨时间

Q&A

Q：字母表的数值范围为 65（表示“A”）～90（表示“Z”），这是基本 Java 的一部分吗？如果是的话，1～64 表示什么？

A：1～64 表示数字、标点符号和一些不能直接输出的字符，如换行符和退格符。数字与可在 Java 程序中使用的每个可输出字符以及一些不可直接输出字符相关。Java 使用 Unicode 字符集。其前 127 个字符来自 ASCII 字符集，读者可能在其他编程语言中使用过该字符集。

Q：在多维数组中，是否可以使用 length 变量来测量除第 1 个维度之外的其他维度？

A：可以测量数组的任何维度。对于第 1 个维度，在数组名称后使用 length，如 x.length。其他维度可以通过使用该维度的[0]元素的 length 来测量。比如使用以下语句创建的名为 data 的数组：

```
int[][][] data = new int[12][13][14];
```

这个数组的大小可以通过使用 data.length 来测量第 1 个维度，data[0].length 来测量第 2 个维度，data[0][0].length 来测量第 3 个维度。

课堂测试

如果读者的大脑是一个数组，可以通过回答以下关于数组的问题来测试它的长度。

1. 数组最适合用于什么类型的信息？

   A. 列表。

   B. 相关信息对。

   C. 琐事。

2. 读者能用什么变量来检查数组的上限？

   A. top。

   B. length。

   C. limit。

3. 包括 Rudolph 在内，圣诞老人有多少只驯鹿？

   A. 8。

   B. 9。

   C. 10。

答案

1. A。只包含相同类型信息（字符串、数字等）的列表非常适合存储在数组中。

2. B。length 变量包含数组中元素的数量。

3. B。根据克莱门特·克拉克·穆贝（Clement Clarke Moore）的《圣尼古拉斯来访》（*A Visit from St. Nicholas*），圣诞老人有 8 只驯鹿，算上鲁道夫（Rudolph）有 9 只。

活动

为了给以后的自己积累一系列的经验，读者可以通过以下活动扩展对本章主题的知识。

- 创建一个使用多维数组存储学生成绩的程序。第一个维度应该是每个学生的学号，第二个维度应该是每个学生的成绩。程序输出每个学生的所有成绩的平均值和学生的总体平均值。
- 编写一个程序来存储数组中前 400 个数字中是 13 的倍数的数字。

第10章 创建第一个对象

在本章中读者将学到以下知识。

- 创建一个对象。
- 用属性描述一个对象。
- 决定对象的行为。
- 结合对象。
- 从其他对象继承。
- 转换对象和其他类型的信息。

读者在本书中遇到的最重要的术语是面向对象编程。这个复杂的术语以一种“优雅”的方式描述了什么是计算机程序以及它是如何工作的。

在面向对象编程出现之前，计算机程序通常用在本书曾提及的简单的定义来描述：文件中列出的一组指令，并以某种可靠的顺序进行处理。

通过将程序看作对象的集合，读者可以找出程序必须完成的任务，并将这些任务分配给它们最适合的对象。

10.1 面向对象编程的工作原理

读者可以将创建的 Java 程序看作对象，就像现实世界中存在的物理对象一样。每个对象独立于其他对象存在，对象之间以特定的方式交互，并且每个可以与其他对象组合以形成更大的对象。如果读者把计算机程序想成一组相互作用的对象，则可以设计一个易于理解的、更可靠的程序，并可在其他项目中重用。

在第 22 章中读者将创建一个 Java 程序，该程序将创建饼图——用不同颜色的扇形表示数据的圆形。该程序创建的饼图如图 10.1 所示。

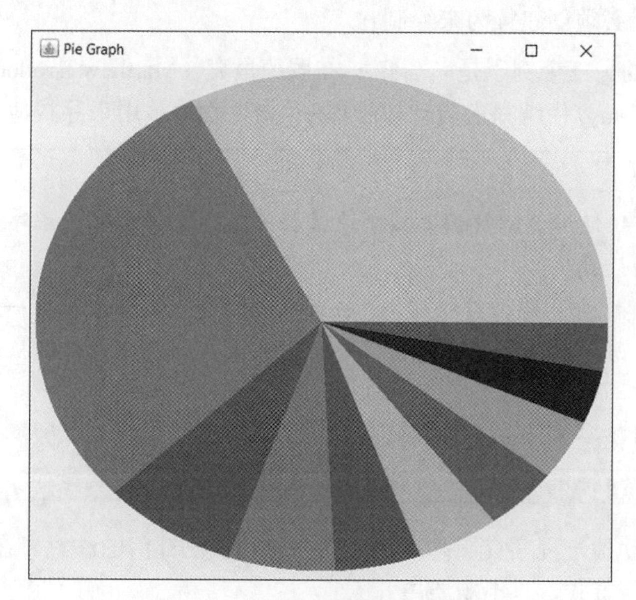

图 10.1　由 Java 程序创建的饼图

每个对象都有不同于其他对象的东西。饼图是圆形的，而柱状图用一系列的矩形来表示数据。饼图是由更小的对象组成的对象——不同颜色的各个扇形、标识每个扇形所代表内容的图例和标题。如果读者用分解饼图的方法来分解计算机程序，就是在进行面向对象编程。

在面向对象编程中，对象包含两个东西：属性和行为。属性用于描述对象并显示它与其他对象有何不同，行为是对象的行为。

通过使用类作为模板，可以在 Java 中创建对象。类是对象的主副本，用于确定对象应该具有的属性和行为。类这个术语读者应该很熟悉，因为 Java 程序被称为类。使用 Java 创建的每个程序都是一个类，可以将其作为创建新对象的模板。例如，任何使用字符串的 Java 程序都使用从 String 类创建的对象，这个类包含决定什么是字符串对象的属性和决定字符串对象可以做什么的行为。

使用面向对象编程，计算机程序就是一组对象，它们一起工作来完成一些事情。

一些简单的程序似乎只包含一个对象：类文件。但那些程序也在使用其他对象来完成工作。

10.2　对象的行为

考虑输出饼图的程序。一个 PieChart 对象可以包括以下内容。

- 计算每个扇形的大小的行为。
- 绘制图表的行为。
- 一个用来存储饼图标题的属性。

让 PieChart 对象自己绘制自己可能看起来很奇怪，因为在现实世界中图形不会自己绘制自己。但面向对象编程中的对象只要有可能就会自己工作。这个功能使它们更容易集成到其他程序。例如，如果一个 PieChart 对象不知道如何绘制自己，每次在另一个程序中使用该 PieChart 对象时，就必须创建行为来绘制它。

面向对象编程的另一个例子是，马修 • 布罗德里克（Matthew Broderick）在经典的电影《战争游戏》（*WarGames*）中编写的自动拨号程序，这个程序被用来寻找他可以入侵的计算机。

注意

自动拨号程序是一种使用调制解调器按顺序拨打一系列电话号码的程序。这个程序用来找到其他接听电话的计算机。

30 岁以下的读者可能会觉得很难相信，过去计算机是通过电话联系在一起的。读者必须知道一台计算机的电话号码才能连接到它，如果它已经在和另一台计算机通话，读者就会得到占线信号。

现在我可能需要解释一下什么是占线信号。

引用诗人托马斯 • 斯特尔那斯 • 艾略特（T.S.Eliot）的话，"我变老了……我变老了。"

如今，使用自动拨号程序会引起当地电话公司和执法部门的注意。在 20 世纪 80 年代，这是一种很好的反叛方式，且不需要离开家。

自动拨号程序就像任何计算机程序一样，可以看作一组相互作用的对象。它可以分为以下几类。

- 一个调制解调器（Modem）对象。它知道自己的属性，如连接速度，并具有使调制解调器拨号的行为，以及当另一台计算机应答呼叫时的检测。
- 一个监视（Monitor）对象。它跟踪哪些数字被拨打，哪些数字代表计算机。

每个对象都独立于其他对象而存在。

设计一个完全独立的 Modem 对象的优点是，它可以用于其他需要 Modem 对象功能的程序。

使用自包含对象的另一个原因是它们更容易被调试。过大的计算机程序很快就变得难以处理。如果读者在调试一个 Modem 对象，而且读者知道它不依赖于任何其他东西，则可以集中精力确保 Modem 对象完成它应该完成的任务，并保存完成任务所需的信息。

10.3　创建对象

对象是使用对象类作为模板创建的。下面的语句创建一个类：

```
public class Modem {
}
```

从这个类创建的对象不能做任何事情，因为它没有任何属性或行为。读者需要用以下语句添加属性和行为使该类有效：

```
public class Modem {
    int speed;
```

```
    public void displaySpeed() {
        System.out.println("Speed: " + speed);
    }
}
```

现在的 Modem 类应该开始看起来像读者在第 1 章～第 9 章期间编写的程序了。Modem 类以一个 class 语句开始，只是其中有一个单词 public。这意味着这个类可以被公用——换句话说，可以被任何想要使用 Modem 对象的程序使用。

Modem 类的第一部分创建一个名为 speed 的整型变量。这个变量是对象的一个属性。

Modem 类的第二部分是一个名为 displaySpeed()的方法。此方法是对象行为的一部分。它包含一个语句 System.out.println()，该语句输出 Modem 对象的 speed 值。

对象的变量称为实例变量或成员变量。

如果读者想在程序中使用 Modem 对象，则可以用下面的语句来创建该对象：

```
Modem device = new Modem();
```

该语句创建一个名为 device 的 Modem 对象。创建对象之后，可以设置它的变量并调用它的方法。下面的语句用于设置 device 对象的 speed 变量的值：

```
device.speed = 28800;
```

要使这个 Modem 对象输出其速度，可以调用 displaySpeed()方法：

```
device.displaySpeed();
```

名为 device 的 Modem 对象可以通过输出文本“Speed: 28800”来响应该语句。

10.4 理解继承

面向对象编程的一个优点是继承，它允许一个对象从另一个对象继承行为和属性。

当开始创建对象时，读者有时会发现想要的新对象与已经拥有的对象非常相似。

莱特曼想要一个能够处理错误和拥有其他高级 Modem 对象功能的对象，而这在 1983 年《战争游戏》发行时是不存在的，应该怎么办呢？

莱特曼可以通过复制 Modem 对象的语句并修改它们来创建一个新的 ErrorCorrection-Modem 对象。但是，如果 ErrorCorrectionModem 对象的大多数行为和属性与 Modem 对象相同，则需要做大量不必要的工作。这也意味着如果莱特曼以后需要更改某些内容的话将要更新两个单独的程序。

通过继承，程序员可以通过定义对象与现有类的区别来创建对象的新类。莱特曼可以让 ErrorCorrectionModem 类继承 Modem 类，他所需要写的只是 ErrorCorrectionModem 类不同于 Modem 类的内容。

一个对象类通过使用 extends 语句可以继承另一个类。以下是继承 Modem 类的 ErrorCorrectionModem 类的框架：

```
public class ErrorCorrectionModem extends Modem {
    // 编写程序
}
```

10.5 构建继承的层次结构

继承使各种相关的类可以在没有冗余工作的情况下进行开发，使代码可以从一个类传递到另一个类。这种父类到子类的分组称为类层次结构，读者在Java程序中使用的所有标准类都是层次结构的一部分。

如果读者理解了子类（subclass）和超类（superclass），就能更容易地理解层次结构。从另一个类继承的类称为子类，被继承的类称为超类。

在前面的《战争游戏》例子中，Modem类是ErrorCorrectionModem类的超类。ErrorCorrectionModem类是Modem类的子类。

在层次结构中，一个类可以有多个继承自它的类。Modem类的另一个子类可以是ISDNModem，因为综合业务数字网（Integrated Service Digital Network，ISDN）调制解调器具有不同于纠错调制解调器的行为和属性。一个ErrorCorrectionModem类的子类（如InternalErrorCorrectionModem）将继承层次结构中它上面的所有类，包括ErrorCorrectionModem类和Modem类。这些继承关系如图10.2所示。

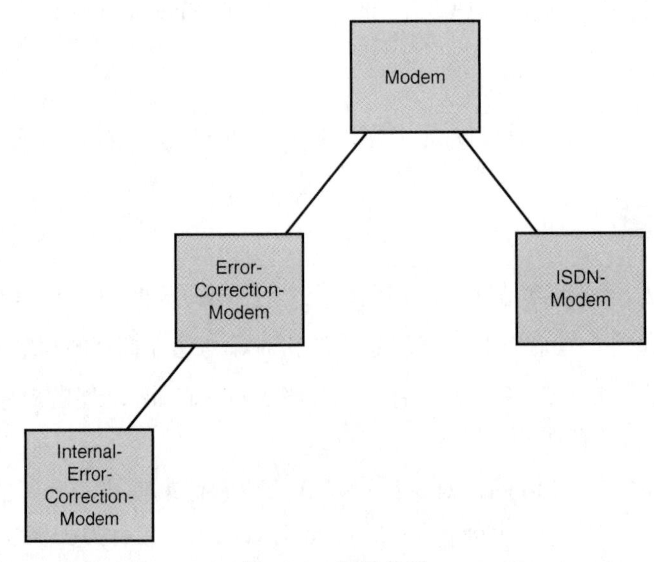

图10.2 继承关系

组成Java的类广泛使用继承，因此理解它是必要的。在第12章中，读者会学到更多关于这个主题的知识。

10.6 转换简单的变量和对象

在Java中常见的任务之一是将信息从一种形式转换成另一种形式。对于几种形式的转换，读者可以做以下事情。

- 将一个对象转换成另一个对象。
- 将一种类型的变量转换成另一种类型的变量。
- 使用对象创建一个简单的变量。
- 使用一个简单的变量创建一个对象。

简单的变量是读者在第 5 章学到的基本数据类型的变量，包括 int、float、char、long、double、byte 和 short 等。

在程序中使用方法或表达式时，读者必须使用这些方法和表达式所期望的正确类型的信息。例如，期望 Calendar 对象的方法必须接收一个 Calendar 对象。如果使用的方法接受单个整数参数，而发送给它的是一个浮点数，试图编译程序时就会发生错误。

> **注意**
>
> 当一个方法需要一个字符串参数时，可以使用“+”运算符在该参数中组合几种不同类型的信息。只要组合的对象之一是字符串，那么组合后的参数就转换为字符串。

将信息转换为一个新类型称为强制类型转换。强制类型转换生成的目标值与源变量或对象的数据类型不同。在强制类型转换时，值实际上不会被更改，它将按照需要的类型创建新变量或对象。

在讨论强制类型转换的概念时，术语源和目标非常有用。源是某种原始类型的信息——不管是变量还是对象。目标是新类型的源的转换版本。

10.6.1 转换简单的变量

对于简单的变量，强制类型转换通常发生在整数和浮点数等数字之间。不能在任何类型转换中使用的变量类型之一是布尔型。

要将信息转换为新类型，需要在它前面加上圆括号。例如，如果想将某个内容转换为 long 变量，则在它前面加上(long)。以下语句将 float 变量转换为 int 变量：

```
float source = 7.00F;
int destination = (int) source;
```

在变量类型转换中，目标变量的值的范围比源变量的值的范围广，因此可以很容易地转换该值。例如，将一个 byte 变量转换为 int 变量。byte 变量的值的范围为−128～127，而 int 变量的值的范围为−21 亿～21 亿。无论 byte 变量持有什么值，int 变量都有足够的空间容纳它。

有时可以使用不同类型的变量，而无须强制转换。例如，可以像使用 int 变量一样使用 char 变量。此外，可以将 int 变量当作 long 变量使用，任何数字类型都可以用作 double 变量。

在大多数情况下，由于目标提供的空间比源更多，因此在转换变量时不会更改其值。当将 int 或 long 变量转换为 float 变量、将 long 变量转换为 double 变量时，会发生一些异常。

将信息从较大的变量类型转换为较小的变量类型时，必须显式地转换它，如下所示：

```
int xNum = 103;
byte val = (byte) xNum;
```

这里，强制类型转换将一个名为 xNum 的 int 变量转换为一个名为 val 的 byte 变量。一个 byte 变量包含范围为-128～127 的整数，一个 int 变量包含范围更大的整数。

当强制类型转换中的源变量与目标变量的类型不匹配时，Java 将更改源变量值以使转换成功匹配。这可能会产生意想不到的结果，读者应该避免。

10.6.2　转换对象

当源和目标通过继承关联时，可以将对象转换为其他对象。此时一个类必须是另一个类的子类。

有些对象根本不需要强制类型转换。读者可以在需要对象的任何超类的地方使用对象。Java 中的所有对象都是 Object 类的子类，因此在需要 Object 类时可以使用任何对象作为参数。

读者还可以在需要某个对象的一个子类的地方使用该对象。但是，由于子类通常比它们的父类包含更多的信息，因此可能会丢失一些信息。例如，如果该对象没有其子类包含的某种方法，而程序中使用了该方法，则会导致错误。

要使用一个对象来代替它的一个子类，必须使用以下语句显式地转换它：

```
public void paintComponent(Graphics comp) {
    Graphics2D comp2D = (Graphics2D) comp;
}
```

该语句将一个名为 comp 的 Graphics 对象转换为一个名为 comp2D 的 Graphics2D 对象。读者不会在强制类型转换中丢失任何信息，反而会获得子类定义的所有方法和变量。

10.6.3　将简单的变量转换为对象并返回

Java 中有针对每种简单的变量类型的类，包括 Boolean（布尔型）、Byte（字节型）、Character（字符型）、Double（双精度浮点型）、Float（浮点型）、Integer（整型）、Long（长整型）和 Short（短整型）。这些类的首字母都是大写的，因为它们是对象，而不是简单的变量类型。

使用这些对象与使用它们相应的类型一样简单。下面的语句将创建一个值为 5 309 的整数对象：

```
Integer suffix = 5309;
```

该语句创建一个名为 suffix 的整数对象，该对象表示 int 值 5 309。

创建了这样的对象之后，就可以像使用其他对象一样使用它了。要从 suffix 对象获取 int 值，可以使用以下语句：

```
int newSuffix = suffix;
```

该语句使 newSuffix 变量的值为 5 309，表示 int 值。

通过自动装箱和拆箱，Java 可以交换地使用变量的基本数据类型和对象形式。

自动装箱将一个简单的变量转换为对应的类。

拆箱将对象转换为相应的简单变量。

这些特性在后台工作，确保当读者期望一个简单的数据类型（如 float）时，对象被转换为具有相同值的匹配数据类型。当读者期望一个像 Float 这样的对象时，数据类型会根据需要转换成一个对象。

从对象到变量的一个常见转换是在算术表达式中使用字符串。字符串可以变成整数，使用 Integer 类的 parseInt()方法即可完成，如下所示：

```
String count = "25";
int myCount = Integer.parseInt(count);
```

以上语句将文本为“25”的字符串转换为值为 25 的整数。如果字符串不是有效的整数，则转换将不起作用。

读者要创建的下一个项目是 NewRoot，这是一个将命令行参数中的字符串转换为数值的程序。这是在命令行工具从用户获取输入时的一种常见技术。

打开 NetBeans IDE 中的 Java24 项目，选择 File→New File，然后在 com.java24hours 包中创建一个名为 NewRoot 的空 Java 文件。在源代码编辑器中输入清单 10.1 所示的内容，并保存文件。

清单 10.1 NewRoot.java

```
 1: package com.java24hours;
 2:
 3: class NewRoot {
 4:     public static void main(String[] arguments) {
 5:         int number = 100;
 6:         if (arguments.length > 0) {
 7:             number = Integer.parseInt(arguments[0]);
 8:         }
 9:         System.out.println("The square root of "
10:             + number
11:             + " is "
12:             + Math.sqrt(number)
13:         );
14:     }
15: }
```

在运行程序之前，读者必须配置 NetBeans IDE，使其使用命令行参数运行，步骤如下。

1. 选择 Run→Set Project Configuration→Customize，打开 Project Properties 对话框。
2. 在 Main Class 文本框中输入 com.java24hours.NewRoot。
3. 在 Arguments 文本框中输入 9 025。
4. 单击 OK 按钮，关闭对话框。

要运行程序，选择 Run→Run Main Project（而不是 Run→Run File）。NewRoot 程序输出数字及其平方根，如图 10.3 所示。

```
Output - Java24 (run)
run:
The square root of 9025 is 95.0
BUILD SUCCESSFUL (total time: 0 seconds)
16:1 INS
```

图 10.3　NewRoot 程序的输出

NewRoot 程序是第 4 章 Root 程序的扩展，该 Root 程序输出了整数 225 的平方根。

如果程序接受用户输入的数字并显示其平方根，那么它将更有用。这需要将字符串转换为整数。所有命令行参数都存储为字符串型数组的元素，因此在算术表达式中使用它们之前必须将其转换为数字。

要根据字符串的内容创建一个整数，可以调用 Integer 的 parseInt()方法。该方法的唯一参数是字符串，如清单 10.1 中第 7 行所示：

```
number = Integer.parseInt(arguments[0]);
```

arguments[0]数组元素保存程序运行时提交的第一个命令行参数。当程序以 9 025 作为参数运行时，字符串 9 025 被转换为整数 9 025。

读者可以将命令行参数从 9 025 改为其他数字，然后再运行几次程序，看一看会发生什么。

10.7　创建一个对象

要在本章的下一个项目中查看类和继承的工作示例，需要创建表示两种类型对象的类：电缆调制解调器（作为 CableModem 类实现）和数字用户线路（Digital Subscriber Line，DSL）调制解调器（作为 DslModem 类实现）。读者要关注这些对象的简单属性和行为。

- 每个对象应该有一个它可以显示的速度。
- 每个对象应该能够连接到互联网。

电缆调制解调器和 DSL 调制解调器的一个共同点是它们都有速度。因为这是它们共享的内容，所以可以将其放入 CableModem 类和 DslModem 类的超类，即 Modem 类。使用 NetBeans IDE 在 com.java24hours 包中创建一个名为 Modem 的空 Java 文件，在源代码编辑器中输入清单 10.2 所示的内容并保存文件。

清单 10.2　Modem.java

```
1: package com.java24hours;
2:
3: public class Modem {
4:     int speed;
```

```
5:
6:     public void displaySpeed() {
7:         System.out.println("Speed: " + speed);
8:     }
9: }
```

该文件被自动编译为 Modem.class。读者不能直接运行它，但是可以在其他类中使用它。Modem 类可以处理 CableModem 类和 DslModem 类的共同之处。通过在创建 CableModem 类和 DslModem 类时使用 extends 语句，可以使它们成为 Modem 类的子类。

使用 Net Beans IDE 在 com.java24hours 包中创建一个名为 CableModem 的空 Java 文件，在源代码编辑器中输入清单 10.3 所示的内容并保存文件。

清单 10.3 CableModem.java

```
 1: package com.java24hours;
 2:
 3: public class CableModem extends Modem {
 4:     String method = "cable connection";
 5:
 6:     public void connect() {
 7:         System.out.println("Connecting to the Internet ...");
 8:         System.out.println("Using a " + method);
 9:     }
10: }ok
```

使用 Net Beans IDE 在 com.java24hours 包中创建一个名为 DslModem 的空 Java 文件，在源代码编辑器中输入清单 10.4 所示的内容并保存文件。

清单 10.4 DslModem.java

```
 1: package com.java24hours;
 2:
 3: public class DslModem extends Modem {
 4:     String method = "DSL phone connection";
 5:
 6:     public void connect() {
 7:         System.out.println("Connecting to the Internet ...");
 8:         System.out.println("Using a " + method);
 9:     }
10: }
```

如果没有错误，读者现在有 3 个类文件：Modem.class、CableModem.class 和 DslModem.class。但是，读者不能运行这些类文件中的任何一个，因为它们没有读者创建的其他程序中的 main 语句块。读者需要创建一个简短的程序来测试刚刚构建的类层次结构。

使用 Net Beans IDE 在 com.java24hours 包中创建一个名为 ModemTester 的空 Java 文件，在源代码编辑器中输入清单 10.5 所示的内容并保存文件。

清单 10.5 ModemTester.java

```
1: package com.java24hours;
```

```
 2:
 3: public class ModemTester {
 4:     public static void main(String[] arguments) {
 5:         CableModem surfBoard = new CableModem();
 6:         DslModem gateway = new DslModem();
 7:         surfBoard.speed = 500000;
 8:         gateway.speed = 400000;
 9:         System.out.println("Trying the cable modem:");
10:         surfBoard.displaySpeed();
11:         surfBoard.connect();
12:         System.out.println("Trying the DSL modem:");
13:         gateway.displaySpeed();
14:         gateway.connect();
15:     }
16: }
```

运行 ModemTester 程序时，读者应该看到如图 10.4 所示的输出。

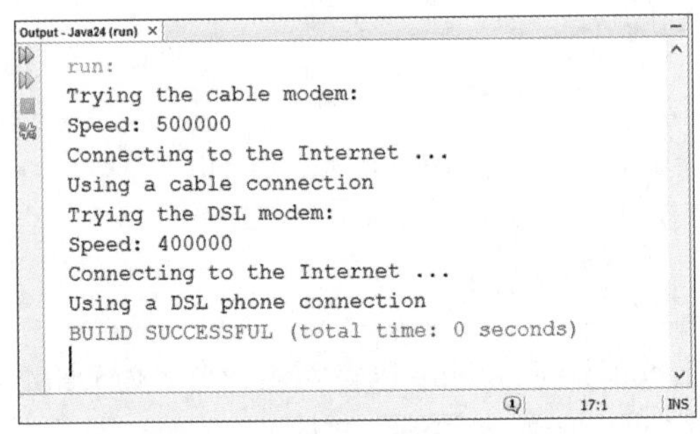

图 10.4　ModemTester 程序的输出

在该程序中发生了以下事情。

- 第 5～6 行——创建两个新对象：一个名为 surfBoard 的 CableModem 对象和一个名为 gateway 的 DslModem 对象。
- 第 7 行——将名为 surfBoard 的 CableModem 对象的 speed 变量的值设置为 500 000。
- 第 8 行——将名为 gateway 的 DslModem 对象的 speed 变量的值设置为 400 000。
- 第 10 行——调用 surfBoard 对象的 displaySpeed()方法。该方法是从 Modem 类继承而来的，不存在于 CableModem 类中，读者也可以调用。
- 第 11 行——调用 surfBoard 对象的 connect()方法。
- 第 13 行——调用 gateway 对象的 displaySpeed()方法。
- 第 14 行——调用 gateway 对象的 connect()方法。

10.8 总结

在创建了第一个对象类并将几个类安排到一个层次结构中之后，读者应该更熟悉面向对象编程和有趣的缩写“OOP”了。

在第 11 章和第 12 章中，将开始创建更复杂的对象，读者将了解更多关于对象的行为和属性的内容。

随着读者对面向对象编程越来越了解，程序、类和对象等术语就更有意义了。面向对象编程是一个需要一些时间来适应的概念。当读者掌握了它，读者会发现它是设计、开发和调试计算机程序的有效方法。

10.9 研讨时间

Q&A

Q：类可以从多个类继承吗？

A：某些编程语言（如 C++）中的类是可以的，但 Java 中的类不可以。多重继承是一个强大的特性，但它也使面向对象编程更难学习和使用。

Java 创建者决定将继承限制为任何类的一个超类，尽管一个类可以有许多子类。弥补这一限制的一种方法是从称为接口的特殊类型的类继承方法。读者将在第 15 章中了解更多有关接口的内容。

Q：什么时候需要创建一个非公有的方法？

A：当该方法严格用于读者正在编写的程序时。如果读者正在创建一个游戏程序，并且读者的 shootRayGun()方法高度限定于当前正在编写的游戏，那么它可能是一个私有方法。要使一个方法不公有，请在方法名称前面省略 public 语句。

Q：为什么可以像使用 int 值一样使用 char 值？

A：字符可以被用作一个 int 变量，因为每个字符都有一个相应的数字代码表示其在字符集中的位置。如果读者有一个名为 k、值为 67 的变量，强制类型转换(char)k 将产生字符 C，因为 ASCII 字符集中 C 的数字代码是 67。ASCII 字符集是适应 Java 的 Unicode 字符集的一部分。

课堂测试

下面的问题测试读者对对象知识的掌握程度。

1．用来使一个类从另一个类继承的语句是什么？

A．inherits 语句。

B．extends 语句。

C．handItOverAndNpbodyGetsHurt 语句。

2．为什么编译后的 Java 程序用扩展名为.class 的文件保存？

A．Java 的开发人员认为它是一种优秀的语言。

B．这是对世界教师的一种微妙的敬意。

C．每个 Java 程序都是一个类。

3．组成一个对象的两个东西是什么？

A．属性和行为。

B．命令和数据文件。

C．唾沫和醋。

答案

1．B。使用 extends 语句是因为子类是超类以及类层次结构中任何超类的属性和行为的扩展。

2．C。读者的程序总是由至少一个主类和任何其他需要的类组成。

3．A。从某种意义上说，B 也是正确的，因为命令与行为类似，而数据文件与属性类似。

活动

读者可以通过以下活动扩展知识与回顾本章的主题。

- 创建一个速度为 300 的 Commodore64Modem 类和它自己的 connect()方法。
- 在 Modem 程序中的类中添加一个 disconnect()方法，决定它应该在电缆、DSL 或 Commodore 64 调制解调器中支持断开连接。

第 11 章 描述对象

在本章中读者将学到以下知识。

- 为对象或类创建变量。
- 对对象和类使用方法。
- 调用一个方法并返回一个值。
- 创建一个构造函数。
- 向方法发送参数。
- 使用 this 来引用一个对象。
- 创建新对象。

正如在第 10 章的面向对象编程介绍中所了解的，对象是一种组织程序的方式，因此它拥有完成任务所需的一切。对象由属性和行为组成。

属性是存储在对象中的信息，它们可以是变量（如整数、字符和布尔值），也可以是对象（如 String 和 Calendar 对象）。行为是用于处理对象中特定作业的语句组，每个组都称为一个方法。

到目前为止，我们一直在不知不觉中处理对象的方法和变量。任何时候，只要语句中有一个不是小数点或字符串的一部分的句点，该语句都涉及一个对象。

11.1 创建变量

在本章中，读者将看到一个名为 Gremlin 的类，它的唯一作用就是复制自己。Gremlin 类需要完成几个不同的工作，这些工作是作为类的行为实现的。方法所需的信息被存储为属性。

对象的属性表示对象运行所需的变量。这些变量可以是简单的数据，如整数、字符和浮点数，也可以是数组或类的对象，如 String 对象或 Canlendar 对象。可以在对象的整个类中、在对象包含的任何方法中使用对象的变量。按照惯例，可以在创建类的 class 语句之后立即创建变量，并在任何方法之前创建变量。

Gremlin 对象需要唯一的标识符，以便将它与同类的其他对象区分开。

Gremlin 对象在一个名为 guid 的整型变量中保存这个标识符。下面的语句以一个名为 Gremlin 的类开头，该类具有一个名为 guid 的属性和另外两个属性：

```
public class Gremlin {
    public int guid;
    public String creator = "Chris Columbus";
    int maximumAge = 240;
}
```

guid、creator 和 maximumAge 这 3 个变量是该类的属性。

将 public 这样的语句放在变量声明语句中称为访问控制，因为它决定了由其他类生成的其他对象如何使用该变量或者它们是否可以使用该变量。

将变量公开化就可以从使用 Gremlin 对象的另一个程序修改该变量。

例如，如果另一个程序想要分配另一个创建者，它可以将 creator 值更改为该值。下面的语句创建一个名为 gizmo 的 Gremlin 对象，并设置它的 creator 变量：

```
Gremlin gizmo = new Gremlin();
gizmo.creator = "Joe Dante";
```

在 Gremlin 类中，creator 变量也是公有的，因此它可以从其他程序中自由更改。另一个变量 maximumAge 只能在类中使用。

当在类中公有一个变量时，该类将失去对其他程序如何使用该变量的控制。在许多情况下，这可能不是问题。例如，creator 变量可以更改为标识 Gremlin 对象创建者的任何名称。

如果变量被另一个程序错误设置，限制对该变量的访问可以防止错误发生。maximumAge 变量包含 Gremlin 对象以当前形式存在的小时数。将 maximumAge 设置为负值是没有意义的。如果 Gremlin 对象需要防范这个问题，需要做以下两件事。

- 将访问控制类型从 public 切换到 protected 或 private。这是另外两个提供更严格访问权限的语句。
- 添加行为以更改变量的值，并将该变量的值报告给其他程序。

只能在与该变量相同的类、该类的任何子类或同一包中的类中使用受保护（protected）变量。包是一组服务于公有目的的相关类。java.util 包就是一个例子，其中包含提供有用实用工具的类，如日期、时间编程和文件归档。在 Java 程序中使用带有星号的 import 语句时，例如在 import Java.util.*中，使程序引用该包中的类变得更容易。

私有（private）变量比受保护变量受到更大的限制，只能在同一个类中使用它。除非读者知道可以在不影响其类函数的方式的情况下将变量更改为任何内容，否则应该将该变量设置为私有变量或受保护变量。

下面的语句使 guid 成为一个私有变量：

```
private int guid;
```

如果希望其他程序以某种方式使用 guid 变量，则必须创建使之成为可能的行为，这个任务将在后文中讨论。

还有另一种访问控制类型：在创建变量时缺少任何公有、私有或受保护语句。

在本章之前开发的大多数程序中，没有设置任何访问控制类型。当没有设置访问控制类型时，变量仅对同一包中的类可用，这称为默认访问或包访问。

11.2 创建类变量

当创建一个对象时，对于属于该对象类的所有变量，它有自己的版本。从 Gremlin 对象类创建的每个对象都有自己的 guid、maximumAge 和 creator 变量。如果在一个对象中修改了其中一个变量，它将不会影响另一个 Gremlin 对象中的相同变量。

有时候，属性应该描述整个对象类，而不是特定对象本身。这些属性被称为类变量。如果希望跟踪程序中使用了多少 Gremlin 对象，可以使用一个类变量来存储这些信息。整个类不存在同名类变量。到目前为止，为对象创建的变量可以称为对象变量，因为它们与特定的对象相关联。

这两种类型的变量都是以相同的方式创建和使用的，但是 static 是创建类变量语句的一部分。下面的语句为 Gremlin 类创建了一个类变量：

```
static int gremlinCount = 0;
```

更改类变量的值与更改对象变量的值没有什么不同。如果有一个名为 stripe 的 Gremlin 对象，可以使用以下语句更改类变量 gremlinCount：

```
stripe.gremlinCount++;
```

因为类变量适用于整个类，所以也可以使用类的名称：

```
Gremlin.gremlinCount++;
```

这两个语句实现了相同的目的，但是在处理类变量时使用类名的一个优点是，它表明 gremlinCount 是类变量而不是对象变量。如果在处理类变量时总是使用对象名称，在不仔细查看源代码的情况下就无法判断它们是类变量还是对象变量。

类变量也称为静态变量。

注意

虽然类变量很有用，但是必须注意不要过度使用它们。只要类在运行，这些变量就会一直存在。如果类变量中存储了大量对象，那么它将占用相当大的内存，并且永远不会释放。

11.3　使用方法创建行为

属性是跟踪关于对象类的信息的方法，但是要让类执行它被创建时指定的任务，必须创建行为。行为描述类中完成特定任务的部分，这些部分都称为方法。

到目前为止，在读者编写的程序中一直在使用方法，但读者并不知道这些方法，其中包括一个特殊的方法：println()。此方法在屏幕上显示文本，与变量一样，方法用于与对象或类关联。对象或类的名称后面跟着点号和方法的名称，如 object2.move()或 Integer.parseInt()。

> **注意**
>
> System.out.println()可能看起来很混乱，因为方法名称前有两个名称而不是一个名称。这是因为语句中涉及两个类：System 类和 PrintStream 类。System 类有一个静态类，称为 PrintStream 类。println()是 PrintStream 类的一个方法。System.out.println()实际上意味着“使用 System 类的 out 实例变量的 println()方法”。可以用这种方式把引用链接在一起。

11.3.1　创建方法

创建方法时使用的语句与创建类的语句类似。它们都可以在名称后面的圆括号中接受参数，并且都在开头和结尾分别使用“{”和“}”标记。不同之处在于，方法可以在处理后返回一个值。值可以是整数或布尔值等简单类型之一，也可以是对象的类。

下面是 Gremlin 类可以用来创建新的 Gremlin 对象的方法示例：

```
public Gremlin replicate(String creator) {
    Gremlin noob = new Gremlin();
    noob.creator = "Steven Spielberg";
    return noob;
}
```

这个方法只接受一个参数：一个名为 creator 的字符串型变量。该变量表示创建者的名称。

在创建方法的语句中，Gremlin 位于方法的名称 replication 之前。该语句表示在处理方法之后，Gremlin 对象被发送回，实际上是 return 语句将对象发送回的。在这个方法中，返回 noob 的值。

如果想让方法不返回值，则在创建方法的语句中使用关键字 void。

当一个方法返回一个值时，可以将该方法用作表达式的一部分。例如，如果创建了一个名为 haskins 的 Gremlin 对象，就可以使用以下语句：

```
if (haskins.active() == true) {
    System.out.println(haskins.guid + " is active.");
}
```

可以使用一个方法，该方法在程序中任何可以使用变量的位置返回一个值。

在第 11.1 节中，我们将 guid 变量切换为私有类型，以防止它被其他程序读取或修改。

当实例变量是私有变量时，仍然有一种方法可以让 guid 变量在其他地方被使用：在 Gremlin 类中创建公有方法，获取 guid 的值并将 guid 设置为一个新值。与 guid 变量本身不同，这些新方法应该是公有的，因此可以在其他程序中调用它们。

比如以下两种方法：

```
public int getGuid() {
    return guid;
}

public void setGuid(int newValue) {
    if (newValue > 0) {
        guid = newValue;
    }
}
```

这些方法称为访问器方法，因为它们允许从其他对象访问 guid 变量。

getGuid()方法用于检索 guid 的当前值。getGuid()方法没有任何参数，但是方法名后面仍然必须有圆括号。setGuid()方法接受一个参数，一个名为 newValue 的整型变量。这个参数是 guid 的新值，如果 newValue 大于 0，guid 值就将被更改。

在本例中，Gremlin 类控制其他类如何使用 guid 变量，这个过程称为封装，它是面向对象编程的一个基本概念。对象越能够更好地保护自己不被误用，当将它们用于其他程序中时，它们就越有用。

虽然 guid 是私有变量，但是新的方法 getGuid()和 setGuid()能够使用 guid，因为它们在同一个类中。

小提示

集成开发环境通常可以自动创建访问器方法。NetBeans IDE 提供了这种功能。要查看它的运行情况，请从第 10 章开始打开 Modem 类。右击源代码编辑器中的任何位置，并选择 Refactor→Encapsulate Fields，弹出一个对话框。单击 Select All，然后单击 Refactor。NetBeans IDE 将 speed 变量变为私有变量，并创建新的 getSpeed()和 setSpeed()方法。

11.3.2 具有不同参数的相似方法

正如在 setGuid()方法中所看到的，可以向方法发送参数来影响其功能。类中的不同方法可以有不同的名称，但是如果方法有不同的参数，它们也可以有相同的名称。

如果两个方法有不同数量的参数或参数具有不同的变量类型，则它们可以具有相同的名称。例如，Gremlin 类的对象可能有两个 tauntHuman()方法。一个可以没有参数，并输出一般性的“嘲讽”。另一个可以将 taunt 指定为字符串型参数。下面的语句实现了这些方法：

```
void tauntHuman() {
    System.out.println("That has gotta hurt!");
}
```

```
void tauntHuman(String taunt) {
    System.out.println(taunt);
}
```

方法有相同的名称，但是参数不同：一个没有参数，另一个只有一个字符串型参数。方法的参数称为方法的签名。只要每个方法有不同的签名，一个类就可以有具有相同名称的不同方法。

11.3.3 构造函数

当读者想在程序中创建对象时，可以使用 new 语句，如下所示：

```
Gremlin clorr = new Gremlin();
```

该语句创建一个名为 clorr 的 Gremlin 对象。当使用 new 语句时，程序将调用该对象的类的一个特殊方法。此方法称为构造函数，因为它处理创建对象所需的工作。构造函数的作用是设置任何对象正常运行所需的变量和方法。

构造函数的定义与其他方法类似，只是它们不能返回值。下面是 Gremlin 类对象的两个构造函数：

```
public Gremlin() {
    creator = "Michael Finnell"; // creator 是字符串型变量
    maximumAge = 240; // maximumAge 是整型变量
}

public Gremlin(String name, int size) {
    creator = name;
    maximumAge = size;
}
```

与其他方法一样，构造函数可以使用它们发送的参数来定义类中的多个构造函数。在本例中，当使用如下所示的 new 语句时，程序将调用第一个构造函数：

```
Gremlin blender = new Gremlin();
```

只有在字符串和整数作为 new 语句的参数值发送时，程序才能调用另一个构造函数，如下所示：

```
Gremlin plate = new Gremlin("Zach Galligan", 960);
```

如果在类中不包含任何构造函数，则它将继承一个构造函数，且不带超类的参数。根据所使用的超类，它还可能继承其他构造函数。

在任何类中，必须有一个构造函数，该构造函数具有与用于创建该类的对象的 new 语句相同的参数数量和类型。在 Gremlin 类的例子中，它有 Gremlin()和 Gremlin(String name, int size)构造函数，读者只能使用两种不同类型的 new 语句创建 Gremlin 对象：一种没有参数，另一种只有字符串和整数作为两个参数。

> **注意**
> 如果子类使用一个或多个参数定义构造函数，该类将不再继承没有超类参数的构造函数。因此，当类有其他构造函数时，必须始终定义无参数构造函数。

11.3.4 类方法

与类变量一样，类方法是一种提供与整个类（而不是特定对象）关联的功能的方法。当方法不影响类的单个对象时，使用类方法。在第 10 章中，使用 Integer 类的 parseInt()方法将字符串型变量转换为整型变量：

```
int fontSize = Integer.parseInt(fontText);
```

这是一个类方法。要将一个方法变成一个类方法，在方法名前面使用 static，如下所示：

```
static void showGremlinCount() {
    System.out.println("There are " + gremlinCount + " gremlins");
}
```

上面使用了 gremlinCount 类变量来跟踪程序创建了多少 Gremlin 对象。showGremlinCount()方法是一个类方法，它显示 Gremlin 对象的总量，可以使用如下语句调用它：

```
Gremlin.showGremlinCount();
```

11.3.5 方法中的变量范围

当在类的方法中创建变量或对象时，它只能在该方法中使用。这涉及变量作用域的概念。作用域是程序中变量存在的块，如果超出了由作用域定义的程序部分，就不能再使用该变量。

程序中的“{”和“}”定义了变量作用域的边界。在这些标记中创建的任何变量都不能在其外部使用。例如以下代码：

```
if (numFiles < 1) {
    String warning = "No files remaining.";
}
System.out.println(warning);
```

这段代码不能成功运行，并且在 NetBeans IDE 中也不能被编译，因为 warning 变量是在 if 语句块的花括号中创建的。这些花括号定义了变量的作用域。warning 变量不存在于花括号之外，因此 System.out.println()方法不能在花括号之外将其用作参数。

在另一组花括号中使用一组花括号时，需要注意所包含的变量的范围。看一看下面的例子：

```
if (humanCount < 5) {
    int status = 1;
    if (humanCount < 1) {
        boolean firstGremlin = true;
        status = 0;
    } else {
```

```
            firstGremlin = false;
        }
    }
```

看出什么问题了吗？在本例中，status 变量可以在块中的任何地方使用，但是为 firstGremlin 变量赋值为 false 的语句会导致编译器错误。因为 firstGremlin 变量是在 if (humanCount < 1)语句的范围内创建的，所以它不存在于后面的 else 语句的范围内。

要解决这个问题，必须在这两个块之外创建 firstGremlin 变量，这样它的作用域就包括这两个块。一种解决方案是在创建 status 变量的下一行创建 firstGremlin 变量。

作用域使程序更容易调试，因为作用域限制了可以使用变量的区域。这减少了编程中常见的错误之一：在程序的不同部分以两种不同的方式使用相同的变量。

作用域的概念也适用于方法，因为它们是由左花括号和右花括号定义的。在方法中创建的变量不能在其他方法中使用。只有将一个变量创建为对象变量或类变量，才能在多个方法中使用该变量。

11.4 将一个类放入另一个类

虽然 Java 程序被称为类，但在很多情况下，程序需要多个类来完成其工作。这些程序由一个主类和其他需要的辅助类组成。

当将一个程序分成多个类时，有两种方法可以定义辅助类。一种方法是分别定义每个类，如下所示：

```
public class Wrecker {
    String creator = "Phoebe Cates";

    public void destroy() {
        GremlinCode gc = new GremlinCode(1 024);
    }
}

class GremlinCode {
    int vSize;

    GremlinCode(int size) {
        vSize = size;
    }
}
```

在这个例子中，GremlinCode 类是 Wrecker 类的一个辅助类。辅助类有时与它们所帮助的类定义在同一个源代码文件中。在编译源文件时，计算机将生成多个类文件。上述示例在编译后生成文件 Wrecker.class 和 GremlinCode.class。

> **注意**
> 如果在同一个源代码文件中定义了多个类，则只有其中一个类是公有的。其他类的类语句中不应该有 public。源代码文件的名称必须与它定义的公有类匹配。

在创建主类和辅助类时，还可以将辅助类放入主类中。完成此操作后，辅助类被称为内部类。

将一个内部类放在另一个类的左花括号和右花括号之间，如下所示：

```
public class Wrecker {
    String creator = "Hoyt Axton";

    public void destroy() {
        GremlinCode vic = new GremlinCode(1 024);
    }

    class GremlinCode {
        int vSize;

        GremlinCode(int size) {
            vSize = size;
        }
    }
}
```

可以像使用任何其他类型的辅助类一样使用内部类。除了它的位置之外，主要的区别是编译器完成这些类之后会发生什么。内部类不获取类语句所指示的名称。相反，编译器给它们一个包含主类名称的名称。

在上述示例中，编译器生成文件 Wrecker.class 和 Wrecker $GremlinCode.class。

小提示

内部类支持 Java 中的一些复杂编程技术，在读者有了更多的 Java 经验之后，这些技术将变得更有意义。

11.5 使用 this 关键字

因为可以引用其他类中的变量和方法以及自己的类中的变量和方法，所以所引用的变量和方法在某些情况下可能会变得混乱。一种使事情更清楚的方法是使用 this 语句——一种在程序中引用程序自己的对象的方法。

当使用对象的方法或变量时，将对象的名称放在方法或变量名称前面，以点号分隔。比如这些例子：

```
Gremlin mogwai = new Gremlin();
mogwai.creator = "LoveHandles";
mogwai.setGuid(75);
```

这些语句创建一个名为 mogwai 的 Gremlin 对象，设置 mogwai 的 creator 变量，然后调用 mogwai 的 setGuid()方法。

在程序中，有时需要引用当前对象，换句话说，就是由程序本身表示的对象。例如，在 Gremlin 类中，可能有一个方法有自己的变量 creator：

```
public void checkCreator() {
    String creator = null;
}
```

在本例中，一个名为 creator 的变量存在于 checkCreator()方法的范围内，但它与一个名为 creator 的对象变量不同。如果要引用当前对象的 creator 变量，必须使用 this 关键字，如下所示：

```
System.out.println(this.creator);
```

通过使用 this 关键字，可以清楚地知道引用的是哪个变量或方法。可以在类中任何按名称引用对象的地方使用它。例如，如果要将当前对象作为参数发送给方法，可以使用如下语句：

```
verifyData(this);
```

在许多情况下，不需要使用 this 关键字来表明引用的是对象的变量和方法。然而，在任何时候，如果想确定读者指的是正确的东西，则使用 this 关键字并不会有任何损害。

在构造函数中设置对象实例变量的值时，this 关键字非常有用。考虑一个具有 creator 和 maximumAge 变量的 Gremlin 对象。构造函数如下：

```
public Gremlin(String creator, int maximumAge) {
    this.creator = creator;
    this.maximumAge = maximumAge;
}
```

11.6　使用类方法和类变量

本章的第一个项目将创建一个简单的 Gremlin 对象，它可以计算程序创建的 Gremlin 对象的数量并报告总量。

在 NetBeans IDE 中选择 File→New File，并在 com.java24hours 包中创建一个名为 Gremlin 的空 Java 文件。在源代码编辑器中输入清单 11.1 所示的内容，完成后单击 Save 按钮文件。

清单 11.1　Gremlin.java

```
 1: package com.java24hours;
 2:
 3: public class Gremlin {
 4:     static int gremlinCount = 0;
 5:
 6:     public Gremlin() {
 7:         gremlinCount++;
 8:     }
 9:
10:     static int getGremlinCount() {
11:         return gremlinCount;
12:     }
13: }
```

保存 NetBeans IDE 自动编译的文件。这个类缺少 main()方法，因此不能直接运行。要测试这个 Gremlin 类，需要声明第二个类来创建 Gremlin 对象。

GremlinLab 程序是一个简单的应用程序，它创建 Gremlin 对象，然后计算使用 Gremlin 类的 getGremlinCount()类方法创建的对象的数量。

使用 NetBeans IDE 创建一个空 Java 文件并输入清单 11.2 所示的内容。完成后，将文件保存为 GremlinLab.java。

清单 11.2　GremlinLab.java

```
 1: package com.java24hours;
 2:
 3: public class GremlinLab {
 4:     public static void main(String[] arguments) {
 5:         int numGremlins = Integer.parseInt(arguments[0]);
 6:         if (numGremlins > 0) {
 7:             Gremlin[] gremlins = new Gremlin[numGremlins];
 8:             for (int i = 0; i < numGremlins; i++) {
 9:                 gremlins[i] = new Gremlin();
10:             }
11:             System.out.println("There are " + Gremlin.getGremlinCount()
12:                 + " gremlins.");
13:         }
14:     }
15: }
```

当在命令行工具上运行 GremlinLab 类时，它接受一个参数：要创建的 Gremlin 对象的数量。要在 NetBeans IDE 中指定命令行参数，请遵循以下步骤。

1．选择 Run→Set Project Configuration→Customize，弹出 Project Properties 对话框。

2．在 Main Class 文本框中输入 GremlinLab，在 Arguments 文本框中输入希望程序创建的 Gremlin 对象的数量。

3．单击 OK 按钮并关闭对话框。

要运行配置了参数的程序，请在 NetBeans IDE 中选择 Run→Run Main Project。

使用发送到 main()方法的字符串型数组将参数读入应用程序。在 GremlinLab 程序中，这发生在第 4 行。

要将参数作为整数使用，必须将参数从字符串对象转换为整型变量。这需要使用 Integer 类的 parseInt()类方法。在第 5 行中，从命令行工具上发送到程序的第一个参数初始化了一个名为 numGremlins 的整型变量。

如果 numGremlins 大于 0，那么在 GremlinLab 程序中会发生以下情况。

➢ 第 7 行——创建了一个 Gremlin 对象数组，其中 numGremlins 变量决定数组中对象的数量。

➢ 第 8～10 行——for 循环用于调用数组中每个 Gremlin 对象的构造函数。

➢ 第 11～12 行——在所有的 Gremlin 对象都已创建之后，Gremlin 类的 getGremlinCount()

类方法用于计算创建的对象的数量，这应该与运行 GremlinLab 程序时设置的参数相匹配。

如果 numGremlins 不大于 0，那么在 GremlinLab 程序中不会发生任何事情。

在编译 GremlinLab.java 文件之后，使用想要尝试的任何命令行参数对其进行测试。可以创建的 Gremlin 对象的数量取决于运行 GremlinLab 程序时操作系统上可用的内存。在我的笔记本计算机上，任何超过 8 000 万的 Gremlin 对象数量都会在显示 OutOfMemoryError 消息后导致程序崩溃。

如果没有指定操作系统无法处理的 Gremlin 对象数量，那么输出应该如图 11.1 所示。

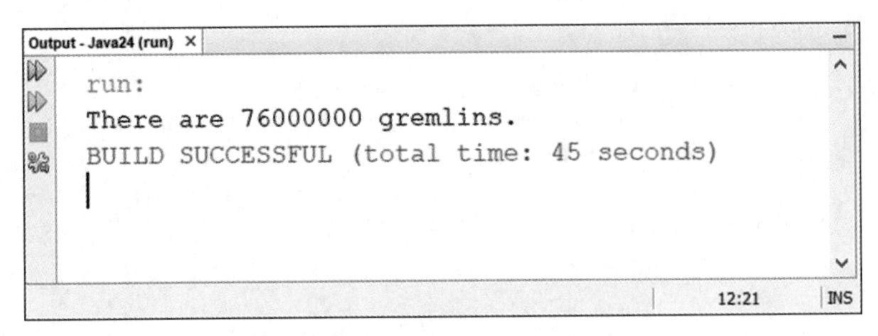

图 11.1　GremlinLab 程序的输出

11.7　总结

现在已经完成了本书关于面向对象编程概念的 3 个章节中的 2 个。读者已经学习了如何创建对象、为对象及其对象类提供行为和属性，以及如何使用强制转换将对象和变量转换为其他类型。

从对象的角度进行思考是学习 Java 面临的更大挑战。然而，在理解它之后，读者就会意识到 Java 程序都在使用对象和类。

在第 12 章中，读者将学习如何创建对象的父对象和子对象。

11.8　研讨时间

Q&A

Q：读者必须创建一个对象来使用类变量或方法吗？

A：不是。因为类变量和方法与特定的对象没有关联，所以不需要仅仅为了使用它们而创建对象。使用 Integer. parseint()方法就是一个例子，读者不必创建 Integer 对象，只需将字符串转换为整数。

Q：有 Java 支持的所有内置方法的列表吗？

A：Oracle 官网上提供了所有 Java 类的完整文档，包括读者可以使用的所有公有方法。

Q：有没有一种方法可以控制 Java 程序使用多少内存？

A：Java 虚拟机在运行应用程序时可用的内存由两个配置项控制：计算机上可用的物理

内存总量和 Java 虚拟机的配置使用量。默认内存分配是 256MB，可以使用-Xmx 命令行参数进行设置。

要在 NetBeans IDE 中设置它，请选择 Run→Set Project Configuration→Customize，弹出 Project Properties 对话框，显示 Run 设置。在 VM Options 文本框中，输入-Xmx1 024M 来为 Java 虚拟机分配 1 024MB 的内存。更改该数字以获得不同大小的内存。还要填写主类和参数字段，并选择 Run→Run Project 运行程序。

课堂测试

下面的问题可以帮助读者了解面向对象编程技术的属性和行为。

1．在 Java 类中，方法指的是什么？

A．属性。

B．语句。

C．行为。

2．如果想让一个变量成为一个类变量，在创建它时必须使用什么语句？

A．new 语句。

B．public 语句。

C．static 语句。

3．变量所在的程序部分的名称是什么？

A．巢。

B．范围。

C．变量谷。

答案

1．C。方法是由语句组成的，但它指的是行为。

2．C。如果去掉 static 语句，变量就是一个对象变量，而不是类变量。

3．B。当一个变量在它的作用域之外使用时，编译器会出错。

活动

如果这些关于 Gremlin 对象的主题没有把读者“吓跑”，可以通过以下活动来加深读者对本章主题的了解。

- 向 Gremlin 类中添加一个私有变量，该类存储一个名为 guid 的整型变量。创建方法来返回 guid 的值，并仅在值的范围是 1 000 000～9 999 999 时更改 guid 的值。
- 编写一个 Java 程序，将字符串型变量作为参数，将其转换为浮点型变量后，再将其转换为浮点型对象，最后将其转换为整型变量。用不同的参数运行它几次，看一看结果如何变化。

第 12 章 充分利用现有的对象

在本章中读者将学到以下知识。

- 设计超类和子类。
- 形成继承层次结构。
- 覆盖方法。

Java 对象非常适合“生育”。当读者创建一个对象的一组属性和行为时，读者已经设计了一些可以将这些特性传递给“后代”的东西。

这些子对象具有与父对象相同的许多属性和行为。它们也可以做一些不同于父对象的事情。

这叫作继承，它是每个超类（父类）给它的子类的东西。在本章中读者将了解继承，它是面向对象编程中的重要功能。

面向对象编程还能够创建可用于不同程序的对象。可重用性使开发无错误、可靠的程序变得更容易。

12.1 继承的力量

每次使用 String 或 Integer 等标准 Java 类时，读者都使用了继承。Java 类被组织成金字塔形的类层次结构，其中所有类都是从 Object 类派生的。

对象的类继承其上的所有超类。要了解其工作原理，请考虑 InputStreamReader 类。这个类是 FileReader 类的超类，FileReader 类是从文件中读取文本行的类。同时，FileReader 类是 InputStreamReader 类的子类。

InputStreamReader 类的部分“家谱”如图 12.1 所示。每个框都是一个类，这些线将超类连接到它下面的任何子类。

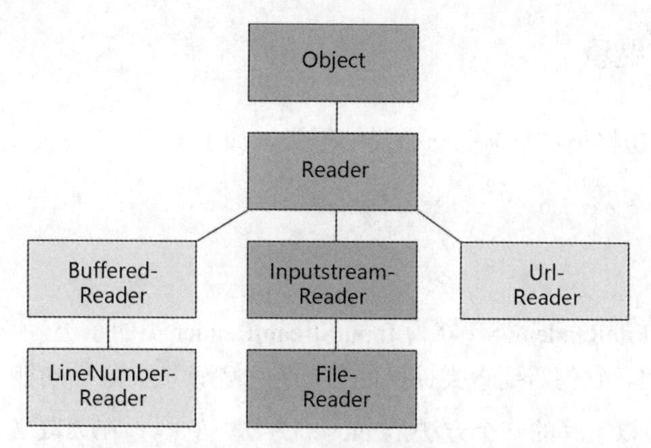

图 12.1 InputStreamReader 类的部分“家谱”

顶部是 Object 类。InputStreamReader 类在其之上的层次结构中有两个超类：Reader 和 Object。它在层次结构中有一个子类：FileReader。

InputStreamReader 类继承 Reader 类和 Object 类的属性和行为，因为它们在超类的层次结构中都直接位于 InputStreamReader 类之上。InputStreamReader 类没有从图 12.1 所示的 BufferedReader 类、UrlReader 类和 LineNumberReader 类中继承任何内容，因为它们在层次结构中不高于 InputStreamReader 类。

如果这看起来不好理解，读者可以将层次结构看作一个家谱。InputStreamReader 类继承它的父类并向上继承。然而，InputStreamReader 类并不继承它的兄弟类或堂兄弟类。

创建一个新类可以归结为以下任务：定义它与现有类不同的方法。剩下的工作现有类都已经为读者做好了。

（1）继承行为和属性

类的行为和属性来自两个地方：它自己的行为和属性及其从超类继承的所有行为和属性。

以下是 InputStreamReader 类的一些行为和属性。

- equals()方法确定 InputStreamReader 对象与另一个对象是否具有相同的值。
- getEncoding()方法返回流使用的字符编码的名称。
- reset()方法将流的当前位置移动到起点。
- mark()方法记录当前位置。

InputStreamReader 类可以使用所有这些方法。getEncoding()方法是唯一没有从其他类继承的方法。equals()方法是在 Object 类中定义的。reset()方法和 mark()方法都来自 Reader 类。

（2）重写方法

在对象的 InputStreamReader 类中定义的一些方法也在它的某个超类中被定义。例如，close()方法是 InputStreamReader 类和 Reader 类的一部分。在子类及其超类中都定义了这个方法时，使用的是子类中的方法。这使子类能够更改、替换或完全删除其超类的某些行为或属性。

在子类中创建一个新方法来更改从超类继承的行为称为重写方法。每当继承的行为产生不希望的结果或者读者想做一些不同的事情时，都需要重写一个方法。

12.1.1　建立继承

使用 extends 语句将类定义为另一个类的子类，如下所示：

```
class FileReader extends InputStreamReader {
    //  编写行为和属性
}
```

extends 语句将 FileReader 类建立为 InputStreamReader 类的子类。所有文件读取器必须是输入流读取器的子类。它们需要该类提供的通过输入流读取文件的功能。

FileReader 类可以重写的一个方法是 close()方法，它执行在读取文本之后关闭文件所需的操作。由 Reader 类实现的 close()方法一直传递到 FileReader 类。

要重写一个方法，读者必须定义一个继承的超类中具有相同名字的方法。必须将其定义为公有方法，方法返回的值和方法参数的数量、类型必须相同。

Reader 类的 read()方法的开头如下：

```
public int read(char[] buffer) {
```

FileReader 类重写了这个方法，方法的定义如下所示：

```
public int read(char[] cbuf) {
```

唯一的区别在于 char 数组的名称，如果方法是以相同的方式创建的，这在方法定义时并不重要。这两个方法的声明语句有以下几点相同之处。

- 这两个方法都是公有的。
- 这两个方法都返回一个整数。
- 这两个方法都有一个 char 数组作为唯一的参数。

在子类中重写方法时，应该在方法声明的前面加上@Override，如下所示：

```
@Override
public void setPosition(int x, int y) {
    if ( (x > 0) & (y > 0) ) {
        super.setPosition(x, y);
    }
}
```

@Override 是一种特殊的注释，称为注解，它告诉 Java 编译器自己无法理解的信息。通过在方法前面加上@Override 注解，编译器就会检查方法是否真的覆盖了超类方法。例如，读者可能已经漏写了第二个整型参数，则程序不会编译。

没有注解，编译器就无法查找潜在的问题。没有第二个整型参数的方法就像其他方法一样。

12.1.2 在子类中使用 this 和 super

在子类中有两个关键字非常有用，即 this 和 super。

正如读者在第 11 章中所了解的，this 关键字用于引用当前对象。

当读者创建一个类时，需要引用从这个类创建的特定对象，如下所示：

```
this.title = "Cagney";
```

该语句将对象的 title 实例变量设置为文本“Cagney”。

super 关键字的作用类似，它引用对象的直接超类。

读者可以用几种不同的方式使用 super。

- 引用超类的构造函数，如 super("Adam", 12);。
- 引用超类的一个变量，如 super.hawaii = 50。
- 引用超类的方法，如 super.dragnet();。

在子类的构造函数中常常使用 super 关键字。因为子类继承其超类的行为和属性，所以必须将该子类的每个构造函数与其超类的构造函数关联起来。否则，一些行为和属性如果没有正确设置，子类则不能正常工作。

通过 super 访问的变量不能是私有的，这样会使它们在子类中不可用。

要关联构造函数，子类构造函数的第一条语句必须是对超类构造函数的调用。这就需要 super 关键字，如下所示：

```
public DataReader(String name, int length) {
    super(name, length);
}
```

这个例子是一个子类的构造函数，它使用语句 super(name,length)在它的超类中调用一个类似的构造函数。

如果不使用 super()来调用超类构造函数，Java 会在子类构造函数开始时自动调用不带参数的 super()。如果这个超类构造函数不存在或提供了意料之外的行为，程序就会产生错误，所以最好自己调用一个超类构造函数。

12.1.3 处理现有对象

面向对象编程鼓励重用。如果读者开发一个用于 Java 编程项目的对象，就可以将该对象合并到另一个项目中且无须修改。

如果 Java 类设计得很好，就有可能将该类用于其他程序中。在程序中可用的对象越多，在创建自己的程序时需要做的工作就越少。如果有一个很好的拼写检查对象满足读者的需要，那么读者就可以使用它而不是编写自己的对象。理想情况下，读者甚至可以给读者的老板一个错误的印象，告诉他在程序中添加拼写检查功能花了多长时间，并利用这段省出的时间从办公室打私人长途电话。

> **注意**
> 本书的作者和他的许多同行一样，是自由职业者，在家里工作。在评估他对职场行为的建议时，请记住这一点。

当 Java 第一次被引入时，共享对象的系统在很大程度上是非正式的。

程序员将他们的对象开发得尽可能独立，并通过使用私有变量和公有方法来读/写这些变量并保护它们不被误用。

当有一种开发可重用对象（如 JavaBean）的标准方法时，共享对象变得更加强大。

标准的好处包括以下几种。

- 没有必要去记录一个对象是如何工作的，因为任何了解这个标准的人都已经知道了很多关于它是如何工作的知识。
- 读者可以设计遵循标准的开发工具，会让使用这些对象时更加容易。
- 遵循该标准的两个对象可以相互交互，而不需要进行特殊的编程来使它们兼容。

JavaBean 是一组对象，它们遵循一组严格的规则来创建和使用它们的实例变量。遵循这些规则的 Java 类称为 Bean。NetBeans IDE 可以用来制作 Bean。

12.2 在数组列表中存储相同类的对象

编写计算机程序时，读者要做的一个重要决定是决定数据存储的位置。在前文中，相信读者已经发现了 3 个地方来保存信息。

- 基本数据类型变量，如整型变量和字符型变量（或它们对应的类）。
- 数组。
- 字符串对象。

实际上，存储信息的地方要多得多，因为任何 Java 类都可以保存数据。其中最有用的是 ArrayList 类，它是一种数据结构，可以保存同一类或公有超类的对象。

正如类名所示，数组列表类似于数组，它也包含相关数据的元素，但是它们的大小可以在任何时候增大或减小。

ArrayList 类属于 java.util 包，是 Java 类库中一个非常有用的类。使用它时需要在程序中加入 import 语句：

```
import java.util.ArrayList;
```

数组列表保存属于同一类或共享同一超类的对象。它们是通过引用两个类创建的：ArrayList 类和列表所包含的类。

数组列表中保存的类名放在“<”和“>”字符中，如下所示：

```
ArrayList<String> structure = new ArrayList<String>();
```

上述语句创建了一个包含字符串的数组列表。以这种方式标识数组列表的类使用泛型。泛型是一种指示数据结构（如数组列表）中对象的类型的方法。如果读者使用的是旧版本的 Java 数组列表，那么构造函数应该这样写：

```
ArrayList structure = new ArrayList();
```

虽然读者仍然可以这样做，但是泛型使读者的代码更加可靠，因为它们为编译器提供了一种防止更多错误的方法。在这里，它们通过在数组列表中放入错误的对象类来防止读者误用数组列表。如果读者试图将一个 Integer 对象放入一个应该包含 String 对象的数组列表中，编译器将失败并出现错误。

与数组不同，数组列表并不是用它们所包含的固定数量的元素创建的。创建的数组列表由 10 个元素创建。如果读者知道要存储的对象比这多得多，那么可以将大小指定为构造函数的参数。下面的语句就创建了一个有 300 个元素的数组列表：

```
ArrayList<String> structure = new ArrayList<String>(300);
```

可以通过调用 add()方法将对象添加到数组列表中，并使用该对象作为唯一的参数：

```
structure.add("Vance");
structure.add("Vernon");
structure.add("Velma");
```

按顺序添加对象，如果这是添加到数组列表中的前 3 个对象，那么元素 0 是“Vance”，元素 1 是“Vernon”，元素 2 是“Velma”。

可以通过调用元素的 get()方法从数组列表中检索元素，该方法的参数是元素的索引值：

```
String name = structure.get(1);
```

这个语句将“Vernon”存储在字符串型变量 name 中。

若要查看数组列表是否在其元素中包含对象，请调用其 contains()方法，并将该对象作为参数：

```
if (structure.contains("Velma")) {
    System.out.println("Velma found");
}
```

可以使用对象本身或它的索引值从数组对象中删除对象：

```
structure.remove(0);
structure.remove("Vernon");
```

这两个语句将“Velma”保留为数组对象中唯一的字符串。

12.2.1 遍历数组列表

Java 包含一个特殊的 for 循环，它使加载数组列表和依次检查每个元素变得很容易。

这个循环只有两个部分，比读者在第 8 章中学到的 for 循环少一个部分。

第一部分保存从数组列表中检索到的每个对象的变量的类型和名称。这个对象应该和数组列表中的对象具有相同的数据类型。

第二部分标识列表。

下面是循环遍历数组列表的代码，它会将每个变量名称显示到屏幕上：

```
for (String name : structure) {
    System.out.println(name);
}
```

本章的第一个项目是 StringLister 程序。这是一个使用数组列表和特殊的 for 循环来根据字母顺序显示字符串列表的程序。该列表来自数组列表和命令行参数。

在 NetBeans IDE 中打开 Java24 项目后，选择 File→New File，然后在 com.java24hours 包中创建一个名为 StringLister 的空 Java 文件。在源代码编辑器中输入清单 12.1 所示的内容并保存文件。

清单 12.1　StringLister.java

```
 1: package com.java24hours;
 2:
 3: import java.util.*;
 4:
 5: public class StringLister {
 6:     String[] names = { "Carly", "Sam", "Kiki", "Lulu",
 7:         "Hayden", "Elizabeth", "Kristina", "Molly", "Laura" };
 8:
 9:     public StringLister(String[] moreNames) {
10:         ArrayList<String> list = new ArrayList<String>();
11:         for (int i = 0; i < names.length; i++) {
12:             list.add(names[i]);
13:         }
14:         for (int i = 0; i < moreNames.length; i++) {
15:             list.add(moreNames[i]);
16:         }
17:         Collections.sort(list);
18:         for (String name : list) {
19:             System.out.println(name);
20:         }
21:     }
22:
23:     public static void main(String[] arguments) {
24:         StringLister lister = new StringLister(arguments);
25:     }
26: }
```

在运行程序之前，应该选择 Run→Set Project Configuration→Customize 将主类设置为 com.java24hours.StringLister，将参数设置为以空格分隔的一个或多个名称，如 Scotty、Sonny、Jason、Dillon。然后选择 Run→Run Project，查看结果。

命令行工具中指定的名称被添加到第 6～7 行的数组对象 names 中。因为在程序运行之前，names 中的元素个数是未知的，所以数组列表比数组更适合存储这些字符串。

数组列表中的字符串使用 Collections 类的 sort()方法使之按字母顺序排序：

```
Collections.sort(list);
```

这个类和 ArrayList 类一样属于 java.util 包。数组列表和其他有用的数据结构在 Java 中称为集合（collection）。

运行该程序时，输出应该是按字母顺序排列的名称列表（见图 12.2）。数组列表灵活的长度使读者可以将其他名称添加到该数据结构中，并与其他名称一起排序。

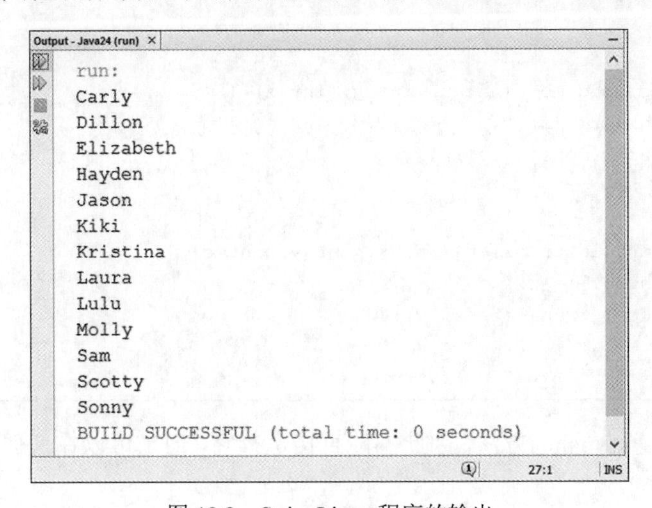

图 12.2 StringLister 程序的输出

12.2.2 创建一个子类

要查看工作中的继承示例，我们在下一个项目中创建一个名为 Point3D 的类，它表示三维空间中的一个点。读者可以用(x,y)坐标表示一个二维点。三维空间增加了第 3 个坐标，可以称为 z。

Point3D 对象类可以做以下 3 件事。

- 跟踪一个物体的(x,y,z)坐标。
- 将一个物体移动到一个新的(x,y,z)坐标。
- 改变一个对象特定的 x、y 或 z 的值。

Java 已经有一个表示二维点的标准类，称为 Point。这个类可以在 java.awt 包中找到。

它有两个整型变量 x 和 y，用来存储点对象的(x,y)位置。它还有一个 move()方法用于将一个点放置在指定的位置，以及一个 translate()方法用于将一个对象在 x、y 轴上移动。

在 NetBeans IDE 中打开 Java24 项目后，选择 File→New File，然后在 com.java24hours 包中创建一个名为 Point3D 的空 Java 文件。在源代码编辑器中输入清单 12.2 所示的内容，完成后保存文件。

清单 12.2　Point3D.java

```
 1: package com.java24hours;
 2:
 3: import java.awt.*;
 4:
 5: public class Point3D extends Point {
 6:     public int z;
 7:
 8:     public Point3D(int x, int y, int z) {
 9:         super(x,y);
10:         this.z = z;
11:     }
12:
13:     public void move(int x, int y, int z) {
14:         this.z = z;
15:         super.move(x, y);
16:     }
17:
18:     public void translate(int x, int y, int z) {
19:         this.z += z;
20:         super.translate(x, y);
21:     }
22: }
```

Point3D 程序没有 main()方法，因此不能直接运行它，但是可以在任何需要三维点的 Java 程序中使用它。

Point3D 类只能做它的超类 Point 没有做的工作。这主要涉及跟踪整型变量 z，并允许其可以作为 move()方法、translate()方法和 Point3D()构造函数中的参数。

所有方法都使用关键字 super 和 this。This 关键字用于引用当前的 Point3D 对象，因此第 10 行中的 this.z = z 将对象 z 设置为第 8 行中作为参数发送给方法的变量 z。

super 关键字引用当前对象的超类 Point。它用于设置由 Point3D 继承的变量和调用方法。第 9 行中的 super(x,y)调用超类中的 Point(x,y)构造函数，然后该构造函数设置 Point3D 对象的(x,y)坐标。因为 Point 已经具备了处理 x 轴和 y 轴的能力，所以 Point3D 类的对象做同样的事情是多余的。

为了测试新的 Point3D 类，创建一个使用 Point 和 Point3D 对象的程序，并移动它们。打开 NetBeans IDE，在 com. java24hours 包中创建一个名为 PointTester 的空 Java 文件。在源代码编辑器中输入清单 12.3 所示的内容并保存文件。

清单 12.3　PointTester.java

```
 1: package com.java24hours;
 2:
```

```
 3: import java.awt.*;
 4:
 5: class PointTester {
 6:     public static void main(String[] arguments) {
 7:         Point location1 = new Point(11,22);
 8:         Point3D location2 = new Point3D(7,6,64);
 9:
10:         System.out.println("The 2D point is at (" + location1.x
11:             + ", " + location1.y + ")");
12:         System.out.println("It's being moved to (4, 13)");
13:         location1.move(4,13);
14:         System.out.println("The 2D point is now at (" + location1.x
15:             + ", " + location1.y + ")");
16:         System.out.println("It's being moved -10 units on both the x "
17:             + "and y axes");
18:         location1.translate(-10,-10);
19:         System.out.println("The 2D point ends up at (" + location1.x
20:             + ", " + location1.y + ")\n");
21:
22:         System.out.println("The 3D point is at (" + location2.x
23:             + ", " + location2.y + ", " + location2.z + ")");
24:         System.out.println("It's being moved to (10, 22, 71)");
25:         location2.move(10,22,71);
26:         System.out.println("The 3D point is now at (" + location2.x
27:             + ", " + location2.y + ", " + location2.z + ")");
28:         System.out.println("It's being moved -20 units on the x, y "
29:             + "and z axes");
30:         location2.translate(-20,-20,-20);
31:         System.out.println("The 3D point ends up at (" + location2.x
32:             + ", " + location2.y + ", " + location2.z + ")");
33:     }
34: }
```

当选择 Run→Run File 时，读者将看到图 12.3 所示的输出。如果程序无法运行，请在源代码编辑器旁边寻找红色警告图标，该图标指示触发错误的行。

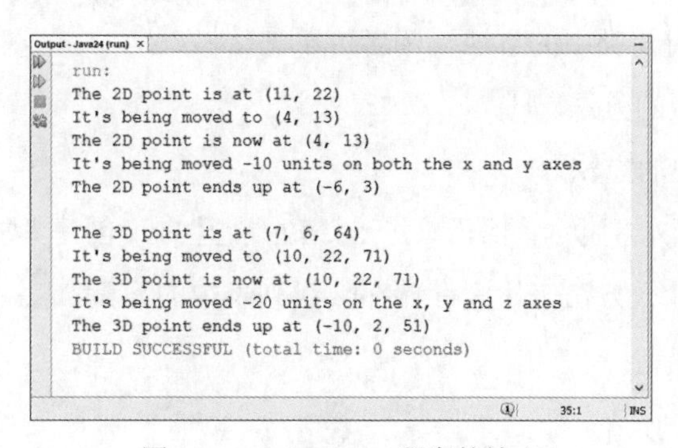

图 12.3 PointTester 程序的输出

12.3　总结

当人们谈论诞生的奇迹时，他们可能不会说Java中的超类是如何产生子类的，也不会说行为和属性是如何在类的层次结构中继承的。

如果现实世界的工作方式与面向对象编程相同，那么莫扎特（Mozart）的每个后代都可以选择成为一名杰出的作曲家，马克·吐温（Mark Twain）的所有后裔都可以对密西西比河的船上的生活充满诗意，读者的祖先努力获得的每一项技能都会毫不费力地传授给读者。

12.4　研讨时间

Q&A

Q：到目前为止，我创建的大多数Java程序都没有使用继承超类的extends语句。这是否意味着它们存在于类层次结构之外？

A：读者在Java中创建的所有类都是层次结构的一部分，因为不使用extends关键字时，读者编写的程序的默认超类是Object。所有类的equals()和toString()方法都是自动从Object继承的行为的一部分。

Q：为什么人们发现了什么时会大喊“Eureka”？

A：“Eureka”属于古希腊语，意思是“我找到了！”。据说，这句话是古希腊学者阿基米德（Archimedes）在洗澡时喊出来的。他在浴缸里发现了什么？不断上升的水位使他明白，排开的水的体积等于他身体的体积。

两个世纪后，维特鲁威（Vitruvius）在他的多卷本建筑学著作《建筑十书》中讲述了阿基米德的故事。

课堂测试

通过回答以下问题来测试读者对本章内容的掌握程度。

1. 如果子类不想用超类中的方法，读者可以怎么做？

   A．删除超类中的方法。

   B．重写子类中的方法。

   C．给《圣荷西水星报》的编辑写一封信，希望Java创建者能够阅读它。

2. 读者可以使用什么方法来检索存储在数组列表中的元素？

   A．get()方法。

   B．read()方法。

   C．elementAt()方法。

3. 读者能用什么关键字来引用当前对象的方法和变量？

   A．this。

B．that。

C．theOther。

答案

1．B。因为可以覆盖该方法，所以不需要更改超类的任何内容或其工作方式。

2．A。get()方法有一个参数——元素的索引值。

3．A。关键字 this 用来引用当前对象。

活动

如果读者具有丰富的想象力，并产生想要学习更多的愿望，读者可以通过以下活动学习更多有关继承的知识。

- 创建一个 Point4D 类，它将一个 *t* 坐标轴添加到 Point3D 类创建的 O_{xyz} 坐标系中。*t* 坐标值表示时间，因此读者需要确保它永远不会被设置为负值。

第13章 在数据结构中存储对象

在本章中读者将学到以下知识。

- 创建一个数组列表。
- 从数组列表中添加和删除元素。
- 使用泛型来提高数组列表的可靠性。
- 搜索对象的数组列表。
- 循环遍历数组列表的内容。
- 创建键和值的映射。
- 从映射中添加和删除条目。
- 检索映射条目的键和值。
- 循环映射的键和值。

程序员是“囤积者”。在计算机编程中，程序员花费大量时间收集信息并寻找存储信息的位置。这些信息可以以基本数据类型（如浮点数）的形式出现，也可以以特定类的对象的形式出现。它可以从驱动器读取，从服务器检索，由用户输入或通过其他方式收集。

在获得信息之后，程序员必须决定在Java虚拟机中运行程序时将其放置在何处。通过数据类型或类相互关联的项可以存储在数组中。

这对于许多任务来说已经足够了，但是随着程序变得越来越复杂，囤积者的需求将会增多。

在本章中，读者将了解Java中为信息囤积者设计的两个类：数组列表和散列映射。

13.1 数组列表

在第 9 章中介绍了数组，这是处理程序中的变量和对象的一种非常方便的方法。数组对于 Java 非常重要，它们是一种内置的数据类型，比如整型和字符型。数组将相同类型或类的元素打包在一起。

虽然数组很有用，但数组的大小不变这一事实限制了它们的使用。在创建一个数组以容纳 90 个元素之后，不能将其更改为容纳更大或更小的数量，它的大小是固定的。这种说法的奇特方式是将数组的大小称为“不可变的”。

Java.util 包中有一个类，即 ArrayList 类，它可以做数组能做的所有事情，而不受这个限制。

数组列表是一种数据结构，它保存同一类或公有超类的对象。在程序运行时，数组列表的大小可以根据需要增大或减小。

创建数组列表的一种简单方法是调用它的构造函数，没有参数：

```
ArrayList servants = new ArrayList();
```

可以通过指定初始容量来创建数组列表，这为数组列表可能包含多少元素提供了一些指导。容量被设置为构造函数的整型参数，在这个语句中，将数组列表的容量设置为 30：

```
ArrayList servants = new ArrayList(30);
```

虽然这看起来很像创建一个数组并确定其确切大小，但容量只是一个提示。如果超出容量，数组列表将相应地进行调整，并继续正常工作。对容量的估计越准确，程序运行时数组列表的工作效率就越高。

该数组列表包含属于同一类或公有超类的对象。

当创建数组列表时，读者要知道数组列表将要保存的类或超类类型。可以在构造函数的“<”和“>”符号中指定，这是 Java 的一个称为泛型的特性。下面是一个数组列表构造函数的改进，该数组列表包含 String 对象：

```
ArrayList<String> servants = new ArrayList<String>();
```

该语句创建 String 对象的数组列表，只有该类或子类可以存储在数组列表中。否则，编译器将检测出错误。

若要添加对象，请以该对象为参数调用数组列表的 add(Object)方法。下面是添加 5 个字符串的语句：

```
servants.add("Bates");
servants.add("Anna");
servants.add("Thomas");
servants.add("Mrs. O'Brien");
servants.add("Daisy");
```

由于每个元素都被添加到数组列表的末尾，因此 servants 中的第一个字符串是“Bates”，最后一个字符串是“Daisy”。

有一个相应的remove(Object)方法，把对象从数组列表中删除：

```
servants.remove("Mrs. O'Brien");
```

数组列表的大小是它当前包含的元素的数量。通过调用数组列表的 size()方法检索此信息，该方法返回一个整数：

```
int servantCount = servants.size();
```

当使用泛型指定数组列表包含的类时，使用for循环遍历数组列表的每个元素是很简单的：

```
for (String servant : servants) {
    System.out.println(servant);
}
```

for循环的第一个参数是应该存储元素的变量，第二个参数是数组列表。其他数据结构可以采用相同的循环。

add(Object)方法将对象存储在列表的末尾。它还可以指定对象应该存储在列表中的位置。这需要add(int, Object)方法，它将位置作为第一个参数：

```
ArrayList<String> aristocrats = new ArrayList<String>();
aristocrats.add(0, "Lord Robert");
aristocrats.add(1, "Lady Mary");
aristocrats.add(2, "Lady Edith");
aristocrats.add(3, "Lady Sybil");
aristocrats.add(0, "Lady Grantham");
```

上例中的最后一个语句将“Lady Grantham”添加到列表的顶部而不是底部，并将其置于“Lord Robert”之上。

指定为第一个参数的位置必须不大于数组列表的size()返回的值。如果将“Lord Robert”添加到位置1而不是位置0，那么程序将以抛出IndexOutOfBoundsException异常而失败。

可以通过指定其位置作为remove(int)的参数从数组列表中删除元素：

```
aristocrats.remove(4);
```

可以通过使用该位置调用get(int)来检索数组列表中指定位置的元素。这是一个for循环，它从数组列表中提取每个字符串并显示它：

```
for (int i = 0; i < aristocrats.size(); i++) {
    String aristocrat = aristocrats.get(i);
    System.out.println(aristocrat);
}
```

通常需要查明数组列表是否包含特定的对象。这可以通过调用数组列表的indexOf(Object)方法来确定，该方法将该对象作为参数。方法返回对象的位置，如果它不在数组列表中则返回−1：

```
int hasCarson = servants.indexOf("Carson");
```

还有一个 contains()方法，它根据是否能够找到指定的对象返回 true 或 false。下面是对上一个例子的修正：

```
boolean hasCarson = servants.contains("Carson");
```

本章的第一个项目是在一个简单的游戏中目标使用这些方法，以便在一个 9 × 9 的网格的(x,y)点上射击。有些点包含目标，有些点不包含目标。

目标由 java.awt 包中的 Point 类表示。点是通过调用 Point(int, int)构造函数创建的，该构造函数的两个参数是 x 和 y 坐标。

以下语句创建点(5,9)：

```
Point p1 = new Point(5,9);
```

这是一个 9 × 9 的网格，上面的点用“X”标记，空白区域上用“.”标记，输出如下。

输出▼

```
  1 2 3 4 5 6 7 8 9
1 . . . . . . . . .
2 . . . . . . . . .
3 . . . . . . . . .
4 . . . . . . . . .
5 . . . . . . . . .
6 . . . . . . . . .
7 . . . . . . . . .
8 . . . . . . . . .
9 . . . . X . . . .
```

每列从左到右表示 x 坐标，每行从上到下表示 y 坐标。

在编写本程序之前，读者已经了解了数组列表如何保存字符串。它们可以包含 Point 类或任何其他类的对象。以下语句创建了一个点列表：

```
ArrayList<Point> targets = new ArrayList<Point>();
```

Java 编译器不允许向数组列表中添加除 Point 类或其子类之外的任何类。

在 NetBeans IDE 或其他编程工具中，创建一个名为 Battlepoint 的空 Java 文件并指定 com.java24hours 作为它的包。在文件中输入清单 13.1 所示的内容并保存文件。

清单 13.1 Battlepoint.java

```
1: package com.java24hours;
2:
3: import java.awt.*;
4: import java.util.*;
5:
6: public class Battlepoint {
7:     ArrayList<Point> targets = new ArrayList<Point>();
8:
9:     public Battlepoint() {
```

```
10:         // 创建射击目标
11:         createTargets();
12:         // 显示游戏地图
13:         showMap();
14:         // shoot at three points
15:         shoot(7,4);
16:         shoot(3,3);
17:         shoot(9,2);
18:         // 再次显示游戏地图
19:         showMap();
20:     }
21:
22:     private void showMap() {
23:         System.out.println("\n 1 2 3 4 5 6 7 8 9");
24:         for (int column = 1; column < 10; column++) {
25:             for (int row = 1; row < 10; row++) {
26:                 if (row == 1) {
27:                     System.out.print(column + " ");
28:                 }
29:                 System.out.print(" ");
30:                 Point cell = new Point(row, column);
31:                 if (targets.indexOf(cell) > -1) {
32:                     // 目标在这个位置
33:                     System.out.print("X");
34:                 } else {
35:                     // 这里没有目标
36:                     System.out.print(".");
37:                 }
38:                 System.out.print(" ");
39:             }
40:             System.out.println();
41:         }
42:         System.out.println();
43:     }
44:
45:     private void createTargets() {
46:         Point p1 = new Point(5,9);
47:         targets.add(p1);
48:         Point p2 = new Point(4,5);
49:         targets.add(p2);
50:         Point p3 = new Point(9,2);
51:         targets.add(p3);
52:     }
53:
54:     private void shoot(int x, int y) {
55:         Point shot = new Point(x,y);
56:         System.out.print("Firing at (" + x + "," + y + ") ... ");
57:         if (targets.indexOf(shot) > -1) {
58:             System.out.println("you sank my battlepoint!");
59:             // 删除被摧毁的目标
60:             targets.remove(shot);
61:         } else {
```

```
62:             System.out.println("miss.");
63:         }
64:     }
65:
66:     public static void main(String[] arguments) {
67:         new Battlepoint();
68:     }
69: }
```

Battlepoint 程序中的注释描述构造函数的每个部分和程序中条件逻辑的重要部分。

程序将目标创建为 3 个 Point 对象，并将它们添加到数组列表中（第 45～52 行）。程序将显示展现这些目标的地图（第 22～43 行）。

接下来，通过调用 shoot(int, int)方法（第 54～64 行）在 3 个点上射击。每一次，程序都会报告子弹是否击中了其中一个目标。如果是，则从数组列表中删除目标。

最后，再次显示地图，程序终止。

BattlePoint 程序的输出如图 13.1 所示。

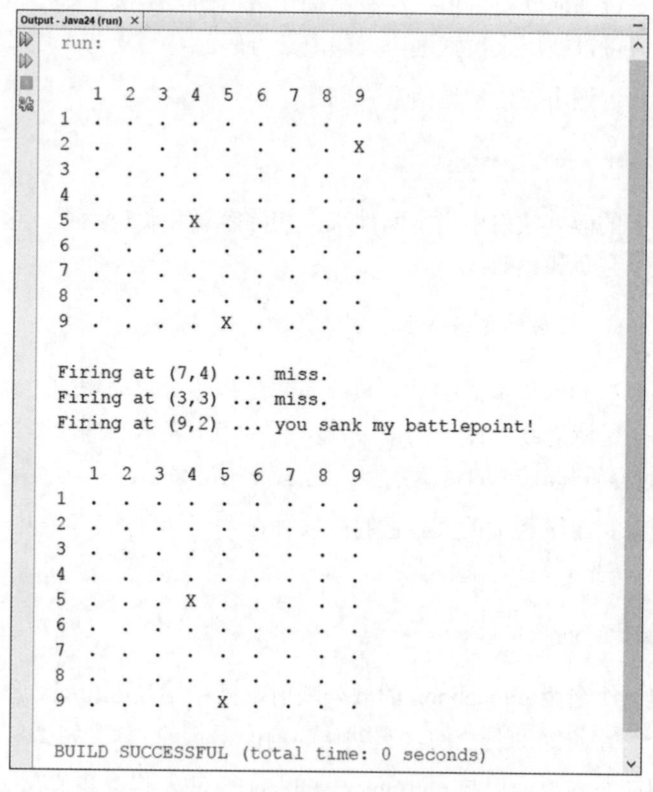

图 13.1 BattlePoint 程序的输出

这 3 个目标如图 13.1 的顶部所示。其中一个目标被击中后被移除。图 13.1 的底部映射反映了这种变化。

当一个目标被击中时，它将通过调用 remove(Object)方法从 targets 数组列表中删除目标，方法的参数是目标。

> **小提示**
> 在 Battlepoint 程序的 shoot(int,int)方法中，将从数组列表中删除的 Point 对象是表示目标的对象。这和被击中的目标有相同的(*x*,*y*)坐标。

13.2 散列映射

在编程中，使用一条信息访问另一条信息很常见。数组列表是数据结构中最简单的例子，其中索引值用于从数组列表中检索一个对象。下面是一个从 aristocrats 数组列表中提取第一个字符串的例子：

```
String first = aristocrats.get(0);
```

数组也使用索引值检索数组中的每个元素。

散列映射是 Java 中的一种数据结构，它使用一个对象检索另一个对象。第一个对象是键，第二个对象是值。这个结构在 javaUtil 包中作为 HashMap 类实现。

散列映射指的是键如何映射到值。这种结构化数据的一个例子是电话联系人列表，一个人的名字（字符串）可以被用来检索这个人的电话号码。

散列映射可以通过调用它的构造函数来创建，没有参数：

```
HashMap phonebook = new HashMap();
```

可以在控制效率的散列映射中指定两件事：初始容量和负载系数。这涉及两个参数，第一个是容量，第二个是负载系数：

```
HashMap phonebook = new HashMap(30, 0.7F);
```

容量是可以存储散列映射值的桶数。负载系数是在容量自动增加之前可以使用的桶数。该值是一个浮点数，范围为 0（空）～1.0（满），因此 0.7 表示当桶的容量为 70%时，容量会增加。默认是 16 的容量和 0.75 的负载系数，这通常就足够了。

应该使用泛型来指示键和值的类。它们被放置在“<”和“>”字符中，类名用逗号分隔，如下所示：

```
HashMap<String, Long> phonebook = new HashMap<>();
```

该语句将创建一个名为 phonebook 的散列映射，其中键是 String 对象，值是 Long 对象。第二组“<”和“>”字符之间是空的，它默认与前面语句的“<”和“>”中的类相同。

对象通过使用两个参数调用其 put(Object, Object)方法，将键和值存储在散列映射中：

```
phonebook.put("Butterball Turkey Line", 8002888372L);
```

该语句将在散列映射中存储一个带有“Butterball Turkey Line”键的项和一个 Long 对象，该对象的值为 8002888372，即该服务的电话号码。

> **小提示**
>
> 这些语句使用长整数将 Long 对象放入散列映射。在早期版本的 Java 中，这会产生错误，因为在需要对象的地方不能使用长整型这样的基本数据类型。
>
> 但是，由于自动装箱和拆箱，它不会产生错误，这是 Java 的一个特性，可以在基本数据类型及其等效对象类之间自动转换。当 Java 编译器看到类似 8002888372 这样的长整数时，它将其转换为表示该值的 Long 对象。

一个对象可以通过调用 get(Object)方法来从散列映射中检索它的键，该键是唯一的参数：

```
long number = phonebook.get("Butterball Turkey Line");
```

如果没有匹配该键的值，get(Object)方法返回 null。这将导致前面的示例出现问题，因为 null 不是一个合适的长整数。

处理这个潜在问题的第 2 种方法是调用 getOrDefault(Object, Object)。如果没有找到指定为第一个参数的键，则默认情况下返回第二个参数，如下所示：

```
long number = phonebook.getOrDefault("Betty Crocker", -1L);
```

处理这个潜在问题的第 3 种方法是将 number 声明为一个 Long 对象，而不是一个长整型变量。number 对象可以接受 null 作为值。

如果在散列映射中找到与键“Betty Crocker”匹配的数字，则返回该数字；否则返回-1。

有两个方法可以指示映射中是否存在键或值：containsKey（Object）和 containsValue（Object）。它们返回一个布尔值 true 或 false。

散列映射与数组列表一样，有一个 size()方法，用于显示数据结构中的条目数。

可以通过使用一个条目集（映射中所有条目的集合）来运行映射的循环。entrySet()方法将这些条目作为 Set 对象返回（使用 java.util 包中的 Set 接口）。

集合中的每一个条目都用 Map.Entry 表示，它是 java.util 包的 Map 类中的一个内部类。当有一个 Entry 对象时，可以调用它的 getKey()方法来检索键，并调用 getValue()方法来检索值。

下面的 for 循环使用条目集和条目来访问 phonebook 散列映射中的所有键和值：

```
for (Map.Entry<String, Long> entry : map.entrySet()) {
    String key = entry.getKey();
    Long value = entry.getValue();
    // ...
}
```

FontMapper 程序使用散列映射来管理字体集合，将所有字体放在一起。

java.awt 包中的 Font 类用于创建字体，并使用它们在图形用户界面中显示文本。字体包括字体的名称、点数以及样式，其中样式包括纯文本、粗体和斜体。

散列映射可以包含任何类的对象。打开 NetBeans IDE，在 com.java24hours 包中创建一个空 Java 文件，并命名为 FontMapper。在文件中输入清单 13.2 所示的内容并保存它。

清单 13.2 FontMapper.java

```
 1: package com.java24hours;
 2:
 3: import java.awt.*;
 4: import java.util.*;
 5:
 6: public class FontMapper {
 7:     public FontMapper() {
 8:         Font courier = new Font("Courier New", Font.PLAIN, 6);
 9:         Font times = new Font("Times New Roman", Font.BOLD, 12);
10:         Font verdana = new Font("Verdana", Font.ITALIC, 25);
11:         HashMap<String, Font> fonts = new HashMap<>();
12:         fonts.put("smallprint", courier);
13:         fonts.put("body", times);
14:         fonts.put("headline", verdana);
15:         for (Map.Entry<String, Font> entry : fonts.entrySet()) {
16:             String key = entry.getKey();
17:             Font value = entry.getValue();
18:             System.out.println(key + ": " + value.getSize() + "-pt "
19:                 + value.getFontName());
20:         }
21:     }
22:
23:     public static void main(String[] arguments) {
24:         new FontMapper();
25:     }
26: }
```

FontMapper 程序创建了 3 个 Font 对象（第 8～10 行），然后将它们添加到名为 fonts 的散列映射中（第 12～14 行）。它们用字符串键存储在映射中，字符串键“smallprint”“body”和“title”描述字体的用途。

第 15～20 行中的 for 循环使用一个条目集和集合中的每个单独条目遍历散列映射。

FontMapper 程序的输出如图 13.2 所示。

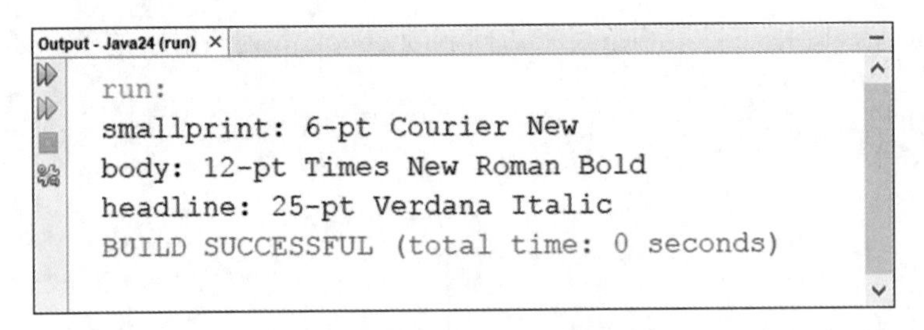

图 13.2 FontMapper 程序的输出

13.3 总结

数组列表和散列映射是 java.util 包中两个非常有用的数据结构。数组列表扩展了数组的功能，从而可以克服该数据类型的固定大小限制。散列映射允许任何类型的对象作为检索值的键。

还有位集（BitSet 类），它保存 0 和 1 的位值；堆栈（stack 类），它类似于数组列表的后进先出数据集合；排序结构（TreeMap 和 TreeSet 类）；属性（Properties 类），一个专门的散列映射，它将程序的配置属性保存在文件或另一个永久存储空间中。

13.4 研讨时间

Q&A

Q：当一个类是同步的是什么意思？

A：同步是 Java 虚拟机确保对象的其他用户以一致和准确的方式访问对象的实例变量和方法的方式。

当读者在第 15 章中了解线程时，这个概念将更有意义。Java 程序可以设计成同时执行多个任务，每个任务都放在自己的线程中。

当多个线程访问同一个对象时，对象在每个线程中的行为必须相同。因此，当类的方法需要同步时，就像向量和散列表所做的那样，Java 虚拟机必须更加努力地工作，并且可能会遇到错误，从而导致线程停止运行。

数组列表和散列映射复制了向量和散列表的功能，因为需要的数据结构不用同步。因此，它们的运行效率要高得多。

课堂测试

下面的问题测试读者对数据结构的知识储备情况。

1．下列哪项在创建后不能在大小上增大或减小？

A．数组列表。

B．数组。

C．散列映射。

2．查找数组列表或散列映射中有多少项的方法是什么？

A．length()方法。

B．size()方法。

C．count()方法。

3．什么数据类型或类可以用作散列映射中的键？

A．整型或 Integer 类。

B．String 类。

C．任何类型的对象。

答案

1．B。数组的大小是在创建时确定的，不能更改。数组列表和散列映射可以根据需要改变大小。

2．B。size()方法表示该数据结构中的当前项数。

3．A、B 或 C。散列映射可以使用任何类作为键，也可以使用任何类作为值。使用整型变量会导致使用 Integer 类。

活动

读者可以通过以下活动应用结构良好的编程知识。

- 编写一个程序，使用本章的数据结构获取公司电子邮箱地址列表，每个电子邮箱都与此人的姓名相关联。
- 扩展 FontMapper 程序，将新字体的名称、大小和样式作为命令行参数，并在输出其键和值之前将其添加到散列映射中。

第14章 处理程序中的错误

在本章中读者将学到以下知识。

- 了解为什么错误被称为异常。
- 响应 Java 程序中的异常。
- 创建忽略异常的方法。
- 使用抛出异常的方法。
- 创建自己的异常。

错误指的是妨碍程序正确运行的问题，包括拼写错误等，是程序开发过程中很自然的一部分。“自然”可能是用来形容它们的最亲切的词了。在我自己编程过程中，当找不到一个难以捉摸的错误的原因时，我就会使用一些会让人感到侮辱的、滑稽的、脸红的词汇。

编译器会标记一些错误，并阻止读者创建类。解释器在对阻止其成功运行的问题进行响应时，还会记录其他问题。Java 将错误分为两类。

- 异常——在程序运行时发生的表明异常情况的情况。
- 错误——表明解释器出现问题的情况，这些问题可能与读者的程序无关。

错误通常不是 Java 程序可以恢复的，因此它们不是本章的重点。在处理 Java 程序时，读者可能遇到过 OutOfMemoryError 错误，这意味着程序变得非常大，以至于计算机的内存耗尽。在这种错误发生之后，Java 程序中无法处理这种错误，就会带着错误退出。

异常通常可以通过保持程序正常运行的方式来处理。

14.1 异常

虽然读者现在才开始了解异常，但是在之前的 13 个章节中，读者可能已经对异常非常熟悉了。当 Java 程序被成功编译但在运行过程中遇到问题时，就会出现异常。

例如，一种常见的异常是引用一个不存在的数组元素，如下所示：

```
String[] greek = { "Alpha", "Beta", "Gamma" };
System.out.println(greek[3]);
```

字符串型数组 greek 有 3 个元素。因为数组的第 1 个元素编号为 0 而不是 1，所以第 1 个元素是 greek [0]，第 2 个元素是 greek [1]，第 3 个元素是 greek[2]。

这使得试图显示 greek [3]的语句是错误的。前面的语句编译成功，但是当读者运行该程序时，Java 虚拟机会停止运行，并发出如下消息：

输出▼

```
Exception in thread "main" java.lang.ArrayIndexOutBoundsException: 3
    at SampleProgram.main(SampleProgram.java:4)
```

这条消息表明程序生成了一个异常，Java 虚拟机注意到了这个异常，显示了异常消息并停止程序。

异常消息引用了 java.lang 包中名为 ArrayIndexOutOfBoundsException 的类。这个类是显示异常、表示程序中发生的异常情况的对象。

异常处理是在发生错误或其他异常情况时，类之间可以进行通信的一种方法。

当 Java 类遇到异常时，它会向该类的用户发出异常消息。在这个例子中，类的用户是 Java 虚拟机。

> **注意**
> 有两个术语用来描述这个过程：抛出（throw）和捕获（catch）。对象抛出异常，以警告其他对象异常已经发生。之后这些异常就会被其他对象或 Java 虚拟机捕获。

所有异常都是 java.lang 包中 Exception 类的子类。ArrayIndexOutOfBoundsException 类用于报告数组元素在被越界访问。

Java 中有数百个异常类型。许多异常，如数组异常，表明可以通过程序更改来修复问题。这些异常与编译器错误相当。在读者纠正了这种情况之后，就不必再为这些异常而担心了。

每次运行程序时，必须使用 5 个关键字来处理其他异常：try、catch、finally、throw 和 throws。

14.1.1 在 try-catch 语句块中捕获异常

到目前为止，读者已经能通过修复引起异常的问题来处理异常了。当不能以这种方式处理异常时，就必须在 Java 类中处理该问题。

举例说明，在 com.java24hours 包中新建一个名为 Calculator 的空 Java 文件并输入清单 14.1 中简短的程序。

清单 14.1 Calculator.java

```
 1: package com.java24hours;
 2:
 3: public class Calculator {
 4:     public static void main(String[] arguments) {
 5:         float sum = 0;
 6:         for (String argument : arguments) {
 7:             sum = sum + Float.parseFloat(argument);
 8:         }
 9:         System.out.println("Those numbers add up to " + sum);
10:     }
11: }
```

Calculator 程序的功能是接受一个或多个数字作为命令行参数，将它们加起来，然后输出总数。

因为 Java 程序中的所有命令行参数都由字符串表示，所以程序必须将它们转换为浮点数，然后才能将它们相加。第 7 行中的 Float.parseFloat()类方法负责处理这个问题，它将转换后的数字添加到名为 sum 的变量中。

运行程序之前，在 NetBeans IDE 中选择 Run→Set Project Configuration→Customize，弹出 Project Properties 对话框，将参数设置为“7 4 8 1 4 1 4”。选择 Run→Run Main Project 来运行程序，读者应该会看到图 14.1 所示的输出。

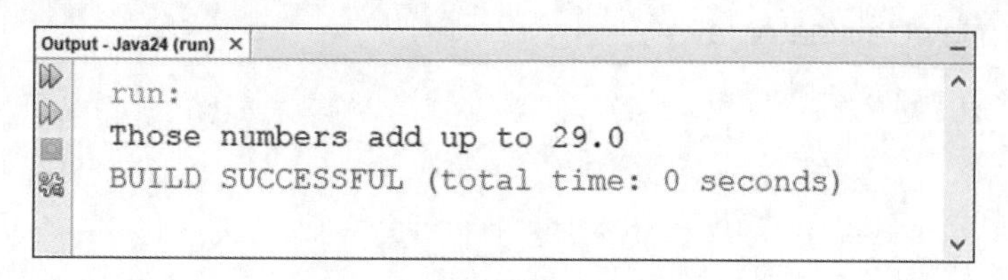

图 14.1 Calculator 程序的输出

以不同的数字作为参数多次运行该程序。该程序应该能够成功地处理它们。这可能会让读者想知道这个程序与异常有什么关系。

要查看其和异常的相关性，请将 Calculator 程序的命令行参数更改为“1 3 5x”。

第 3 个参数包含一个错误，数字 5 后面有一个 x。Calculator 程序无法知道这是一个错误，因此它试图向其他数字添加 5x，导致显示以下异常：

输出▼

```
Exception in thread "main" java.lang.NumberFormatException: For input
string: "5x" at sun.misc.FloatingDecimal.readJavaFormatString
(FloatingDecimal.java:1241)
    at java.lang.Float.parseFloat(Float.java:452)
    at Calculator.main(Calculator.java:7)
Java Result: 1
```

这条消息可以为读者提供信息，但是读者不希望用户看到它。最好将错误隐藏并在程序中处理问题。

Java 程序可以使用 try-catch 语句块处理自己的异常，该语句的形式如下：

```
try {
    //  可能抛出异常的语句
} catch (Exception e) {
    //  当异常发生时用于处理异常的语句
}
```

try-catch 语句块必须用于读者希望处理的某个类的某个方法的异常中。

catch 语句中出现的 Exception 对象应该是以下 3 种情况之一。

- 可能发生异常的类。
- 多个异常类，由管道字符“|”分隔。
- 可能发生的几个不同异常的超类。

try-catch 语句块的 try 块包含可能抛出异常的语句。在清单 14.1 的第 7 行中调用 Float.parseFloat(String)方法，当其与不能转换为浮点数的字符串参数一起使用时，都会抛出 NumberFormatException 异常。

要改进 Calculator 程序，使其在出现这种错误时不会停止运行，可以使用 try-catch 语句块。

在 com.java24hours 包中创建一个名为 NewCalculator 的空 Java 文件并输入清单 14.2 所示的内容。

清单 14.2　NewCalculator.java

```
 1: package com.java24hours;
 2:
 3: public class NewCalculator {
 4:     public static void main(String[] arguments) {
 5:         float sum = 0;
 6:         for (String argument : arguments) {
 7:             try {
 8:                 sum = sum + Float.parseFloat(argument);
 9:             } catch (NumberFormatException e) {
10:                 System.out.println(argument + " is not a number.");
11:             }
12:         }
13:         System.out.println("Those numbers add up to " + sum);
14:     }
15: }
```

保存程序后，自定义项目配置，将命令行参数设置为“1 3 5x”，运行 com.java24hours 包中的 NewCalculator 程序，就可以看到输出，如图 14.2 所示。

第 7～11 行中的 try-catch 语句块处理由 Float.parseFloat()抛出的 NumberFormatException 异常。该异常是在 NewCalculator 类中被捕获的：对于任何不是数字的参数，都会显示一条异常消息。因为异常是在类中被处理的，所以 Java 虚拟机不会显示错误。读者通常可以使用 try-catch 语句块来处理与用户输入和其他意外数据相关的异常。

```
run:
5x is not a number.
Those numbers add up to 4.0
BUILD SUCCESSFUL (total time: 0 seconds)
```

图 14.2 NewCalculator 程序的输出

14.1.2 捕获几种不同类型的异常

try-catch 语句块可用于处理几种不同类型的异常，即使它们是由不同的语句抛出的。

处理多个类异常的一种方法是为每个类分配一个 catch 语句块，如下所示：

```
String textValue = "35";
int value;
try {
    value = Integer.parseInt(textValue);
} catch (NumberFormatException exc) {
    // 处理异常的代码
} catch (ArithmeticException exc) {
    // 处理异常的代码
}
```

还可以在同一个 catch 语句块中处理多个异常，方法是使用管道字符“|”分隔它们，并用异常变量的名称结束列表，如下所示：

```
try {
    value = Integer.parseInt(textValue);
} catch (NumberFormatException | ArithmeticException exc) {
    // 处理异常的代码
}
```

如果捕获到 NumberFormatException 或 ArithmeticException，它将被分配给 exc 变量。

清单 14.3 包含一个名为 NumberDivider 的程序，它接受两个整数作为命令行参数，并在整数除法表达式中使用这两个整数。

此程序必须能够处理用户输入中的两个潜在问题。

- 非整数参数。
- 除 0。

在 com.java24hours 包中创建一个名为 NumberDivider 的空 Java 文件，并将清单 14.3 所示的内容输入文件。

清单 14.3 NumberDivider.java

```
1: package com.java24hours;
2:
3: public class NumberDivider {
4:     public static void main(String[] arguments) {
```

```
 5:         if (arguments.length == 2) {
 6:             int result = 0;
 7:             try {
 8:                 result = Integer.parseInt(arguments[0]) /
 9:                     Integer.parseInt(arguments[1]);
10:                 System.out.println(arguments[0] + " divided by " +
11:                     arguments[1] + " equals " + result);
12:             } catch (NumberFormatException e) {
13:                 System.out.println("Both arguments must be integers.");
14:             } catch (ArithmeticException e) {
15:                 System.out.println("You cannot divide by zero.");
16:             }
17:         }
18:     }
19: }
```

使用命令行参数指定两个参数，可以使用整数、浮点数和非整数参数运行它。

清单 14.3 的第 5 行中的 if 语句检查是否向程序发送了两个参数。否则，程序退出时不输出任何内容。

NumberDivider 程序运行整数除法，因此结果是整数。在整数除法中，5 除以 2 等于 2，不是 2.5。

如果使用浮点数或非整数参数，则 NumberFormatException 异常由第 8～9 行抛出，并由第 14 行捕获。

如果第一个参数使用整数，第二个参数使用 0，则在第 8～9 行中抛出一个 NumberFormat-Exception 异常，并由第 14 行捕获。

一些成功运行程序的输出如图 14.3 所示。

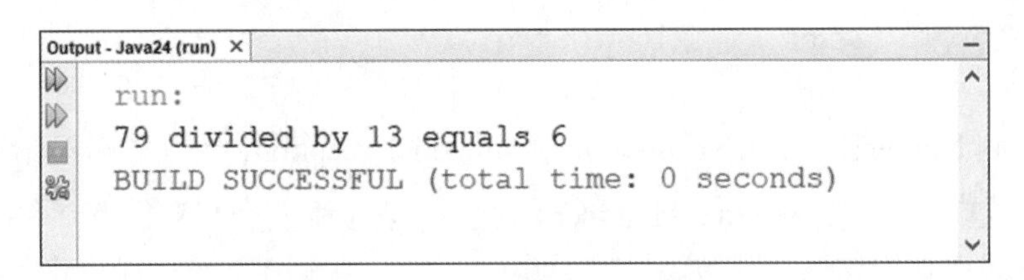

图 14.3　NumberDivider 程序的输出

14.1.3　发生异常后的处理

当读者使用 try-catch 语句块处理多个异常时，无论是否发生异常，有时读者都希望程序在块的末尾执行某些操作。

读者可以使用 try-catch-finally 语句块来处理这个问题，该块的形式如下：

```
try {
    //  可能抛出异常的语句
} catch (Exception e) {
    //  当异常发生时用于处理异常的语句
```

```
} finally {
    //  要运行的语句
}
```

块的 finally 部分中的一个或多个语句在块中的其他所有内容之后运行，即使发生异常也是如此。

一个从磁盘上的文件读取数据的程序是非常有用的，读者可以在第 20 章中使用到它。当访问数据时，可以通过几种方式产生异常，如文件可能不存在、可能发生磁盘错误等。如果要读取磁盘的语句位于 try 部分，而错误在 catch 部分中被处理，则可以在 finally 部分中关闭文件。这确保在读取文件时，无论是否抛出异常，该文件都是关闭的。

14.1.4 抛出异常

当调用另一个类的方法时，该类可以通过抛出异常来控制方法的使用方式。

当使用 Java 类库中的类时，编译器通常会显示有关异常处理不正确的消息。这里有一个例子：

输出▼

```
NetReader.java:14: unreported exception java.net.MalformedURLException; must be
caught or declared to be thrown
```

每当看到一个错误声明异常“必须被捕获或声明为抛出”时，它指示读者试图使用的方法抛出该异常。

任何调用这些方法的类，例如读者编写的应用程序，都必须执行以下操作之一。

- 使用 try-catch 语句块处理异常。
- 抛出异常。
- 使用 try-catch 语句块处理异常，然后抛出它。

到目前为止，读者已经了解了如何处理异常。如果读者希望在处理完异常后抛出异常，那么可以使用 throw 语句后跟异常对象来抛出异常。

以下语句处理 catch 语句块中的 NumberFormatException 异常，然后抛出此异常：

```
float principal;
try {
    principal = Float.parseFloat(loanText) * 1.1F;
} catch (NumberFormatException e) {
    System.out.println(arguments[0] + " is not a number.");
    throw e;
}
```

以下重写的代码处理 try 语句块中可能生成的所有异常并抛出它们：

```
float principal;
try {
```

```
    principal = Float.parseFloat(loanText) * 1.1F;
} catch (Exception e) {
    System.out.println("Error " + e.getMessage());
    throw e;
}
```

Exception 类是所有异常子类的父类。catch 语句将捕获类及其下面的类层次结构中的任何子类。

当使用 throw 抛出异常时，通常意味着读者没有完成处理异常所需的所有工作。

举个有用的例子，假设有一个名为 CreditCardChecker 的程序，它是一个验证信用卡购买的程序。该程序使用一个名为 Database 的类。它的工作如下。

1．连接信用卡贷方的计算机。

2．询问计算机客户的信用卡号码是否有效。

3．询问计算机客户是否有足够的信用以进行购买。

在 Database 类执行其工作时，如果信用卡贷方的计算机对任何连接都没有响应，会发生什么情况？这种错误正是设计 try-catch 语句块的目的，它在 Database 类中用于处理连接错误。

如果 Database 类自己处理这个错误，CreditCardChecker 程序根本不知道发生了异常。这不是一个好主意。程序应该知道什么时候不能建立连接，以便向使用该程序的人报告。

通知 CreditCardChecker 程序的一种方法是，数据库在 catch 语句块中捕获异常，然后使用 throw 语句再次抛出异常。异常在 Database 类中被抛出，Database 类必须像处理其他异常一样处理它。

当读者抛出异常时，使用 catch 语句块捕获的其实是父类异常（如 Exception），这就丢失了发生的异常类型的一些细节，因为诸如 NumberFormatException 这样的子类比简单的 Exception 类更能说明问题。

Java 提供了一种保持这种细节的方法，即 catch 语句中的 final 关键字：

```
try {
    principal = Float.parseFloat(loanText) * 1.1F;
} catch (final Exception e) {
    System.out.println("Error " + e.getMessage());
    throw e;
}
```

catch 语句中的 final 关键字导致抛出的异常行为不同，保证被捕获的特定类被抛出。

14.1.5　忽略异常

本节将介绍如何完全忽略异常。类中的方法可以使用 throw 子句作为方法定义的一部分来忽略异常。

下面的方法会抛出 MalformedURLException 异常，当读者在 Java 程序中处理 Web 地址时可能会发生这种错误：

```
public void loadURL(String address) throws MalformedURLException {
    URL page = new URL(address);
    //  加载网页的代码
}
```

本例中的第二条语句创建一个 URL 对象，表示 Web 上的地址。URL 类的构造函数抛出 MalformedURLException 异常，指示使用了无效的地址，因此无法构造任何对象。下面的语句会在尝试打开该 URL 的连接时引发异常：

```
URL source = new URL("http:www.java24hours.com");
```

字符串 http:www.java24hours.com 不是一个有效的 URL，因为它缺少了冒号后面的两个斜杠字符（//）。

由于 loadURL()方法已声明为抛出 MalformedURLException 异常，因此不需要在方法内部处理它们。捕获此异常的责任属于调用 loadURL()方法的任何方法。

14.1.6 不需要被捕获的异常

虽然本章已经说明需要使用 try-catch 捕获异常，或者使用 throw 语句抛出异常，但是仍然存在其他异常。

Java 程序中可能出现的一些异常不需要以任何方式处理。当编译器检测到异常被忽略时，它不会突然停止。这些异常称为未检查（unchecked）异常，而其他异常称为已检查（checked）异常。

未检查异常是 java.lang 包中 RuntimeException 类的子类。未检查异常的一个常见例子是 IndexOutOfBoundsException，它指示用于访问数组、字符串或数组列表的索引不在其边界内。如果一个数组有 5 个元素，而读者试图读取第 10 个元素，则会发生此异常。

另一个常见例子是 NullPointerException，它发生在使用没有值的对象时。对象变量在被分配到对象之前，其值为 null。有些方法在无法返回对象时也返回 null。如果语句错误地假设对象具有值，则会发生 NullPointerException 异常。

这两个异常都是程序员可以在代码中规避的，而不是需要处理的。如果读者编写了一个访问界外数组元素的程序，则修复执行此操作的代码并重新编译它；如果读者希望一个对象不为 null，则在使用该对象之前，使用 if 语句检查它。

Java 中未检查异常的基本原理是，它们可以因为编写良好的代码而被规避，或者它们经常发生，以至于总是捕获它们会使程序变得复杂。在调用对象方法的程序中，NullPointerException 异常可能出现在每个语句中。

当然，异常可以被忽略并不意味着它应该被忽略。读者仍然可以在未检查异常的情况下使用 try、catch 和 throw 语句。

14.2　抛出和捕获异常

对于本章的最终项目，读者将创建一个类，该类使用异常告诉另一个类发生了错误。

这个项目中的类是HomePage（表示Web上的个人主页）和PageCatalog（表示编目这些页面）。

打开NetBeans IDE，在com.java24hours包中新建一个名为HomePage的空Java文件，在其中输入清单14.4所示的内容。

清单14.4　HomePage.java

```
 1: package com.java24hours;
 2:
 3: import java.net.*;
 4:
 5: public class HomePage {
 6:     String owner;
 7:     URL address;
 8:     String category = "none";
 9:
10:     public HomePage(String inOwner, String inAddress)
11:         throws MalformedURLException {
12:
13:         owner = inOwner;
14:         address = new URL(inAddress);
15:     }
16:
17:     public HomePage(String inOwner, String inAddress, String inCategory)
18:         throws MalformedURLException {
19:
20:         this(inOwner, inAddress);
21:         category = inCategory;
22:     }
23: }
```

读者可以在其他程序中使用HomePage类。该类表示Web上的个人主页。它有3个实例变量：表示页面所有者的对象owner、表示页面地址的URL对象address、描述页面主要主题的简短注释category。

与创建URL对象的任何类一样，HomePage类必须处理try-catch语句块中的MalformedURLException异常，或者声明它正在忽略这些异常。

该类采用后一种方法，如清单14.4中第10～11行和第17～18行所示。

通过使用两个构造函数中的throws语句，程序不再需要以任何方式处理MalformedURLException异常。

要创建使用HomePage类的程序，返回NetBeans IDE并在com.java24hours包中创建一个包含清单14.5所示的内容，名为PageCatalog的Java文件。

清单 14.5 PageCatalog.java

```
 1: package com.java24hours;
 2:
 3: import java.net.*;
 4:
 5: public class PageCatalog {
 6:     public static void main(String[] arguments) {
 7:         HomePage[] catalog = new HomePage[5];
 8:         try {
 9:             catalog[0] = new HomePage("A",
10:                 "网址 1", "science fiction");
11:             catalog[1] = new HomePage("B",
12:                 "网址 2", "environment");
13:             catalog[2] = new HomePage("C",
14:                 "网址 3", "programming");
15:             catalog[3] = new HomePage("D",
16:                 "网址 4", "politics");
17:             catalog[4] = new HomePage("E",
18:                 "网址 5");
19:             for (int i = 0; i < catalog.length; i++) {
20:                 System.out.println(catalog[i].owner + ": " +
21:                     catalog[i].address + " -- " +
22:                     catalog[i].category);
23:             }
24:         } catch (MalformedURLException e) {
25:             System.out.println("Error: " + e.getMessage());
26:         }
27:     }
28: }
```

运行编译后的程序时，将显示图 14.4 所示的输出。

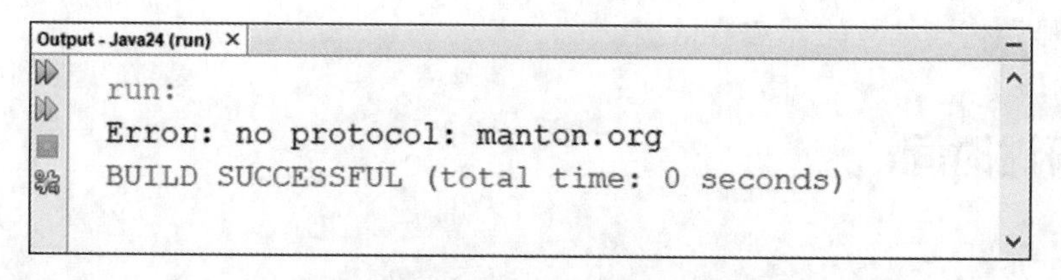

图 14.4 PageCatalog 程序的错误输出

PageCatalog 程序创建一个 HomePage 对象的数组，然后显示该数组的内容。每个 HomePage 对象最多使用如下 3 个参数创建。

- 页面所有者的名称。
- 页面的地址（作为字符串，而不是 URL）。
- 页面的类别。

第 3 个参数是可选的，它未在第 17～18 行中使用。

HomePage 类的构造函数在接收到无法转换为有效 URL 对象的字符串时抛出 Malformed-

URLException异常。该异常在PageCatalog程序中使用try-catch语句块被处理。

要纠正导致“no protocol”错误的问题，请编辑第18行，使字符串以文本“http://”开头，就像第9～16行中的其他Web地址一样。再次运行该程序时，读者将看到图14.5所示的输出。

```
Output - Java24 (run) ×
run:
A:网址1 -- science fiction
B:网址2 -- environment
C:网址3 -- programming
D:网址4 -- politics
E:网址5 -- none
BUILD SUCCESSFUL (total time: 0 seconds)
```

图14.5　PageCatalog程序的正确输出

14.3　总结

既然读者已经使用了Java的异常处理技术，那么错误主题应该比一开始更受欢迎。

读者可以用如下技巧做很多事情。

- 捕获异常并处理它。
- 忽略异常，将其留给另一个类或Java虚拟机处理。
- 在同一个try-catch语句块中捕获几种不同类型的异常。
- 抛出异常。

管理Java程序中的异常使它们更可靠、更通用、更易于使用，因为读者不会向运行读者的程序的人显示任何神秘的异常消息。

14.4　研讨时间

Q&A

Q：有可能创建自己的异常吗？

A：这不仅是可能的，还是个好主意。为可能出现的问题创建自己的异常可以使类更加健壮。读者可以轻松地创建自己的异常，方法是将它们作为现有异常类的子类，例如所有异常的超类Exception。在Exception类的子类中，只需覆盖两个构造函数：没有参数的Exception()方法和以字符串作为参数的Exception()方法。在后者中，字符串应该是描述所发生的异常的消息。

Q：为什么本章不介绍如何抛出和捕获异常之外的错误？

A：Java将问题分为错误和异常，因为它们的严重性不同。异常不太严重，因此应该在读者的程序中使用try-catch语句块或方法抛出异常。而错误更严重，在程序中无法得到充分处理。错误的两个例子是堆栈溢出和内存不足。它们可能会导致Java虚拟机崩溃，并且在Java

虚拟机运行时，读者无法在自己的程序中修复它们。

课堂测试

通过回答以下问题来测试读者对本章的掌握程度。

1．一个 catch 语句可以处理多少个异常？

A．只有一个。

B．几种不同类型的异常。

C．无法回答。

2．finally 部分中的语句何时运行？

A．在 try-catch 语句块捕获到异常时。

B．在 try-catch 语句块未捕获到异常时。

C．A 和 B 都有。

3．面对这些关于投球和接球的讨论，得州游骑兵队在休赛期需要做些什么呢？

A．得到更多的先发投手。

B．签下一个左手击球的外野手，他可以打到右边的短门廊。

C．引进新的中继投手。

答案

1．B。catch 语句中的异常对象可以处理它自己的类及其超类或由管道字符“|”分隔的多个类的所有异常。

2．C。无论是否发生异常，finally 部分中的语句总是在 try-catch 语句块的其余部分之后运行。

3．A。每一个答案都是正确的，但是 A 比其他的答案更准确，而且可能在未来 30 年都是准确的。

活动

要查看读者是不是一名出色的 Java 程序员，请尽量减少错误地完成以下活动。

➢ 修改 NumberDivider 程序，让它抛出捕获到的异常，然后运行程序看一看发生了什么。

➢ 创建一个 Multiplier 程序，该程序接受 3 个数字作为命令行参数，并为非数字参数抛出异常。

第15章 创建线程程序

在本章中读者将学到以下知识。

- 使用程序接口。
- 创建线程。
- 启动、停止和暂停线程。
- 捕获异常。

一个经常用来描述日常生活中忙乱节奏的计算机术语是多任务处理，这意味着同时做不止一件事，例如参加电话会议时在办公桌上浏览网页，或者做一些臀部肌肉锻炼。多任务计算机是能够同时运行多个程序的计算机。

Java 的一个复杂特性是能够编写可以执行多任务的程序，这是通过一个叫作线程的对象类实现的。

15.1 线程

在 Java 程序中，计算机处理的每个同步任务都称为线程，整个过程称为多线程。线程在动画和许多其他任务中非常有用。

线程是一种组织程序的方法，因此它一次可以做不止一件事。必须同时发生的每个任务都放在它自己的线程中，这通常是通过将每个任务实现为一个单独的类来完成的。

线程由 Thread 类和 Runnable 接口表示，它们都是 java.lang 包的一部分。因为它们属于这个包，所以不必在程序中使用 import 语句来引用它们。

Thread 类的一个简单用途是降低程序执行某项任务的速度。

15.1.1 放慢程序速度

Thread 类有一个 sleep()方法，读者可以在任何应该停止运行一段时间的程序中调用该方法。我们经常会在以动画为特征的程序中看到这种技术，因为它阻止了图像的显示速度超过 Java 虚拟机处理它们的速度。

要使用 sleep()方法，可以调用 Thread.sleep()，如下所示：

```
Thread.sleep(5000);
```

上面的语句导致 Java 虚拟机在执行其他操作之前暂停 5s（5 000ms）。如果由于某种原因，Java 虚拟机不能暂停那么长时间，那么 sleep()方法会抛出 InterruptedException 异常。

因为可能会抛出这个异常，所以在使用 sleep()方法时必须以某种方式处理它。一种方法是将 Thread.sleep()语句放在 try-catch 语句块中：

```
try {
    Thread.sleep(5000);
} catch (InterruptedException e) {
    // 唤醒
}
```

当希望 Java 程序一次处理多个事件时，就必须将程序组织成线程。程序可以有任意多的线程，并且它们可以同时运行而不影响彼此。

15.1.2 创建一个线程

可以作为线程运行的 Java 类称为可运行（或线程）类。虽然可以使用线程让程序暂停运行几秒，但程序员通常使用线程的目的是相反的，即加速程序的运行速度。如果将耗时的任务放在它们自己的线程中，那么程序的其余部分将运行得更快。这通常用于防止任务减慢程序的图形用户界面的响应速度。

如果读者编写了一个从文件中加载股票市场价格数据并编译统计数据的程序，那么最耗时的任务就是加载数据。如果程序中没有使用线程，那么程序界面在加载数据时可能会反应迟缓。这对于用户来说是非常令人沮丧的。

将任务放置在其线程中包括以下两种方法。

- 将任务放在实现 Runnable 接口的类中。
- 将任务放在 Thread 类的子类中。

为了支持 Runnable 接口，在创建类时需要使用 implements 关键字，如下所示：

```
public class LoadStocks implements Runnable {
    // 类主体
}
```

当一个类实现一个接口时，表明该类除了自己的方法之外还包含一些额外的行为。

实现 Runnable 接口的类必须包含 run()方法，其结构如下：

```
public void run() {
    // 方法主体
}
```

run()方法应该负责创建线程来完成的任务。在股票市场的示例中，run()方法可以包含从磁盘加载数据并基于该数据编译统计数据的语句。

当线程程序运行时，其 run()方法中的语句不会自动运行。在 Java 中可以启动和停止线程，并且只有在执行以下两项操作时线程才会开始运行。

- 通过调用 Thread 构造函数创建线程类的对象。
- 通过调用 start()方法启动线程。

Thread 构造函数只接受一个参数：包含线程的 run()方法的对象。通常，使用 this 关键字作为参数，这表明当前类包含 run()方法。

清单 15.1 所示为一个 Java 程序，它查找前 100 万个素数，并将它们存储在 StringBuffer 中。当找到所有的素数时，就会显示它们。打开 NetBeans IDE，在 com.java24hours 包中创建一个名为 PrimeFinder 的空 Java 文件，在文件中输入清单 15.1 所示的内容，然后保存文件。

清单 15.1 PrimeFinder.java

```
 1: package com.java24hours;
 2:
 3: public class PrimeFinder implements Runnable {
 4:     Thread go;
 5:     StringBuffer primes = new StringBuffer();
 6:     int time = 0;
 7:
 8:     public PrimeFinder() {
 9:         start();
10:         while (primes != null) {
11:             System.out.println(time);
12:             try {
13:                 Thread.sleep(1000);
14:             } catch (InterruptedException exc) {
15:                 // 什么都不做
16:             }
17:             time++;
18:         }
19:     }
20:
21:     public void start() {
22:         if (go == null) {
23:             go = new Thread(this);
24:             go.start();
25:         }
26:     }
```

```
27:
28:     public void run() {
29:         int quantity = 1_000_000;
30:         int numPrimes = 0;
31:         // 可能是素数的数字
32:         int candidate = 2;
33:         primes.append("\nFirst ").append(quantity).append(" primes:\n\n");
34:         while (numPrimes < quantity) {
35:             if (isPrime(candidate)) {
36:                 primes.append(candidate).append(" ");
37:                 numPrimes++;
38:             }
39:             candidate++;
40:         }
41:         System.out.println(primes);
42:         primes = null;
43:         System.out.println("\nTime elapsed: " + time + " seconds");
44:     }
45:
46:     public static boolean isPrime(int checkNumber) {
47:         double root = Math.sqrt(checkNumber);
48:         for (int i = 2; i <= root; i++) {
49:             if (checkNumber % i == 0) {
50:                 return false;
51:             }
52:         }
53:         return true;
54:     }
55:
56:     public static void main(String[] arguments) {
57:         new PrimeFinder();
58:     }
59: }
```

查找100万个素数是一项耗时的任务，因此非常适合Java中的线程。当线程在后台工作时，PrimeFinder程序将显示已经过了多少秒。线程通过显示前100万个素数结束程序。部分输出如图15.1所示。

PrimeFinder程序中的大多数语句都用于查找素数。以下语句用于实现这个程序中的线程。

第3行——将Runnable接口应用于PrimeFinder类。

第4行——创建了一个名为go的Thread对象，但没有赋值。

第22～25行——如果go对象的值为null，这表明还没有创建线程，那么将创建一个新的Thread对象并存储在go中。通过调用线程的start()方法启动线程，这将导致调用PrimeFinder类的run()方法。

第28～44行——run()方法查找以2开头的素数序列，通过调用其append()方法将每个素数存储在primes字符串缓冲区中。

```
Output - Java24 (run)
0
1
2
3
4
5
6
7
8
9
10
11
12
13
14

First 1000000 primes:

2 3 5 7 11 13 17 19 23 29 31 37 41 43 47 53 59 61 67 71 73 79 83 8
9 97 101 103 107 109 113 127 131 137 139 149 151 157 163 167 173 1
79 181 191 193 197 199 211 223 227 229 233 239 241 251 257 263 269
 271 277 281 283 293 307 311 313 317 331 337 347 349 353 359 367 3
73 379 383 389 397 401 409 419 421 431 433 439 443 449 457 461 463
 467 479 487 491 499 503 509 521 523 541 547 557 563 569 571 577 5
87 593 599 601 607 613 617 619 631 641 643 647 653 659 661 673 677
59:2/59:1515  INS
```

图 15.1　PrimeFinder 程序的输出

当创建 PrimeFinder 对象以开始运行程序时，该程序的 main()方法中有一些不寻常的地方。声明如下：

```
new PrimeFinder();
```

通常会希望看到该对象被分配给变量，就像这样：

```
PrimeFinder frame = new PrimeFinder();
```

但是，由于不需要再次引用该对象，因此没有必要将其存储在变量中。调用 new 来创建对象会导致程序运行。

在 Java 中，只有在创建对象之后需要这些对象时才将对象存储在变量中，这是一个很好的编程技巧。

> **小提示**
>
> PrimeFinder 程序使用 StringBuffer 对象的 append()方法做了一些不寻常的事情。对 append()方法的调用后面跟着一个点号（.）和另一个对 append()方法的调用，这将导致按顺序追加文本。这是可能的，因为对 append()方法的调用返回了该缓冲区，然后可以再次调用该缓冲区。

15.2　处理线程

可以通过调用线程的 start()方法来启动线程，这可能会让读者相信还有一个 stop()方法可以使线程停止。

虽然 Java 在 Thread 类中包含 stop()方法，但它已被弃用。在 Java 中，已弃用的元素可以是一个类、接口、方法或变量，它已被工作得更好的东西所替代。

> **注意**
>
> 注意，这个弃用警告是一个好主意。Oracle 不赞成使用 stop()方法，因为它会给 Java 虚拟机中运行的其他线程带来问题。该类的 resume()方法和 suspend()方法也不推荐使用。

下一个项目展示了如何停止线程。正在进行的程序通过一个网站标题列表和用于访问它们的地址进行转换。

每个页面的标题和 Web 地址显示在一个连续的循环中。可以通过单击程序图形用户界面上的一个按钮来访问当前显示的网站。这个程序运行了一段时间后，会按顺序显示每个网站的信息。由于这个时间因素，线程是控制程序的最佳方法。

不必先在 NetBeans IDE 的源代码编辑器中输入该程序，然后再学习它，在本章结束时直接输入 LinkRotator 程序的全部内容即可。在此之前，本章将描述程序的每个部分。

15.2.1 类的声明

在该程序中，需要做的第一件事是为这个程序引入 java.awt、java.io、java.net、java.awt.event 及 javax.swing 等包。之所以需要这么多的包，是因为项目使用 Swing，这是一组支持 Java 图形用户界面的包。

在使用 import 使一些类可用之后，就可以使用下面的语句开始编写程序了：

```
public class LinkRotator extends JFrame
    implements Runnable, ActionListener {
```

该语句将 LinkRotator 类创建为 JFrame 类的子类。JFrame 类是一个简单的图形用户界面，由一个空框架组成。该语句还指出该类支持两个接口：Runnable 和 ActionListener。通过实现 Runnable 接口，可以在该程序中使用 run()方法使线程开始运行。ActionListener 接口使程序能够响应单击事件。

15.2.2 设置变量

在 LinkRotator 类中要做的第一件事是创建类的变量和对象。创建一个名为 pageTitle 的字符串对象的 6 元素数组和一个名为 pageLink 的 URI 对象的 6 元素数组：

```
String[] pageTitle = new String[6];
URI[] pageLink = new URI[6];
```

pageTitle 数组保存显示的 6 个网站的标题。对象的 URI 类存储网站地址的值。URI 具有跟踪 Web 地址所需的所有行为和属性。

然后要创建的是整型变量、Thread 对象和用户图形界面标签：

```
int current = 0;
Thread runner;
JLabel siteLabel = new JLabel();
```

current 变量跟踪页面显示的是哪个网站，这样就可以遍历这些网站。Thread 对象运行的程序表示程序运行的线程。在启动、停止和暂停程序的操作时，调用 runner 对象的方法。

15.3　构造函数

程序的构造函数在程序运行时自动运行。此方法用于为数组 pageTitle 和 pageLink 赋值。它还用于创建出现在用户界面上的可单击按钮。该方法包括以下语句：

```
pageTitle = new String[] {
    "Oracle's Java site",
    "Server Side",
    "JavaWorld",
    "Java in 24 Hours",
    "Sams Publishing",
    "Workbench"
    };
pageLink[0] = getURI("网址 1");
pageLink[1] = getURI("网址 2");
pageLink[2] = getURI("网址 3");
pageLink[3] = getURI("网址 4");
pageLink[4] = getURI("网址 5");
pageLink[5] = getURI("网址 6");
Button visitButton = new Button("Visit Site");
goButton.addActionListener(this);
add(visitButton);
```

每个页面的标题存储在 pageTitle 数组的 6 个元素中，该数组使用 6 个字符串初始化。pageLink 数组的元素被赋予 getURI()方法返回的值，该值尚未创建。

init()方法的最后 3 条语句创建一个名为“Visit Site”的按钮，并将其添加到程序的框架中。

15.4　在设置 URL 时捕获异常

在设置 URI 对象时，必须确保用于设置地址的文本是有效的格式。

getURI(String)方法接受 Web 地址作为参数，返回表示该地址的 URI 对象。如果字符串不是有效地址，则该方法返回 null：

```
URI getURI(String urlText) {
    URI pageURI = null;
    try {
        pageURI = new URI(urlText);
    } catch (URISyntaxException m) {
        // 什么都不做
    }
    return pageURI;
}
```

try-catch 语句块处理创建 URI 对象时发生的任何 URISyntaxException 异常。因为如果抛出这个异常，就不需要做任何事情，所以 catch 语句块只包含一条注释。

15.5 启动线程

在该程序中，runner 线程在调用其 start()方法时启动。

start()方法作为构造函数的最后一条语句调用，方法如下：

```
public void start() {
    if (runner == null) {
        runner = new Thread(this);
        runner.start();
    }
}
```

如果线程尚未启动，则此方法将启动它。

语句 runner = new Thread(this)使用一个参数（this 关键字）创建一个新的 Thread 对象。这个关键字引用程序本身，将其指定为在线程中运行的类。

对 runner.start()的调用导致线程开始运行。当线程开始时，调用该线程的 run()方法。因为 runner 线程是 LinkRotator 程序本身，所以调用该程序的 run()方法。

运行线程

run()方法是线程的主要工作发生的地方。在 LinkRotator 程序中，下面表示 run()方法：

```
public void run() {
    Thread thisThread = Thread.currentThread();
    while (runner == thisThread) {
        current++;
        if (current > 5) {
            current = 0;
        }
        siteLabel.setText(pageTitle[current]);
        repaint();
        try {
            Thread.sleep(1000);
        } catch (InterruptedException e) {
            //  什么都不做
        }
    }
}
```

run()方法中发生的第一件事是创建一个名为 thisThread 的 Thread 对象。Thread 类的一个类方法 currentThread()设置 thisThread 对象的值。currentThread()方法跟踪当前运行的线程。

这个方法中的所有语句都是 while 循环的一部分，该循环比较 runner 对象和 thisThread 对象。两个对象都是线程，只要它们引用同一个对象，while 循环就会继续循环。这个循环中没有语句导致 runner 对象和 thisThread 对象具有不同的值，所以它会无限循环，除非循环之外的东西改变了其中一个 Thread 对象。

run()方法调用 repaint()。接下来，current 变量的值增加 1，如果 current 大于 5，则被再次设置为 0。current 变量用于确定显示哪个网站的信息。它用作字符串 pageTitle 数组的索引，标题设置为 siteLabel 用户界面组件的文本。

run()方法包含处理异常的另一个 try-catch 语句块。Thread.sleep(1 000)语句导致线程暂停 1s，足够用户读取网站名称和地址。catch 语句处理在处理 Thread.sleep()语句时可能发生的任何 InterruptedException 异常。如果线程在睡眠时发生中断，就会出现这些异常。

15.6　处理单击事件

LinkRotator 程序中最后要注意的是事件处理——检测用户输入的能力。当用户单击 Visit Site 按钮时，程序应该使用 Web 浏览器打开网站。这是通过 actionPerformed()方法完成的。ActionListener 接口需要这个方法。每当单击按钮时都会调用此方法。

下面是 LinkRotator 程序的 actionPerformed()方法：

```
public void actionPerformed(ActionEvent event) {
    Desktop desktop = Desktop.getDesktop();
    if (pageLink[current] != null) {
        try {
            desktop.browse(pageLink[current]);
            runner = null;
            System.exit(0);
        } catch (IOException exc) {
            //  什么都不做
        }
    }
}
```

在这个方法中发生的第一件事是创建一个 Desktop 对象。java.awt 包中的 Desktop 类表示运行程序的计算机的桌面环境。有了这个对象之后，可以使用它通过“mailto:”链接启动电子邮箱客户端，打开一个文件以便用另一个程序进行编辑，输出一个文件，并使 Java 之外的其他程序执行任务。

在这里，Desktop 对象用于使用计算机的默认 Web 浏览器打开 Web 页面。

browse(URI)方法在浏览器中加载指定的 Web 地址。如果 pageLink[current]是一个有效地址，则 browse()请求浏览器加载页面。

15.7　显示 LinkRotator

现在读者已经准备好创建程序并测试它了。打开 NetBeans IDE，在 com.java24hours 包中创建一个名为 LinkRotator 的空 Java 文件并输入清单 15.2 所示的内容，完成后保存文件。

清单 15.2 LinkRotator.java

```
 1: package com.java24hours;
 2:
 3: import java.awt.*;
 4: import java.awt.event.*;
 5: import java.io.*;
 6: import javax.swing.*;
 7: import java.net.*;
 8:
 9: public class LinkRotator extends JFrame
10:     implements Runnable, ActionListener {
11:
12:     String[] pageTitle = new String[6];
13:     URI[] pageLink = new URI[6];
14:     int current = 0;
15:     Thread runner;
16:     JLabel siteLabel = new JLabel();
17:
18:     public LinkRotator() {
19:         setDefaultCloseOperation(JFrame.EXIT_ON_CLOSE);
20:         setSize(300, 100);
21:         FlowLayout flo = new FlowLayout();
22:         setLayout(flo);
23:         add(siteLabel);
24:         pageTitle = new String[] {
25:             "Oracle's Java site",
26:             "Server Side",
27:             "JavaWorld",
28:             "Java in 24 Hours",
29:             "Sams Publishing",
30:             "Workbench"
31:         };
32:         pageLink[0] = getURI("网址 1");
33:         pageLink[1] = getURI("网址 2");
34:         pageLink[2] = getURI("网址 3");
35:         pageLink[3] = getURI("网址 4");
36:         pageLink[4] = getURI("网址 5");
37:         pageLink[5] = getURI("网址 6");
38:         Button visitButton = new Button("Visit Site");
39:         visitButton.addActionListener(this);
40:         add(visitButton);
41:         setVisible(true);
42:         start();
43:     }
44:
45:     private URI getURI(String urlText) {
46:         URI pageURI = null;
47:         try {
48:             pageURI = new URI(urlText);
49:         } catch (URISyntaxException ex) {
50:             // 什么都不做
```

```
51:         }
52:         return pageURI;
53:     }
54:
55:     public void start() {
56:         if (runner == null) {
57:             runner = new Thread(this);
58:             runner.start();
59:         }
60:     }
61:
62:     public void run() {
63:         Thread thisThread = Thread.currentThread();
64:         while (runner == thisThread) {
65:             current++;
66:             if (current > 5) {
67:                 current = 0;
68:             }
69:             siteLabel.setText(pageTitle[current]);
70:             repaint();
71:             try {
72:                 Thread.sleep(2000);
73:             } catch (InterruptedException exc) {
74:                 // 什么都不做
75:             }
76:         }
77:     }
78:
79:     public void actionPerformed(ActionEvent event) {
80:         Desktop desktop = Desktop.getDesktop();
81:         if (pageLink[current] != null) {
82:             try {
83:                 desktop.browse(pageLink[current]);
84:                 runner = null;
85:                 System.exit(0);
86:             } catch (IOException exc) {
87:                 // 什么都不做
88:             }
89:         }
90:     }
91:
92:     public static void main(String[] arguments) {
93:         new LinkRotator();
94:     }
95: }
```

图 15.2 显示了计算机上打开的两个窗口。较小的窗口是正在运行的 LinkRotator 程序。较大的窗口的地址栏中的链接是程序可以打开的链接。

停止线程

LinkRotator 程序没有停止线程的方法，但是它的设计方式使停止线程变得非常简单。这里有一个方法可以调用来停止线程：

```
public void stop() {
    if (runner != null) {
        runner = null;
    }
}
```

if 语句测试 runner 对象是否为 null。如果是，则不存在需要停止的活动线程。否则，将 runner 对象设置为 null。

将 runner 对象设置为 null 会使其具有与 thisThread 对象不同的值。当发生这种情况时，run()方法中的 while 循环将停止运行。

> **小提示**
> 这个项目可能会让读者觉得新主题介绍得太简略。本节所涉及的 Swing 和图形用户界面技术用于演示需要图形用户界面的线程编程的各个方面。从第 17 章开始，读者将全面了解如何使用 Java 创建图形用户界面。

15.8 总结

线程是用 Java 中的少量类和接口实现的强大概念。通过在程序中支持多线程，可以使它们响应更快，并且可以加快它们执行任务的速度。

> **小提示**
> 即使读者没有从本章学到任何东西，读者现在有了一个新的术语来描述快节奏的、多任务的、21 世纪的生活方式。把它用在以下几个句子里，看一看它是否能吸引读者。
> - “天啊，昨天我们开了那么多家酒店，我真是个多线程的人。”
> - “我整个午餐时间都在多线程工作，这让我精力充沛。”
> - “今晚不行，亲爱的，我是多线程的。”

15.9 研讨时间

Q&A

Q：有什么理由在 catch 语句中不做任何事情，就像 LinkRotator 程序所做的那样？

A：这取决于捕获的错误或异常的类型。在 LinkRotator 程序中，对于这两个 catch 语句，我们都知道异常的原因是什么，因此可以确保什么都不做是合适的。在 getURI()方法中，只有在发送给方法的 URI 无效时才会引起 URISyntaxException 异常。

catch 语句块中另一个可能不需要操作的异常是 InterruptedException。作为一名 Java 程序员，20 多年来我从未遇到过程序抛出该异常的情况。

但大多数异常至少需要被记录。

课堂测试

抛开线程（从 Java 的角度来看，而不是谦虚的角度），回答以下关于 Java 多线程的问题。

1．程序使用线程必须实现什么接口？

A．Runnable 接口。

B．Thread 接口。

C．不需要接口。

2．如果一个接口包含 3 个不同的方法，那么在实现该接口的类中必须包含多少个方法？

A．不包含。

B．全部。

C．我知道，但我不告诉你。

3．读者正在欣赏另一个程序员的工作，这个程序员创建了一个可以同时处理 4 个任务的程序。读者应该告诉这个程序员什么？

A．我愿意花一美元买下它。

B．你是我翼下的风。

C．好线程！

答案

1．A。Runnable 接口必须与 implements 语句一起使用。线程在多线程程序中使用，但在程序的类语句中不需要它。

2．B。接口是类包含所有接口方法的保证。

3．C。如果程序员穿着得体，这种恭维可能会让人感到困惑。但老实说，这种情况发生的可能性又有多大？

活动

如果本章的内容还没有让读者感到厌倦，可以通过以下活动来扩展读者的知识。

- 用读者自己喜欢的 6 个网站创建 LinkRotator 程序的新版本。
- 向 PrimeFinder 程序添加第二个线程，该线程寻找前 100 万个不能被 3 整除的数字。在两个线程完成它们的工作后停止时间计数器。

第16章 使用内部类和Lambda表达式

在本章中读者将学到以下知识。

- 向对象添加内部类。
- 探究内部类为什么有用。
- 创建一个匿名内部类。
- 使用带有接口的适配器类。
- 写一个Lambda表达式。
- 用Lambda表达式替换匿名内部类。

在1995年被推出时，Java的范围有限、较易掌握。Java类库中只有大约250个类。

作为编程语言设计良好的证明，Java超越了这一关注点，成为一种通用编程语言。

随着Java发展到第23年，已经有数以百万计的程序员使用Java编写程序。在每个新版本中，Java都支持其已有的技术，同时扩展其功能以支持复杂的软件开发新方法。

其中最令人兴奋的是一种新的代码编写方法，称为闭包或Lambda表达式。

Lambda表达式使一种称为函数式编程的方法成为可能。

在本章中，读者将了解Lambda表达式，在此之前，我们将介绍使用Lambda表达式的两个先决条件：内部类（Inner Class）和匿名内部类（Anonymous Inner Class）。

16.1 内部类

在Java中创建类时，需要为该类定义属性和行为。属性是保存数据的类和实例变量。行为是用这些数据执行任务的方法。

类还可以同时包含属性和行为：内部类。

内部类是包含在封闭类中的辅助类。读者可能想知道为什么它们是必要的，因为很容易从需要的新类中创建一个程序。如果读者正在编写一个CheckBook程序，该程序需要为每个人所写的支票创建对象，那么读者将创建一个Check类。如果该程序支持每月重复付款，则添加一个Autopayment类。

内部类不是必需的。但是当读者了解到它们所能做的事情时，会发现它们在很多情况下非常方便。

Java包含内部类有如下3个原因。

1. 当一个辅助类只被另一个类使用时，在该类中定义它是有意义的。

2. 内部类使辅助类能够访问它们不能作为单独类访问的私有方法和变量。

3. 内部类将辅助类放置在与另一个类中使用它们的位置尽可能接近的位置。

像其他类一样，使用class关键字创建内部类，但它是在包含它的类中声明的。通常，它与类和实例变量一起放置。

下面是一个名为InnerSimple的内部类的例子，它是在一个名为Simple的类中被创建的：

```
public class Simple {

    class InnerSimple {
        InnerSimple() {
            System.out.println("I am an inner class!");
        }
    }

    public Simple() {
        //  空构造函数
    }

    public static void main(String[] arguments) {
        Simple program = new Simple();
        Simple.InnerSimple inner = program.new InnerSimple();
    }
}
```

内部类的结构与其他类类似，但放在封闭类的花括号内。

创建内部类需要外部类的对象。在对象上调用新的运算符：

```
Simple.InnerSimple inner = program.new InnerSimple();
```

类的名称包括外部类的名称、句点和内部类的名称。在上面的语句中，Simple.InnerSimple是名称。

本章的第一个项目重写了第14章中的PageCatalog程序。PageCatalog程序需要一个名为HomePage的辅助类。清单16.1所示的Catalog程序修改了PageCatalog程序，以内部类替换了单独的类。

打开 NetBeans IDE，在 com.java24hours 包中创建一个名为 Catalog 的空 Java 文件，然后用清单 16.1 所示的源代码填充它，完成后保存文件。

清单 16.1　Catalog.java

```
 1: package com.java24hours;
 2:
 3: import java.net.*;
 4:
 5: public class Catalog {
 6:     class HomePage {
 7:         String owner;
 8:         URL address;
 9:         String category = "none";
10:
11:         public HomePage(String inOwner, String inAddress)
12:             throws MalformedURLException {
13:
14:             owner = inOwner;
15:             address = new URL(inAddress);
16:         }
17:
18:         public HomePage(String inOwner, String inAddress, String inCategory)
19:             throws MalformedURLException {
20:
21:             this(inOwner, inAddress);
22:             category = inCategory;
23:         }
24:     }
25:
26:     public Catalog() {
27:         Catalog.HomePage[] catalog = new Catalog.HomePage[5];
28:         try {
29:             catalog[0] = new HomePage("A",
30:                 "网址 1", "science fiction");
31:             catalog[1] = new HomePage("B",
32:                 "网址 2", "environment");
33:             catalog[2] = new HomePage("C",
34:                 "网址 3", "programming");
35:             catalog[3] = new HomePage("D",
36:                 "网址 4", "politics");
37:             catalog[4] = new HomePage("E",
38:                 "网址 5");
39:             for (int i = 0; i < catalog.length; i++) {
40:                 System.out.println(catalog[i].owner + ": " +
41:                     catalog[i].address + " -- " +
42:                     catalog[i].category);
43:             }
44:         } catch (MalformedURLException e) {
45:             System.out.println("Error: " + e.getMessage());
46:         }
47:     }
```

```
48:
49:     public static void main(String[] arguments) {
50:         new Catalog();
51:     }
52: }
```

内部类在第 6～24 行中定义。它有两个构造函数，一个从第 11 行开始，用来接收网站所有者和网站 URL，另一个从第 18 行开始，用来接收网站所有者、URL 和类别。

Catalog 类在第 27 行中使用了该内部类，创建了一个 HomePage 对象数组。内部类称为 Catalog .HomePage。

Catalog 程序的输出如图 16.1 所示。

```
Output - Java24 (run) ×
run:
A:网址1 -- science fiction
B:网址2 -- environment
C:网址3 -- programming
D:网址4 -- politics
E:网址5 -- none
BUILD SUCCESSFUL (total time: 0 seconds)
38:36  INS
```

图 16.1　Catalog 程序的输出

匿名内部类

在 Java 编程中，一个常见的任务是创建一个只使用一次且用途简单的类。对于这个目的，一种特殊的内部类是完美的。

匿名内部类是没有名称并且同时声明和创建的类。

要使用它，读者可以使用 new 关键字替换对对象的引用、对构造函数的调用以及“{”和“}”字符内的类定义。

下面是一些不使用匿名内部类的代码：

```
WorkerClass worker = new WorkerClass();
Thread main = new Thread(worker);
main.start();
```

worker 对象可能实现 Runnable 接口，并可以作为线程运行。

如果 WorkerClass 中的代码又短又简单，并且该类只需要使用一次，那么将其放入匿名内部类是值得的。这是一个新版本：

```
Thread main = new Thread(new Runnable() {
    public void run() {
        //  编写线程要执行的工作
    }
});
main.start();
```

匿名内部类用以下代码替换了对 worker 对象的引用：

```
new Runnable() {
    public void run() {
        // 编写线程要执行的工作
    }
}
```

这将创建一个匿名类，该类实现 Runnable 接口并覆盖 run()方法。方法中的语句将执行类所需的任何工作。

通过一个展示完整的匿名内部类是如何编写的以及它为什么有用的示例，这个概念将更容易理解。

Java 程序可以通过 Swing 图形用户界面包接收键盘输入。Java 程序使用实现 KeyListener 接口的对象监视键盘事件。

实现接口的类必须实现 3 个方法 keyTyped()、keyPressed()和 keyrelease()，如下所示：

```
public void keyTyped(KeyEvent input) {
    char key = input.getKeyChar();
    keyLabel.setText("You pressed " + key);
}

public void keyPressed(KeyEvent txt) {
    // 什么都不做
}

public void keyReleased(KeyEvent txt) {
    // 什么都不做
}
```

在与上述语句类似的类中，监听器被设置为使用该类来监听键盘事件：

```
keyText.addKeyListener(this);
```

使用 java.awt 包中的匿名内部类和 KeyAdapter 类，读者可以找到一种更好的方法来创建监听器并将其添加到图形用户界面。

KeyAdapter 类使用这 3 个什么都不做的方法来实现 KeyListener 接口。它使得为键盘事件创建监听器变得很容易，因为读者可以创建只覆盖实际执行任何操作的方法的子类。

下面是 KeyViewer 程序的密钥监听器框架：

```
public class KeyViewerListener extends KeyAdapter {
    public void keyTyped(KeyEvent input) {
        // 编写代码
    }
}
```

设置为新的监听器：

```
KeyViewerListener kvl = new KeyViewerListener();
keyText.addKeyListener(kvl);
```

这种方法要求创建一个单独的辅助类KeyViewerListener，并将该类的对象分配给一个变量。

另一种方法是将监听器创建为匿名内部类：

```
keyText.addKeyListener(new KeyAdapter() {
    public void keyTyped(KeyEvent input) {
        char key = input.getKeyChar();
        keyLabel.setText("You pressed " + key);
    }
});
```

监听器是调用new KeyAdapter()匿名创建的。该类覆盖keyTyped()方法，以便在按某个键时，通过调用getKeyChar()方法检索该键，并通过设置keyLabel，即一个JLabel组件的值来显示该键。

匿名内部类做了普通辅助类不能做的事情：访问keyLabel实例变量。该变量属于KeyViewer类。内部类可以访问其封闭类的方法和变量。

打开NetBeans IDE，在com.java24hours包中创建一个名为KeyViewer的空Java文件。在文件中输入清单16.2所示的内容，并在完成时保存它。

清单16.2　KeyViewer.java

```
 1: package com.java24hours;
 2:
 3: import javax.swing.*;
 4: import java.awt.event.*;
 5: import java.awt.*;
 6:
 7: public class KeyViewer extends JFrame {
 8:     JTextField keyText = new JTextField(80);
 9:     JLabel keyLabel = new JLabel("Press any key in the text field.");
10:
11:     public KeyViewer() {
12:         super("KeyViewer");
13:         setSize(350, 100);
14:         setDefaultCloseOperation(JFrame.EXIT_ON_CLOSE);
15:         keyText.addKeyListener(new KeyAdapter() {
16:             public void keyTyped(KeyEvent input) {
17:                 char key = input.getKeyChar();
18:                 keyLabel.setText("You pressed " + key);
19:             }
20:         });
21:         BorderLayout bord = new BorderLayout();
22:         setLayout(bord);
23:         add(keyLabel, BorderLayout.NORTH);
24:         add(keyText, BorderLayout.CENTER);
25:         setVisible(true);
26:     }
27:
28:     public static void main(String[] arguments) {
```

```
29:         new KeyViewer();
30:     }
31: }
```

匿名内部类在第 15～20 行中创建并使用。它使用程序所需的 KeyListener 接口中的唯一方法监听键盘输入，并通过更新 keyLabel 实例变量来显示该输入。

KeyViewer 程序的输出如图 16.2 所示。

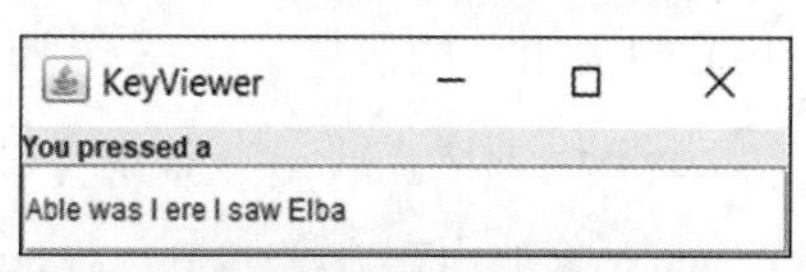

图 16.2 KeyViewer 程序的输出

匿名内部类不能定义构造函数，因此它们比非匿名内部类更受限制。

它们是 Java 的一个复杂特性，在检查程序源代码时很难理解，但是它们可以使程序更加简洁，有经验的 Java 程序员经常使用它们。

16.2 Lambda 表达式

本节将介绍多年来要求最高的语言特性：Lambda 表达式。

Lambda 表达式也称为闭包，只要满足一些条件，它就允许只使用“->”运算符创建具有单个方法的对象。

这里有一个例子：

```
Runnable runner = () -> { System.out.println("Run!"); };
```

以上语句创建了一个实现 Runnable 接口的对象，并使其 run()方法等价于以下代码：

```
void run() {
    System.out.println("Run!");
}
```

在 Lambda 表达式中，“->”运算符右侧的语句成为实现接口的方法。

只有当接口仅有一个方法要实现时，才可以这样做。例如，Runnable 接口，它只包含 run()方法。Java 中方法的接口被称为函数式接口（functional interface）。

在 Lambda 表达式中，“->”运算符左侧也有一些参数。在第一个示例中，它是一组空圆括号，用于引用发送到函数式接口方法的参数。由于 run()方法在 Runnable 接口中不接受参数，因此 Lambda 表达式中不需要参数。

如下是 Lambda 表达式的第二个例子，它在圆括号里放了一些参数：

```
ActionListener al = (ActionEvent act) -> {
    System.out.println(act.getSource());
}
```

这相当于在 java.awt.event 包中实现 ActionListener 接口对象的以下代码：

```
public void actionPerformed(ActionEvent act) {
    System.out.println(act.getSource());
}
```

ActionListener接口接收操作事件，例如当用户单击按钮时。函数式接口中唯一的方法是actionPerformed(ActionEvent)。参数是一个ActionEvent对象，它描述触发事件的用户操作。

Lambda表达式的右半部分将actionPerformed()方法定义为一条语句，显示触发事件的图形用户界面组件的信息。

Lambda表达式的左半部分声明名为act的ActionEvent对象是该方法的参数。

act对象被用在方法体中。对act的左半部分引用似乎超出了该方法的右半部分实现的范围。这是因为Lambda表达式允许代码引用超出那些变量范围之外的另一个方法的变量。

如读者所见，Lambda 表达式的一个作用是缩短代码。单个表达式就可以创建一个对象并实现一个接口。

Java的这个特性可以通过Java对目标类型的支持使代码更短。

在 Lambda 表达式中，可以推断发送给方法的参数的类。思考最后一个例子。因为ActionListener函数式接口有一个方法，该方法只接受ActionEvent对象作为它的参数，所以可以省略该类的名称。

这是一个考虑到这一点的修正版Lambda表达式：

```
ActionListener al = (act) -> {
    System.out.println(act.getSource());
}
```

接下来创建的两个程序应该更具体地展示了将Lambda表达式引入Java所带来的差异。

清单16.3所示的ColorFrame程序显示了可以用来更改框架颜色的3个按钮。该程序使用匿名内部类（而不是Lambda表达式）来监听用户单击这3个按钮。

在NetBeans IDE中创建一个名为ColorFrame的新程序，该程序位于com.java24hours包中。在其中输入清单16.3所示的内容，并在完成时保存它。

清单 16.3 ColorFrame.java

```
 1: package com.java24hours;
 2:
 3: import java.awt.*;
 4: import java.awt.event.*;
 5: import javax.swing.*;
 6:
 7: public class ColorFrame extends JFrame {
 8:     JButton red, green, blue;
 9:
10:     public ColorFrame() {
11:         super("ColorFrame");
12:         setSize(322, 122);
13:         setDefaultCloseOperation(JFrame.EXIT_ON_CLOSE);
14:         FlowLayout flo = new FlowLayout();
15:         setLayout(flo);
16:         red = new JButton("Red");
17:         add(red);
```

```
18:         green = new JButton("Green");
19:         add(green);
20:         blue = new JButton("Blue");
21:         add(blue);
22:         //  开始匿名内部类
23:         ActionListener act = new ActionListener() {
24:             public void actionPerformed(ActionEvent event) {
25:                 if (event.getSource() == red) {
26:                     getContentPane().setBackground(Color.RED);
27:                 }
28:                 if (event.getSource() == green) {
29:                     getContentPane().setBackground(Color.GREEN);
30:                 }
31:                 if (event.getSource() == blue) {
32:                     getContentPane().setBackground(Color.BLUE);
33:                 }
34:             }
35:         };
36:         //  结束匿名内部类
37:         red.addActionListener(act);
38:         green.addActionListener(act);
39:         blue.addActionListener(act);
40:         setVisible(true);
41:     }
42:
43:     public static void main(String[] arguments) {
44:         new ColorFrame();
45:     }
46: }
```

该程序的运行如图 16.3 所示。

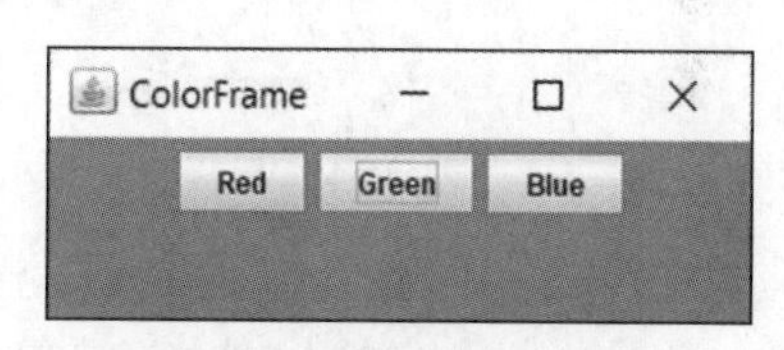

图 16.3 使用匿名内部类创建事件监听器

第 23～35 行中，程序使用匿名内部类为 ColorFrame 类创建一个事件监听器。它是一个没有名称的对象，实现了 ActionListener 接口的唯一方法 actionPerformed (ActionEvent)。

在该方法中，通过调用其 getContentPane()方法检索框架的内容窗格。匿名内部类可以访问其封闭类的方法和实例变量。单独的辅助类则不会。

内容窗格的 setBackground(Color)方法将框架的背景更改为该颜色，而 3 个按钮的颜色不变。

现在看一看清单 16.4 所示的 NewColorFrame 程序。在 NetBeans IDE 中创建一个名为 NewColorFrame 的新程序，该程序位于 com.java24hours 包中，在其中输入清单 16.4 所示的内容，并在完成时保存它。

清单 16.4 NewColorFrame.java

```
1: package com.java24hours;
2:
```

```
 3: import java.awt.*;
 4: import java.awt.event.*;
 5: import javax.swing.*;
 6:
 7: public class NewColorFrame extends JFrame {
 8:     JButton red, green, blue;
 9:
10:     public NewColorFrame() {
11:         super("NewColorFrame");
12:         setSize(322, 122);
13:         setDefaultCloseOperation(JFrame.EXIT_ON_CLOSE);
14:         FlowLayout flo = new FlowLayout();
15:         setLayout(flo);
16:         red = new JButton("Red");
17:         add(red);
18:         green = new JButton("Green");
19:         add(green);
20:         blue = new JButton("Blue");
21:         add(blue);
22:         // 开始 Lambda 表达式
23:         ActionListener act = (event) -> {
24:             if (event.getSource() == red) {
25:                 getContentPane().setBackground(Color.RED);
26:             }
27:             if (event.getSource() == green) {
28:                 getContentPane().setBackground(Color.GREEN);
29:             }
30:             if (event.getSource() == blue) {
31:                 getContentPane().setBackground(Color.BLUE);
32:             }
33:         };
34:         //  结束 Lambda 表达式
35:         red.addActionListener(act);
36:         green.addActionListener(act);
37:         blue.addActionListener(act);
38:         setVisible(true);
39:     }
40:
41:     public static void main(String[] arguments) {
42:         new NewColorFrame();
43:     }
44: }
```

NewColorFrame程序在第23～33行中实现了动作监听器。读者不需要知道ActionListener接口中方法的名称，也不需要指定ActionEvent的类就可以在程序中使用它。

Lambda表达式支持函数式编程。本节介绍了Lambda表达式的基本语法，以及在程序中使用它们的两种更常见的方法。

但是Java中的函数式编程是一个非常强大和具有革命性的主题，它是整本书的主题。

此时，读者应该能够识别出 Lambda 表达式并使用它们实现任何单方法接口，即函数式接口。

16.3 总结

内部类、匿名内部类和 Lambda 表达式是 Java 中很复杂的部分。它们主要吸引那些已经用 Java 编写了一段时间的程序的程序员。这些程序员可以利用强大的特性在更少的代码中完成更多的工作。

但即使在编写自己的 Lambda 表达式之前，读者也应该能够从内部类和匿名内部类的使用中获益。

非匿名内部类的结构类似于一个单独的辅助类，但是它与实例变量、类变量、实例方法和类方法一起放置在另一个类中。与辅助类不同，它可以访问在内部创建的类的私有变量和方法。

匿名内部类不需要将对象分配给只使用一次的类，例如 Swing 中附加到图形用户界面组件的事件监听器。

Lambda 表达式在外观上看起来很相似，只需要创建一个运算符“->”。但是它们对 Java 程序员的影响是巨大的，具有其他编程语言经验的程序员多年来一直强烈要求保留该功能。

16.4 研讨时间

Q&A

Q：匿名内部类令人困惑，必须在程序中使用它们吗？

A：不是。与 Java 的其他复杂特性一样，如果可以通过其他方式完成工作，就不必使用它们。

但是无论如何读者都应该了解它们，因为读者可能在 Java 代码中遇到它们。

当读者阅读由有经验的程序员编写的 Java 程序时，就会发现很多内部类和匿名内部类。因此，即使读者还没有准备好自己创建它们，也有必要了解它们是什么以及它们是如何工作的。

课堂测试

要查看是否应该使用在本章中获得的知识到类的前面，请回答以下关于内部类、匿名内部类和 Lambda 表达式的问题。

1. 怎么样使一些内部类匿名？

   A．实现一个接口。

   B．不给它们取名。

   C．两者都是。

2．只包含一个方法的接口的另一个名称是什么？

A．抽象接口。

B．类。

C．函数式接口。

3．当Lambda表达式猜测方法的参数的类时，它被称为什么？

A．目标类型（target typing）。

B．型铸造（type casting）。

C．类推理（class inference）。

答案

1．C。匿名内部类使用new关键字实现接口，跳过实现它的类的创建和命名。

2．C。函数式接口，在Java 8之前的版本中，它们被称为单一抽象方法接口。

3．A。目标类型可以推断任何函数式接口方法参数的类。

活动

为了完成本章的课程，请读者进行以下活动。

- 重写第15章的LinkRotator程序，使用Lambda表达式作为事件监听器。
- 添加第4种背景色Color.YELLOW到NewColorFrame程序。

第17章 构建一个简单的图形用户界面

在本章中读者将学到以下知识。

- 创建图形用户界面组件，如按钮。
- 创建标签、文本框和其他组件。
- 将组件组合在一起。
- 将组件放在其他组件中。
- 水平和垂直滚动条组件。

在本章中，情况将变得相当棘手，使用 Java 创建读者的第一个图形用户界面将会造成极大的混乱。

计算机用户已经开始期望软件具有 GUI 特性，从鼠标端获取用户输入，并像其他程序一样工作。尽管一些用户仍然在 Linux 或 UNIX Shell 等命令行环境中工作，但大多数用户还是会被提供像 Microsoft Windows 或 macOS 那样的单击、拖曳图形用户界面的软件所迷惑。

Java 通过 Swing 支持这类软件。Swing 是 Java 类的集合，它表示图形用户界面中所有不同的按钮、文本框、滚动条和其他组件，以及从这些组件获取用户输入所需的类。

在本章和第 18 章中，读者将使用 Java 创建和组织图形用户界面。在第 19 章中，读者将使这些界面能够接收单击和其他用户输入。

17.1 Swing 和抽象窗口工具包

因为 Java 是一种跨平台的语言，允许为许多操作系统编写程序，所以它的图形用户界面必须是灵活的。它不能只适应 Windows 或 macOS，必须同时处理多种操作系统。

在 Java 中，图形用户界面的开发基于 Swing 和较早的一组类（称为抽象窗口工具包）。

这些类使我们能够创建图形用户界面并接收来自用户的输入。

Swing 包含编写使用图形用户界面所需的所有内容。使用 Java 的用户界面类，可以创建一个图形用户界面，其中包括以下所有内容。

- 按钮、复选框、标签和其他简单组件。
- 文本框、滚动条和其他更复杂的组件。
- 下拉菜单和弹出菜单。
- 窗口、框架、对话框、面板和 Applet 窗口。

> **小提示**
> Swing 包含几十个组件，这些组件的定制方式远远多于这里所描述的。本书介绍了常见的组件及其有效的方法。在接下来的 4 个章节中，读者将进一步了解每个组件，并在 Oracle 的 Java 类库官方文档中找到相应方法。

17.2　使用组件

在 Java 中，图形用户界面的每个部分都由 Swing 包中的类表示。其中有用于按钮的 JButton 类，用于窗口的 JWindow 类，用于文本框的 JTextField 类，等等。

要创建和显示接口，需要创建对象、设置它们的变量并调用它们的方法。这些技术与介绍面向对象编程时使用的技术相同。

当将图形用户界面放在一起时，使用两种对象：组件和容器。组件是图形用户界面中的单个元素，如按钮或滚动条。容器是一个组件，可以使用它来保存其他组件。

创建接口的第一步是创建一个可以保存组件的容器。在应用程序中，这个容器通常是一个窗口或框架。

17.2.1　窗口和框架

窗口和框架是可以在图形用户界面中显示并保存其他组件的容器。窗口是简单的容器，没有标题栏或任何其他按钮，通常位于图形用户界面的顶部边缘。框架是包含用户在运行软件时希望找到的所有常见窗口功能，例如关闭、最大化和最小化窗口的按钮。

可以使用 Swing 的 JWindow 和 JFrame 类创建这些容器。要在 Java 程序中引用 Swing 类而不使用其完整的包和类名，请使用以下语句：

```
import javax.swing.*;
```

这里只从 javax.swing 包导入类名。读者还可以使用 Swing 中的其他包。

在 Java 程序中使用框架的一种方法是使程序成为 JFrame 的子类。程序继承了它作为框架运行所需要的行为。下面的语句创建了 JFrame 的子类：

```
import javax.swing.*;
```

```
public class MainFrame extends JFrame {
    public MainFrame() {
        //  设置框架
    }
}
```

这个类创建一个框架，但没有完全设置它。在框架的构造函数中，创建一个框架时必须做以下几件事。

- 调用超类 JFrame 的构造函数。
- 设置框架的标题。
- 设置框架的大小。
- 设置框架的外观。
- 定义当用户关闭框架时会发生什么。

此外，还必须使框架可见，除非出于某些原因，在程序开始运行时不应该显示它。

这些事情中的大多数都可以在框架的构造函数中处理。该方法必须包含的第一件事是使用 super 语句调用 JFrame 的构造函数。这里有一个例子：

```
super();
```

上述语句调用没有参数的 JFrame 构造函数，也可以用框架的标题作为参数来调用它：

```
super("Main Frame");
```

该语句将框架的标题（出现在顶部边缘的标题栏中）设置为指定的字符串。在本例中，标题为"Main Frame"。

如果不以这种方式设置标题，可以调用框架的 setTitle(String)方法，将标题作为参数：

```
setTitle("Main Frame");
```

框架的大小可以通过调用它的 setSize(int, int)方法来确定。该方法有两个参数：宽度和高度。下面的语句设置了一个 350 像素×125 像素的框架：

```
setSize(350, 125);
```

另一种设置框架大小的方法是用组件填充它，然后调用框架的 pack()方法。该方法没有参数：

```
pack();
```

pack()方法将框架设置得足够大，以容纳框架内每个组件的首选大小（但不能更大）。每个接口组件都有一个首选大小，尽管有时会忽略这一点。这取决于组件在框架中的排列方式。在调用 pack()方法之前不需要显式地设置框架的大小，该方法在显示框架之前将其设置为适当的大小。

每个框架在标题栏上都有一个按钮，它可以用来关闭框架。在Windows操作系统中，该按钮以“×”的形式出现在框架的右上角。要定义单击此按钮时会发生什么，可以调用框架的setDefaultCloseOperation(int)方法，并使用4个JFrame类变量中的一个作为其参数。

- EXIT_ON_CLOSE——单击按钮时退出程序。
- DISPOSE_ON_CLOSE——关闭框架，继续运行程序。
- DO_NOTHING_ON_CLOSE——保持框架打开并继续运行程序。
- HIDE_ON_CLOSE——关闭框架并继续运行程序。

使用第一个参数调用该方法是较常见的，因为当程序的图形用户界面关闭时，这意味着程序应该完成其工作并关闭：

```
setDefaultCloseOperation(JFrame.EXIT_ON_CLOSE);
```

使用Swing创建的图形用户界面可以通过视觉主题（控制按钮和其他组件的显示方式和行为方式）自定义其外观。

Java包含一种增强的外观，称为Nimbus，但是必须打开它才能在类中使用。通过调用Swing包中的UIManager类的setLookAndFeel()方法来设置外观。

该方法接受一个参数：外观类的全名。

下面这句话将Nimbus设置为外观：

```
UIManager.setLookAndFeel(
    "javax.swing.plaf.nimbus.NimbusLookAndFeel"
);
```

最后需要做的是使框架可见。以true作为参数调用其setVisible()方法：

```
setVisible(true);
```

该语句将根据定义的宽度和高度打开框架。读者还可以使用false调用该方法以停止显示框架。

清单17.1包含本节中描述的源代码。在com.java24hours包中创建一个名为SalutonFrame的空Java文件并输入以下代码，完成后保存文件。

清单17.1　SalutonFrame.java

```
 1: package com.java24hours;
 2:
 3: import javax.swing.*;
 4:
 5: public class SalutonFrame extends JFrame {
 6:     public SalutonFrame() {
 7:         super("Saluton mondo!");
 8:         setLookAndFeel();
 9:         setSize(450, 200);
10:         setDefaultCloseOperation(JFrame.EXIT_ON_CLOSE);
11:         setVisible(true);
```

```
12:     }
13:
14:     private void setLookAndFeel() {
15:         try {
16:             UIManager.setLookAndFeel(
17:                 "javax.swing.plaf.nimbus.NimbusLookAndFeel"
18:             );
19:         } catch (Exception exc) {
20:             // 忽略错误
21:         }
22:     }
23:
24:     public static void main(String[] arguments) {
25:         SalutonFrame frame = new SalutonFrame();
26:     }
27: }
```

清单 17.1 的第 24～26 行包含一个 main()方法，它将该框架类转换成一个程序。运行该程序时，将看到图 17.1 所示的框架。

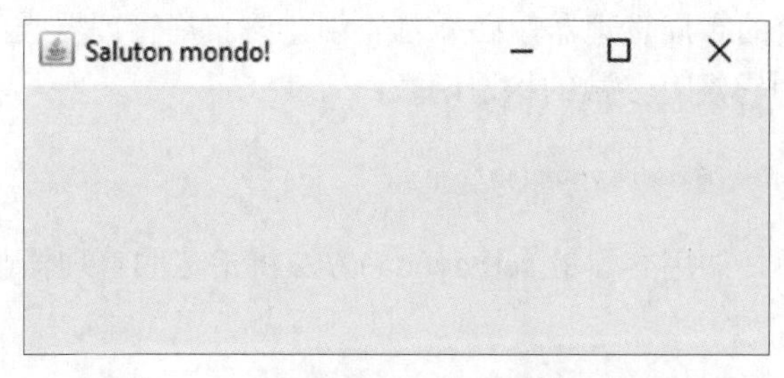

图 17.1 显示 SalutonFrame 程序中的框架

SalutonFrame 程序显示的框架中只有一个标题“Saluton mondo!”。该框架是一个空窗口，因为它还不包含任何其他组件。

要向框架添加组件，必须创建组件并将其添加到容器。每个容器都有一个 add()方法，该方法接受一个参数：要显示的组件。

SalutonFrame 程序包括一个 setLookAndFeel()方法，该方法将 Nimbus 指定为框架的外观。在第 16～18 行中调用 UIManager 类的 setLookAndFeel()方法来实现这一点。

对该方法的调用放在 try-catch 语句块中，这允许程序处理可能发生的错误。

调用 UIManager.setLookAndFeel()设置图形用户界面的外观，因此出现的任何错误可能都只会导致程序保持默认的外观，而不是 Nimbus。

提示

在清单 17.1 中，读者可能没有看到过一些内容。仔细看第 16～18 行，它们是一个分散在 3 行中的语句。语句可以在一行上，但它是分散的，以使代码更易于阅读——供人类阅读。Java 编译器并不关心额外的缩进。只要语句中包含正确的内容并以分号结尾，它就可以在多行上。

17.2.2 按钮

可以添加到容器的一个简单组件是 JButton 对象。与本章中使用的其他组件一样，JButton 对象也是 java.awt.swing 包的一部分。

JButton 对象是一个可单击按钮，其标签描述单击按钮的操作。这个标签可以是文本、图形，或者两者兼而有之。下面的语句创建了一个名为 okButton 的 JButton 对象，并给它赋予文本标签“OK”：

```
JButton okButton = new JButton("OK");
```

在创建了诸如 JButton 的组件之后，读者应该通过调用其 add()方法将其添加到容器：

```
add(okButton);
```

当向容器中添加组件时，不会指定在容器中应该显示组件的位置。组件的排列由一个称为布局管理器的对象决定。这些管理器中最简单的是 FlowLayout 类，它是 java.awt 包的一部分。

要使容器使用特定的布局管理器，必须首先创建该布局管理器类的对象。可以创建一个 FlowLayout 对象并调用它没有参数的构造函数：

```
FlowLayout flo = new FlowLayout();
```

创建布局管理器后，调用容器的 setLayout()方法将指定的管理器与该容器关联：

```
setLayout(flo);
```

该语句将 flo 对象指定为布局管理器。

本章的下一个项目是一个显示带有 3 个按钮的框架的 Java 程序。打开 NetBeans IDE，在 com.java24hours 包中创建一个一名为 Playback 的空 Java 文件，输入清单 17.2 所示的内容，完成后保存文件。

清单 17.2　Playback.java

```
 1: package com.java24hours;
 2:
 3: import javax.swing.*;
 4: import java.awt.*;
 5:
 6: public class Playback extends JFrame {
 7:     public Playback() {
 8:         super("Playback");
 9:         setLookAndFeel();
10:         setSize(450, 200);
11:         setDefaultCloseOperation(JFrame.EXIT_ON_CLOSE);
12:         FlowLayout flo = new FlowLayout();
13:         setLayout(flo);
14:         JButton play = new JButton("Play");
```

```
15:         JButton stop = new JButton("Stop");
16:         JButton pause = new JButton("Pause");
17:         add(play);
18:         add(stop);
19:         add(pause);
20:         setVisible(true);
21:     }
22:
23:     private void setLookAndFeel() {
24:         try {
25:             UIManager.setLookAndFeel(
26:                 "javax.swing.plaf.nimbus.NimbusLookAndFeel"
27:             );
28:         } catch (Exception exc) {
29:             // 忽略错误
30:         }
31:     }
32:
33:     public static void main(String[] arguments) {
34:         Playback frame = new Playback();
35:     }
36: }
```

该程序在第 12 行创建一个 FlowLayout 布局管理器，并在第 13 行设置框架来使用它。当在第 17～19 行向框架中添加 3 个按钮时，由 FlowLayout 布局管理器来排列它们。

运行该程序时，输出类似于图 17.2。虽然可以单击按钮，但是不会发生任何响应，因为程序不包含任何接收和响应用户输入的方法。这涉及第 19 章的内容。

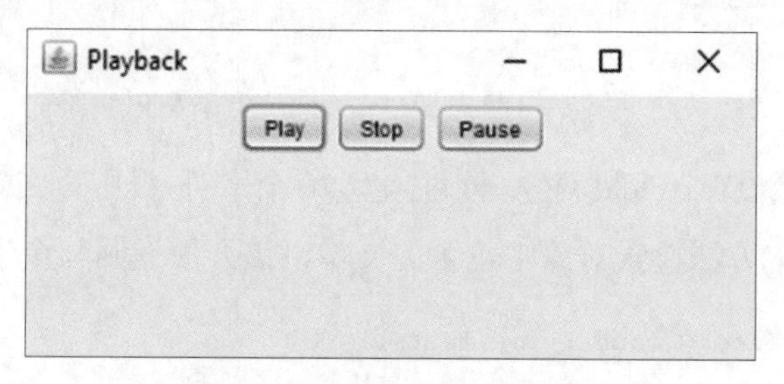

图 17.2　Playback 程序的输出

可以以这种方式向容器中添加更多 Swing 组件。

> **小提示**
> 由于在本章中引入了许多不同的图形用户界面组件，因此这里没有列出用于创建每个组件的完整源代码。读者可以在本书的配套资源中找到每个程序的完整版本。

17.2.3　标签和文本框

JLabel 组件显示用户无法修改的信息，这些信息可以是文本、图形，或两者兼而有之。这些组件通常用于标记接口中的其他组件，因此称为标签。它们通常标识文本框。

JTextField 组件是一个用户可以输入一行文本的区域，可以在创建文本框时设置框的宽度。

下面的语句创建 JLabel 组件和 JTextField 组件，并将它们添加到容器：

```
JLabel pageLabel = new JLabel("Web page address: ", JLabel.RIGHT);
JTextField pageAddress = new JTextField(20);
FlowLayout flo = new FlowLayout();
setLayout(flo);
add(pageLabel);
add(pageAddress);
```

图 17.3 并排显示了这个标签和文本框。本例中的两个语句都使用一个参数来配置组件的外观。

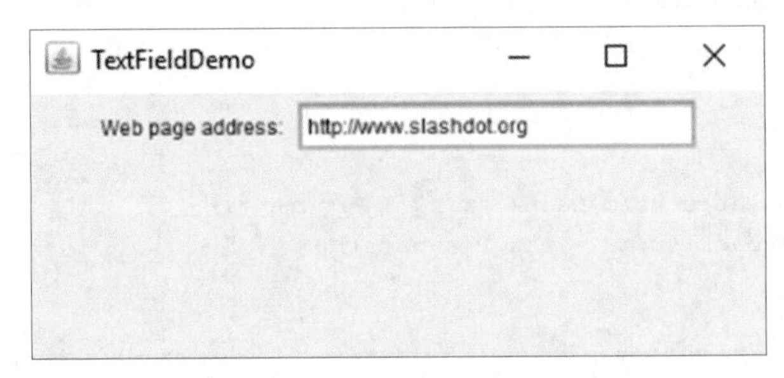

图 17.3　显示标签和文本框

pageLabel 标签由文本“Web page address:”和 JLabel.RIGHT 参数设置，最后一个值表示标签文本右对齐。JLabel.LEFT 表示标签文本左对齐，JLabel.CENTER 表示标签文本中心对齐。与 JTextField 一起使用的参数指示文本框应该为 20 个字符宽。还可以使用如下语句指定出现在文本框中的默认文本：

```
JTextField country = new JTextField("Togolese Republic", 29);
```

该语句将创建一个 JTextField 对象，该对象宽 20 个字符，框中有文本“Togolese Republic”。

可以使用 getText()方法检索对象中包含的文本，该方法返回一个字符串：

```
String countryChoice = country.getText();
```

17.2.4　复选框

JCheckBox 组件是文本旁边的一个复选框，用户可以选中或不选中该复选框。下面的语句创建一个 JCheckBox 对象并将其添加到容器：

```
JCheckBox jumboSize = new JCheckBox("Jumbo Size");
FlowLayout flo = new FlowLayout();
setLayout(flo);
add(jumboSize);
```

JCheckBox()构造函数的参数指示要显示在复选框旁边的文本。如果希望选中该复选框，请使用以下语句：

```
JCheckBox jumboSize = new JCheckBox("Jumbo Size", true);
```

可以单独或作为组的一部分显示 JCheckBox 对象。在一组复选框中，一次只能选中一个。要使 JCheckBox 对象成为组的一部分，必须创建 ButtonGroup 对象，如下所示：

```
JCheckBox frogLegs = new JCheckBox("Frog Leg Grande", true);
JCheckBox fishTacos = new JCheckBox("Fish Taco Platter", false);
JCheckBox emuNuggets = new JCheckBox("Emu Nuggets", false);
FlowLayout flo = new FlowLayout();
ButtonGroup meals = new ButtonGroup();
meals.add(frogLegs);
meals.add(fishTacos);
meals.add(emuNuggets);
setLayout(flo);
add(jumboSize);
add(frogLegs);
add(fishTacos);
add(emuNuggets);
```

这将创建 3 个复选框，它们都分组在 ButtonGroup 对象的 meals 下。最初选中的是 Frog Leg Grande，但是如果用户选中了其他复选框中的一个，那么 Frog Leg Grande 旁边的复选框将被取消选中。图 17.4 显示了本节中的不同复选框。

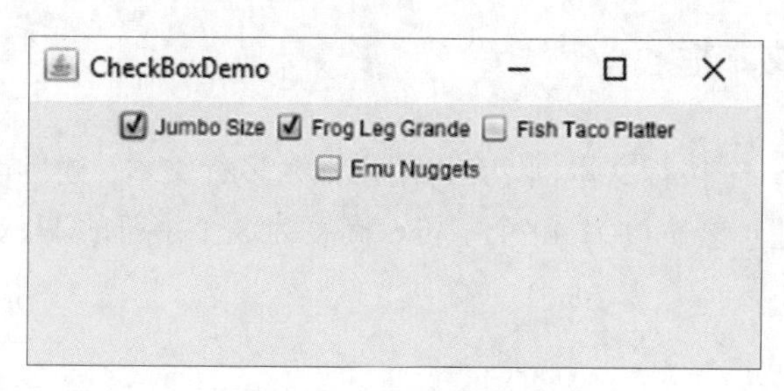

图 17.4 显示复选框组件

17.2.5 下拉列表框

JComboBox 组件是一个下拉列表框，也可以设置它来接收文本输入。当有两个选项时，读者可以使用鼠标选择一个选项或者使用键盘输入相应文本。下拉列表框的作用类似于一组复选框，但只有一个选项是可见的，除非显示下拉列表。

要创建 JComboBox 对象，必须在创建对象之后添加每个选项，如下所示：

```
JComboBox profession = new JComboBox();
FlowLayout flo = new FlowLayout();
profession.addItem("Butcher");
profession.addItem("Baker");
profession.addItem("Candlestick maker");
profession.addItem("Fletcher");
profession.addItem("Fighter");
profession.addItem("Technical writer");
```

```
setLayout(flo);
add(profession);
```

该示例创建一个 JComboBox 组件，该组件提供 6 个选项，用户可以从中进行选择。当选择其中一个选项时，它将显示在组件中。图 17.5 显示了下拉列表。

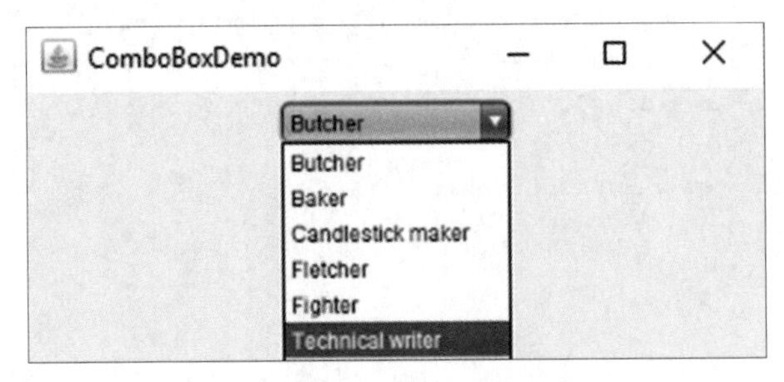

图 17.5　显示下拉列表框组件

要使 JComboBox 组件能够接收文本输入，必须调用其 setEditable(boolean)方法，参数为 true：

```
profession.setEditable(true);
```

在将组件添加到容器之前，必须调用此方法。

17.2.6　多行文本框

JTextArea 组件是一个多行文本框，允许用户输入多行文本。读者可以指定组件的宽度和高度。下面的语句创建一个宽度为 40 个字符、高度为 8 个字符的 JTextArea 组件，并将其添加到容器：

```
JTextArea comments = new JTextArea(8, 40);
FlowLayout flo = new FlowLayout();
setLayout(flo);
add(comments);
```

图 17.6 所示为在一个框架中显示多行文本框组件。

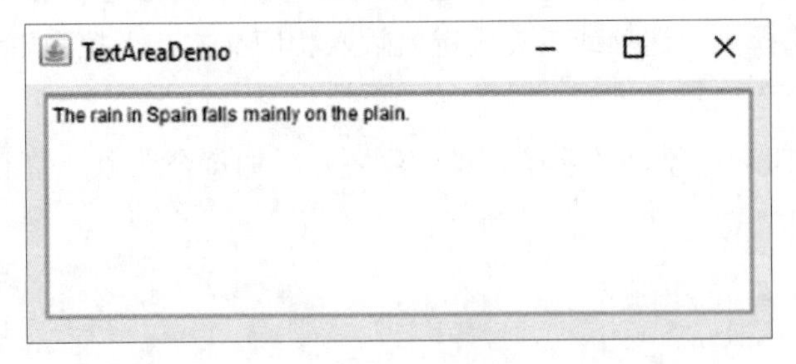

图 17.6　在一个框架中显示多行文本框组件

可以在 JTextArea()构造函数中指定一个字符串并将其显示在多行文本框中，使用换行符“\n”将文本换行到下一行，如下所示：

```
JTextArea comments = new JTextArea("I should have been a pair\n"
    + "of ragged claws.", 10, 25);
```

多行文本框有两个方法，可以调用它们来指定当用户输入的文本超过行右边缘时组件的行为。调用参数为 true 的 setLineWrap(boolean)方法，将文本换行到下一行：

```
comments.setLineWrap(true);
```

要确定文本如何换行到下一行，请使用 setWrapStyleWord(boolean)方法。调用它时，参数 true 表示根据单词结束的位置进行换行，false 表示根据字符进行换行。

如果不调用这些方法，文本将不会换行。用户可以一直在同一行输入文本，直到按 Enter 键换行。

多行文本框组件的行为方式可能出乎读者的意料。当用户输入的文本到达框的底部时，它们的大小会扩大，并且不包括沿右边缘或底部边缘的滚动条。要以一种更规范的方式实现它们，必须将多行文本框放在称为滚动窗格的容器中。

图形用户界面中的组件通常比显示它们的区域大。要使组件能够从一个部分移动到另一个部分，可以使用垂直和水平滚动条。

在 Swing 中，通过向滚动窗格添加组件来支持滚动。滚动窗格是由 JScrollPane 类表示的容器。

可以使用以下构造函数创建滚动窗格。

- JScrollPane()——创建一个带有水平和垂直滚动条的滚动窗格，并根据需要显示滚动条。
- JScrollPane(int, int)——使用指定的垂直滚动条和水平滚动条创建滚动窗格。
- JScrollPane(Component)——创建一个包含指定图形用户界面组件的滚动窗格。
- JScrollPane(Component, int, int)——使用指定的组件、垂直滚动条和水平滚动条创建滚动窗格。

这些构造函数的整型参数决定滚动窗格中如何使用滚动条，使用以下类变量作为参数。

- JScrollPane.VERTICAL_SCROLLBAR_AS_NEEDED 或 JScrollPane.HORIZONTAL_SCROLLBAR_AS_NEEDED。
- JScrollPane.VERTICAL_SCROLLBAR_NEVER 或 JScrollPane.HORIZONTAL_SCROLLBAR_NEVER。
- JScrollPane.VERTICAL_SCROLLBAR_ALWAYS 或 JScrollPane.HORIZONTAL_SCROLLBAR_ALWAYS。

如果已经创建了一个没有组件的滚动窗格，那么可以使用滚动窗格的 add(component)方法来添加组件。在设置好滚动窗格之后，应该将其添加到容器以替代组件。

下面是重写的例子，将多行文本框放在滚动窗格中：

```
FlowLayout flo = new FlowLayout();
```

```
setLayout(flo);
JTextArea comments = new JTextArea(8, 40);
comments.setLineWrap(true);
comments.setWrapStyleWord(true);
JScrollPane scroll = new JScrollPane(comments,
    JScrollPane.VERTICAL_SCROLLBAR_ALWAYS,
    JScrollPane.HORIZONTAL_SCROLLBAR_NEVER);
add(scroll);
```

图 17.7 所示为在滚动窗格中显示多行文本框组件。

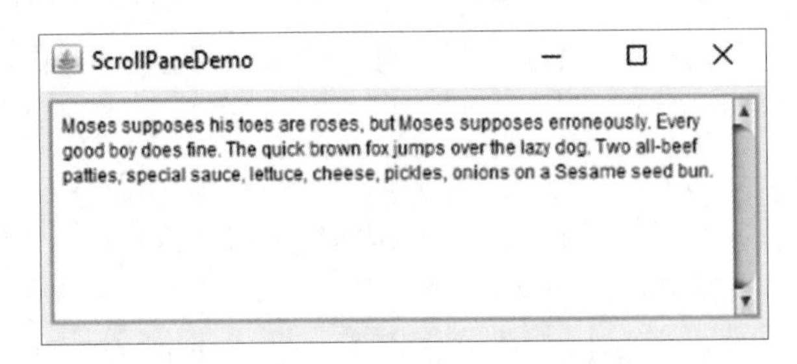

图 17.7　在滚动窗格中显示多行文本框组件

17.2.7　面板

本章介绍的最后一个组件是面板，它是使用 JPanel 类在 Swing 中创建的。JPanel 对象是图形用户界面中可用的最简单的容器类型。JPanel 对象的作用是将显示区域细分为不同的组件组。当显示区域被分成多个部分时，可以在每个部分中使用不同的布局管理器。

下面的语句创建一个 JPanel 对象并为其分配一个布局管理器：

```
JPanel topRow = new JPanel();
FlowLayout flo = new FlowLayout();
topRow.setLayout(flo);
add(topRow);
```

面板通常用于在界面中排列组件。

可以通过调用面板的 add()方法向面板添加组件。还可以通过调用面板的 setLayout()方法将布局管理器直接分配给面板。

当需要在界面中使用某个区域来绘制某些内容时，例如从图形文件中绘制图形时，也可以使用面板。

JPanel 的另一个方便用途是创建自己的组件，这些组件可以添加到其他类。这在本章后文的项目中得到了证明。

17.2.8　创建组件

面向对象编程的一个优点是能够在不同的项目中重用类。对于下一个项目，将创建一个可以在其他 Java 程序中重用的特殊面板组件。FreeSpacePanel 组件报告计算机上可用于运行程序的磁盘空间，面板显示可用空间的容量、总空间和可用空间容量的百分比。

创建图形用户界面组件的第一步是决定哪个组件继承现有组件。读者的新组件将拥有其现有组件的所有属性和行为，而不包括修改和添加的任何内容。

FreeSpacePanel 组件是清单 17.3 中定义的 JPanel 类的子类。将清单 17.3 所示的内容输入一个空 Java 文件并保存该文件。

清单 17.3 FreeSpacePanel.java

```
 1: package com.java24hours;
 2:
 3: import java.io.IOException;
 4: import java.nio.file.*;
 5: import javax.swing.*;
 6:
 7: public class FreeSpacePanel extends JPanel {
 8:     JLabel spaceLabel = new JLabel("Disk space: ");
 9:     JLabel space = new JLabel();
10:
11:     public FreeSpacePanel() {
12:         super();
13:         add(spaceLabel);
14:         add(space);
15:         try {
16:             setValue();
17:         } catch (IOException ioe) {
18:             space.setText("Error");
19:         }
20:     }
21:
22:     private final void setValue() throws IOException {
23:         // 获取当前文件存储池
24:         Path current = Paths.get("");
25:         FileStore store = Files.getFileStore(current);
26:         // 报告可用空间
27:         long totalSpace = store.getTotalSpace();
28:         long freeSpace = store.getUsableSpace();
29:         // 用百分比表示（保留两位小数）
30:         double percent = (double)freeSpace / (double)totalSpace * 100;
31:         percent = (int)(percent * 100) / (double)100;
32:         // 设置标签的文本
33:         space.setText(freeSpace + " free out of " + totalSpace + " ("
34:             + percent + "%)");
35:
36:     }
37: }
```

当读者希望显示有关可用磁盘空间的信息时，可以将此类添加到任何图形用户界面，但它不能作为程序单独运行。

FreeSpacePanel 程序中的 SetValue()方法的作用是，设置表示磁盘空间信息的标签的文本。该方法在第 22 行由关键字 final 声明：

```
private final void setValue() {
    // ...
}
```

在方法声明中包含 final 关键字可以防止在子类中重写该方法。这是 FreeSpacePanel 成为图形用户界面组件所必需的。

面板在第 11～20 行的构造函数中被创建，创建中发生的事情如下。

第 12 行——super()方法调用 JPanel 类的构造函数，确保它被正确设置。

第 13 行——spaceLabel 标签的文本为“Disk space:”，在第 8 行中 spaceLabel 被创建为实例变量，通过调用 add(Component)将标签作为参数添加到面板。

第 14 行——space 标签是一个在第 9 行中没有创建文本的实例变量，它也被添加到面板。

第 16 行——调用 setValue()方法，该方法设置 space 标签的文本。

第 16 行对 setValue()方法的调用包含在 try-catch 语句块中，就像在设置外观时使用的那个块一样。在第 18 章中，读者将了解更多关于如何处理错误的信息。但是这里是 TLDR 版本：try-catch 语句块被允许处理 Java 程序中可能出现的一个或多个错误。

这是必要的，因为当访问计算机的文件系统以查看其中包含多少可用空间时，调用 setValue()方法可能会导致错误。该错误在 Java 中有自己的类 IOException，它表示输入/输出错误。

try 语句块包含可能导致错误的代码。catch 语句块标识圆括号内的错误类型和发生错误时要运行的代码。

如果在程序运行时遇到这样的错误，第 18 行将 space 标签的文本设置为“Error”，让用户知道发生了错误。

小提示

缩写“TLDR”代表“太长了，没有时间阅读”（Too Long，Don’t Read）。当人们为那些不想阅读整篇文章的人对一篇很长的文章进行极其简短的总结时，TLDR 就会出现。

我希望本书对于读者来说 TLDR，是 JRLRWTANIRJP，即 Just-Right Length; Read Whole Thing And Now I’m Rich Java Programmer（刚好合适的长度；阅读全文，现在我是一个经验丰富的 Java 程序员）。

要让自定义组件做一些有趣的事情，读者需要快速了解 Java 文件处理，该主题将在第 20 章详细介绍。

要计算有多少磁盘空间是可用的，需要 java.nio.file 包中的 4 个类，它们用于访问计算机的文件系统。

路径对象表示文件或文件夹的位置。Paths 类有一个 get(String)方法，该方法将字符串转换为与该字符串匹配的路径。当用“”（空字符串）调用时，它返回 Java 程序运行的当前文件夹的路径：

```
Path current = Paths.get("");
```

磁盘的存储信息在 Java 中由文件存储池 FileStore 对象表示。有了路径之后，读者可以使用 Files 类中的方法获取该路径所在的文件存储区。调用文件的 getFileStore(Path)方法检索该文件存储池：

```
FileStore store = Files.getFileStore(current);
```

使用这个池，现在可以调用它的 getTotalSpace()方法和 getUsableSpace()方法来查明当前磁盘上有多少可用空间：

```
long totalSpace = store.getTotalSpace();
long freeSpace = store.getUsableSpace();
double percent = (double)freeSpace / (double)totalSpace * 100;
```

> **注意**
>
> 计算百分比的表达式包含许多对 double 的引用，这可能看起来很奇怪。在表达式中，第 2 个和第 3 个 double 将 freeSpace 和 totalSpace 变量强制转换为双精度浮点型。这对于防止表达式生成整数而不是浮点数是必要的。Java 通过表达式中的类型来确定表达式结果的数据类型。一个长整数除以一个长整数乘以整数 100 会得到一个长整数，而不是期望的百分数。

在最后的语句中计算的百分比可能是一个小数非常长的数字，例如 64.867 530 9。

以下表达式将该百分数转换为小数不超过两位的百分数：

```
percent = (int)(percent * 100) / (double)100;
```

表达式的前半部分将百分数乘以 100，将小数点右移两位，然后将其转换为整数。因此，64.867 530 9 变成 6 486。

后半部分将数字除以 100，小数点左移两位，以恢复百分数的近似值。因此，6 486 变成 64.86。

将百分数的小数限制为两位，可以将标签的文本设置为可用和占用的磁盘空间：

```
space.setText(freeSpace + " free out of " + totalSpace + " ("
    + percent + "%)");
```

在将刚刚创建的面板添加到图形用户界面之前，读者无法查看它。要尝试 FreeSpacePanel，需要在 com.java24hours 包中创建 FreeSpaceFrame 程序，如清单 17.4 所示。

清单 17.4 FreeSpaceFrame.java

```
1: package com.java24hours;
2:
3: import java.awt.*;
4: import javax.swing.*;
5:
6: public class FreeSpaceFrame extends JFrame {
7:     public FreeSpaceFrame() {
```

```
 8:         super("Disk Free Space");
 9:         setLookAndFeel();
10:         setSize(500, 120);
11:         setDefaultCloseOperation(JFrame.EXIT_ON_CLOSE);
12:         FlowLayout flo = new FlowLayout();
13:         setLayout(flo);
14:         FreeSpacePanel freePanel = new FreeSpacePanel();
15:         add(freePanel);
16:         setVisible(true);
17:     }
18:
19:     private void setLookAndFeel() {
20:         try {
21:             UIManager.setLookAndFeel(
22:                 "javax.swing.plaf.nimbus.NimbusLookAndFeel"
23:             );
24:         } catch (Exception exc) {
25:             // 忽略错误
26:         }
27:     }
28:
29:     public static void main(String[] arguments) {
30:         FreeSpaceFrame frame = new FreeSpaceFrame();
31:     }
32: }
```

该程序在第14行创建一个FreeSpacePanel组件，并在第15行将面板添加到其框架中。当运行该程序时，它输出类似于图17.8所示的来自计算机的值。

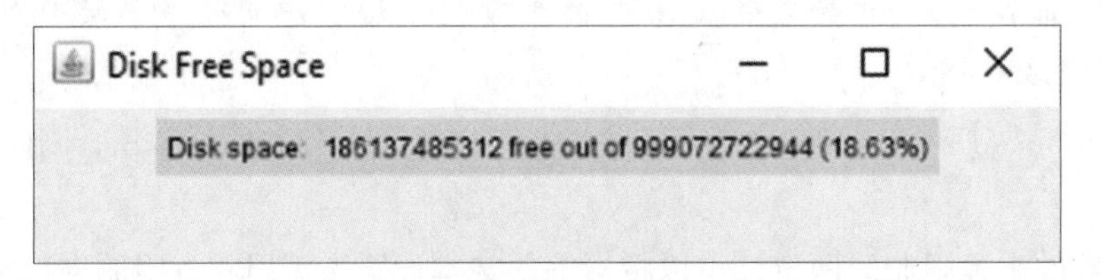

图17.8 FreeSpaceFrame程序的输出

17.3 总结

用户已经开始期待他们运行的程序有一个可单击的可视化环境。这种期望使得创建软件更加具有挑战性。Java通过Swing将这些功能交付给读者，Swing提供了需要的所有类来提供一个可运行的、有用的图形用户界面——无论读者使用哪种设置来运行Java程序。

使用Swing开发图形化Java程序是一种很好的方法，读者可以获得一些使用面向对象编程的实践。每个组件、容器和布局管理器都由其对象类表示。它们通常从相同的超类继承它们的公有行为。例如，本章中介绍的所有图形用户界面组件都是javax.swing.JComponent的子类。

在第18章中，读者将学习更多关于图形用户界面设计的知识。因为将使用新的布局管理器，这些管理器能够以比 FlowLayout 更复杂的方式指定组件在容器中的位置。

17.4 研讨时间

Q&A

Q：如果不给容器分配布局管理器，组件是如何排列的？

A：在面板等简单容器中，组件默认使用 FlowLayout 进行排列。添加每个组件的方式与在英语页面上显示单词的方式相同，从左到右，然后在没有空间时换行到下一行。框架、窗口和 Applet 使用 BorderLayout 的默认布局样式，读者将在第 18 章中了解这些内容。

Q：为什么那么多图形用户界面类的名称前面都有一个“J”，比如 JFrame 和 JLabel？

A：这些类是 Swing 框架的一部分，它们是在 Java 类库中第二个尝试图形用户界面的类。抽象窗口工具包（Abstract Window Toolkit，AWT）是第一个，它有更简单的类名，比如 Frame 和 Label。

AWT 类属于 java.awt 包和相关包，而 Swing 类属于 javax.swing 之类的包，所以它们可以有相同的类名。使用“J”名称可以防止类之间被混淆。

Swing 类也称为 Java 基础类（Java Foundation Class，JFC）。

课堂测试

如果读者还没有在本章的学习中变得迷茫，那么通过回答以下问题来测试读者的技能。

1．哪个组件被用作容器来保存其他组件？

A．TupperWare 组件。

B．JPanel 组件。

C．Choice 组件。

2．下列哪项必须首先在容器中完成？

A．建立布局管理器。

B．添加组件。

C．无。

3．什么方法决定了组件在容器中的排列方式？

A．setLayout()方法。

B．setLayoutManager()方法。

C．setVisible()方法。

答案

1．B。JPanel。可以向面板添加组件，然后将面板添加到另一个容器，如框架。

2．A。必须在组件之前指定布局管理器，以便能够以正确的方式添加它们。

3．A。setLayout()方法接受一个参数：布局管理器对象。该对象负责决定在哪里显示组件。

活动

为了进一步接触图形用户界面设计的主题，请读者进行以下活动。

- 修改 SalutonFrame 程序，使其在框架中显示“Saluton Mondo!”，而不是标题栏。
- 通过将图 17.8 所示的每 3 个数字以逗号分隔来增强 FreeSpacePanel 组件。一种方法是使用 StringBuilder 对象、字符串类方法 charAt(int)和 for 循环来遍历字符串。

第 18 章
布局图形用户界面

在本章中读者将学到以下知识。

- 创建布局管理器。
- 将布局管理器分配给容器。
- 使用面板来组织接口中的组件。
- 使用不同寻常的布局。
- 为 Java 程序创建原型。

当读者开始为 Java 程序设计图形用户界面时，面临的一个问题是组件可以移动。每当容器的大小发生变化（如当用户调整框架的大小时），它所包含的组件可能会重新排列以适应其新的大小。

这种流动性对读者是有利的，因为它考虑了不同操作系统上界面组件显示方式的差异。一个可单击的按钮在 Windows 中看起来可能与在 Linux 或 macOS 中不同。

组件通过使用一组称为布局管理器的类在接口中被组织。这些类定义了如何在容器中显示组件。接口中的每个容器都可以有自己的布局管理器。

18.1 使用布局管理器

在 Java 中，组件在容器中的位置取决于该组件的大小、其他组件的大小，以及容器的高度和宽度。按钮、文本框和其他组件的布局可能会受到以下因素的影响。

- 容器的大小。
- 其他组件和容器的大小。
- 布局管理器。

读者可以使用几个布局管理器来影响组件的显示方式。面板的默认布局管理器是第 17 章中介绍的 java.awt 包中的 FlowLayout 类。

在 FlowLayout 下，组件以像英语界面上组织单词的相同方式从左到右被放置到某个区域，然后在没有空间时会换行到下一行。

下面的例子可以用在框架中，这样在添加组件时就可以使用流布局：

```
FlowLayout topLayout = new FlowLayout();
setLayout(topLayout);
```

读者还可以设置布局管理器在特定容器中工作，例如 JPanel 对象。读者也可以通过使用该容器对象的 setLayout()方法来实现这一点。

本章的第一个项目是 Crisis 程序，它是一个有 5 个按钮的图形用户界面的程序。打开 NetBeans IDE，在 com.java24hours 包中创建一个名为 Crisis 的空 Java 文件。将清单 18.1 所示的内容输入该文件并保存它。

清单 18.1 Crisis.java

```
 1: package com.java24hours;
 2:
 3: import java.awt.*;
 4: import javax.swing.*;
 5:
 6: public class Crisis extends JFrame {
 7:     JButton panicButton;
 8:     JButton dontPanicButton;
 9:     JButton blameButton;
10:     JButton mediaButton;
11:     JButton saveButton;
12:
13:     public Crisis() {
14:         super("Crisis");
15:         setLookAndFeel();
16:         setSize(348, 128);
17:         setDefaultCloseOperation(JFrame.EXIT_ON_CLOSE);
18:         FlowLayout flo = new FlowLayout();
19:         setLayout(flo);
20:         panicButton = new JButton("Panic");
21:         dontPanicButton = new JButton("Don't Panic");
22:         blameButton = new JButton("Blame Others");
23:         mediaButton = new JButton("Notify the Media");
24:         saveButton = new JButton("Save Yourself");
25:         add(panicButton);
26:         add(dontPanicButton);
27:         add(blameButton);
28:         add(mediaButton);
29:         add(saveButton);
30:         setVisible(true);
31:     }
32:
```

```
33:     private void setLookAndFeel() {
34:         try {
35:             UIManager.setLookAndFeel(
36:                 "com.sun.java.swing.plaf.nimbus.NimbusLookAndFeel"
37:             );
38:         } catch (Exception exc) {
39:             // 忽略错误
40:         }
41:     }
42:
43:     public static void main(String[] arguments) {
44:         Crisis frame = new Crisis();
45:     }
46: }
```

图 18.1 显示了使用流布局排列的组件。

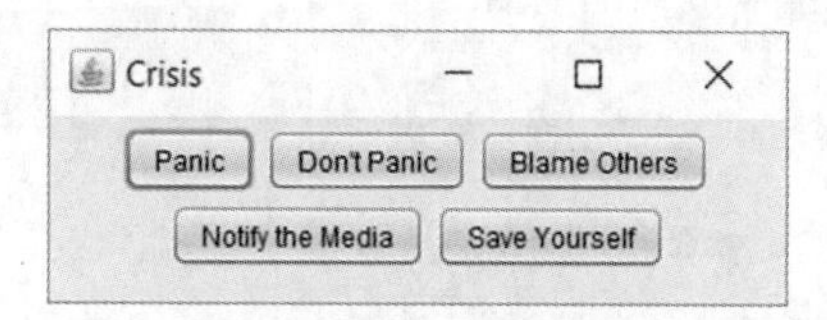

图 18.1　使用流布局排列的组件

FlowLayout 类使用其容器的大小作为如何布局组件的唯一指南。调整输出窗口的大小，以查看组件如何立即做出响应并重新排列。试着将窗口的宽度增加一倍，以使所有 JButton 组件都显示在同一行上。如果让它足够窄，则组件会垂直堆叠。

18.1.1 GridLayout 管理器

java.awt 包中的 GridLayout 类将容器中的所有组件组织成特定数量的行和列。在显示区域中，所有组件都被分配了相同大小的空间。因此，如果指定一个 3 列宽、3 行高的网格，则将容器划分为 9 个大小相同的区域。

GridLayout 类在将所有组件添加到网格上的某个位置时放置它们。它从左到右添加组件，直到一行被填满，然后填充下一行网格的最左列。

下面的语句创建一个容器，并将其设置为使用 2 列宽、3 行高的网格布局：

```
GridLayout grid = new GridLayout(2, 3);
setLayout(grid);
```

图 18.2 显示了使用网格布局排列的组件。

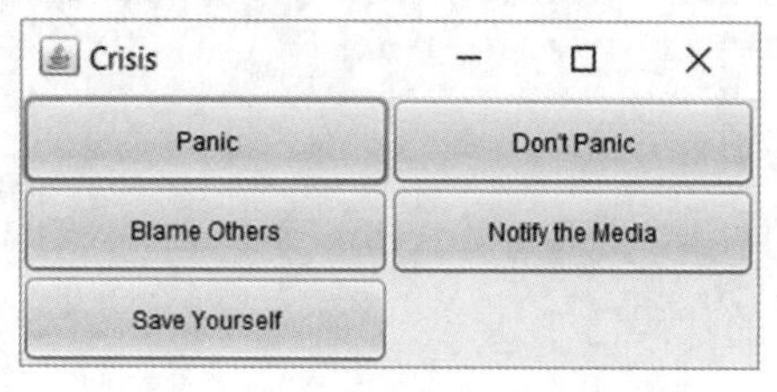

图 18.2　使用网格布局排列的组件

18.1.2 BorderLayout 管理器

BorderLayout 类也是 java.awt 包中的类，它将组件排列在容器内的特定位置，这些位置由 5 个方向之一标识：北、南、东、西或中心。

BorderLayout 管理器将组件排列为 5 个区域：4 个区域由罗盘方向表示，1 个区域为中心区域。在此布局下添加组件时，add()方法包含的第二个参数用于指定应该将组件放置在何处。该参数应该是 BorderLayout 类的 5 个类变量之一：NORTH、SOUTH、EAST、WEST 和 CENTER。

与 GridLayout 类类似，BorderLayout 类将所有可用空间分配给组件。

放置在中心的组件具有 4 个组件不需要的所有空间，因此它通常是最大的。

以下语句创建一个使用边框布局的容器：

```
BorderLayout crisisLayout = new BorderLayout();
setLayout(crisisLayout);
add(panicButton, BorderLayout.NORTH);
add(dontPanicButton, BorderLayout.SOUTH);
add(blameButton, BorderLayout.EAST);
add(mediaButton, BorderLayout.WEST);
add(saveButton, BorderLayout.CENTER);
```

图 18.3 显示了使用边框布局排列的组件。

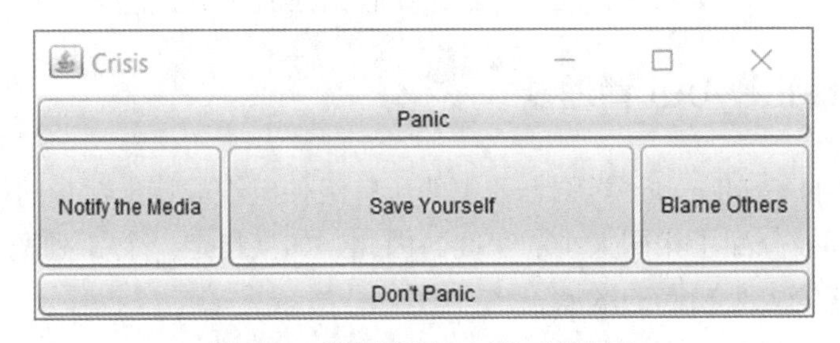

图 18.3 使用边框布局排列的组件

18.1.3 BoxLayout 管理器

另一个方便的布局管理器来自 javax.swing 包中的 BoxLayout，它可以水平或垂直地将组件堆叠在一行中。

要使用这种布局，首先创建一个面板来保存组件，然后创建一个带有如下两个参数的布局管理器。

- 在盒布局中组织的组件。
- BoxLayout.Y_AXIS 用于垂直对齐；BoxLayout.X_AXIS 用于水平对齐。

下面是堆叠 Crisis 组件的代码：

```
JPanel pane = new JPanel();
BoxLayout box = new BoxLayout(pane, BoxLayout.Y_AXIS);
pane.setLayout(box);
pane.add(panicButton);
pane.add(dontPanicButton);
pane.add(blameButton);
pane.add(mediaButton);
pane.add(saveButton);
add(pane);
```

图 18.4 显示了使用盒布局排列的组件。

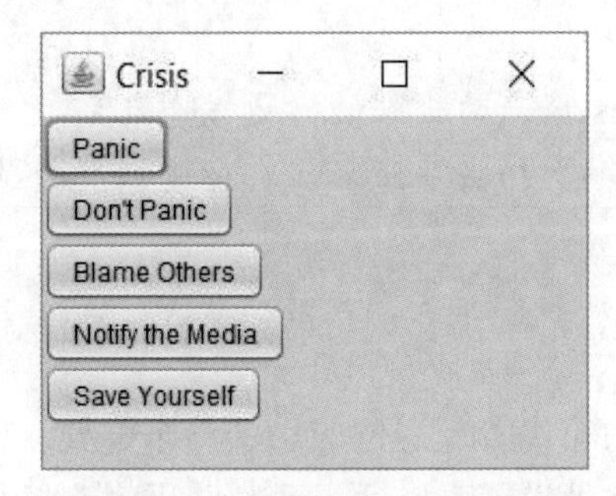

图 18.4　使用盒布局排列的组件

18.1.4　使用 Insets 分离组件

当读者在容器中排列组件时，可以使用 Insets 将组件从容器的边缘分离。Insets 是表示容器的边界区域的对象。

Insets 类是 java.awt 包的一部分，其构造函数有 4 个参数，即距容器的上边缘、左边缘、下边缘和右边缘的距离。每个参数都使用像素指定。像素是定义帧大小时使用的单位。

下面的语句创建一个 Insets 对象：

```
Insets around = new Insets(10, 6, 10, 3);
```

around 对象表示一个容器边框，它距上边缘 10 像素，距左边缘 6 像素，距下边缘 10 像素，距右边缘 3 像素。

要使用容器中的 Insets 对象，必须覆盖容器的 getInsets()方法。这个方法没有参数，返回一个 Insets 对象，如下所示：

```
public Insets getInsets() {
    Insets squeeze = new Insets(50, 15, 10, 15);
    return squeeze;
}
```

图 18.5 显示了使用 Insets 分离图 18.1 所示的组件的结果。

图 18.5　使用 Insets 分离组件

图 18.5 所示的容器有一个空边框，它距上边缘 50 像素，距左边缘 15 像素，距下边缘 10 像素，距右边缘 15 像素。

> **注意**
> JFrame 容器有一个内置的 Insets 来为框架的标题栏腾出空间。当读者覆盖 getInsets()方法并设置自己的值时，一个小的参数值会导致容器在标题栏下面显示组件。

18.2　提出申请

到目前为止，读者看到的布局管理器都应用于整个框架。使用框架的 setLayout()方法，所有组件遵循相同的规则。这种设置可以适用于某些程序，但是当读者尝试使用 Swing 开发图形用户界面时，常常发现没有一个布局管理器适合图形用户界面。

解决这个问题的一种方法是使用一组 JPanel 对象作为容器来保存图形用户界面的不同部分。读者可以使用每个 JPanel 对象的 setLayout()方法为这些部分设置不同的布局规则。在这些面板包含它们需要包含的所有组件之后，读者可以将面板直接添加到框架。

打开 NetBeans IDE，在 com.java24hours 包中创建一个名为 LottoMadness 的空 Java 文件。在源代码编辑器中输入清单 18.2 所示的内容，完成后保存文件。

清单 18.2　LottoMadness.java

```
 1: package com.java24hours;
 2:
 3: import java.awt.*;
 4: import javax.swing.*;
 5:
 6: public class LottoMadness extends JFrame {
 7:
 8:     //  设置第 1 行
 9:     JPanel row1 = new JPanel();
10:     ButtonGroup option = new ButtonGroup();
11:     JCheckBox quickpick = new JCheckBox("Quick Pick", false);
12:     JCheckBox personal = new JCheckBox("Personal", true);
13:     //  设置第 2 行
14:     JPanel row2 = new JPanel();
15:     JLabel numbersLabel = new JLabel("Your picks: ", JLabel.RIGHT);
16:     JTextField[] numbers = new JTextField[6];
17:     JLabel winnersLabel = new JLabel("Winners: ", JLabel.RIGHT);
18:     JTextField[] winners = new JTextField[6];
```

```
19:     // 设置第 3 行
20:     JPanel row3 = new JPanel();
21:     JButton stop = new JButton("Stop");
22:     JButton play = new JButton("Play");
23:     JButton reset = new JButton("Reset");
24:     // 设置第 4 行
25:     JPanel row4 = new JPanel();
26:     JLabel got3Label = new JLabel("3 of 6: ", JLabel.RIGHT);
27:     JTextField got3 = new JTextField("0");
28:     JLabel got4Label = new JLabel("4 of 6: ", JLabel.RIGHT);
29:     JTextField got4 = new JTextField("0");
30:     JLabel got5Label = new JLabel("5 of 6: ", JLabel.RIGHT);
31:     JTextField got5 = new JTextField("0");
32:     JLabel got6Label = new JLabel("6 of 6: ", JLabel.RIGHT);
33:     JTextField got6 = new JTextField("0", 10);
34:     JLabel drawingsLabel = new JLabel("Drawings: ", JLabel.RIGHT);
35:     JTextField drawings = new JTextField("0");
36:     JLabel yearsLabel = new JLabel("Years: ", JLabel.RIGHT);
37:     JTextField years = new JTextField();
38:
39:     public LottoMadness() {
40:         super("Lotto Madness");
41:
42:         setSize(550, 400);
43:         setDefaultCloseOperation(JFrame.EXIT_ON_CLOSE);
44:         GridLayout layout = new GridLayout(5, 1, 10, 10);
45:         setLayout(layout);
46:
47:         FlowLayout layout1 = new FlowLayout(FlowLayout.CENTER,
48:             10, 10);
49:         option.add(quickpick);
50:         option.add(personal);
51:         row1.setLayout(layout1);
52:         row1.add(quickpick);
53:         row1.add(personal);
54:         add(row1);
55:
56:         GridLayout layout2 = new GridLayout(2, 7, 10, 10);
57:         row2.setLayout(layout2);
58:         row2.add(numbersLabel);
59:         for (int i = 0; i < 6; i++) {
60:             numbers[i] = new JTextField();
61:             row2.add(numbers[i]);
62:         }
63:         row2.add(winnersLabel);
64:         for (int i = 0; i < 6; i++) {
65:             winners[i] = new JTextField();
66:             winners[i].setEditable(false);
67:             row2.add(winners[i]);
68:         }
69:         add(row2);
70:
```

```
 71:         FlowLayout layout3 = new FlowLayout(FlowLayout.CENTER,
 72:             10, 10);
 73:         row3.setLayout(layout3);
 74:         stop.setEnabled(false);
 75:         row3.add(stop);
 76:         row3.add(play);
 77:         row3.add(reset);
 78:         add(row3);
 79:
 80:         GridLayout layout4 = new GridLayout(2, 3, 20, 10);
 81:         row4.setLayout(layout4);
 82:         row4.add(got3Label);
 83:         got3.setEditable(false);
 84:         row4.add(got3);
 85:         row4.add(got4Label);
 86:         got4.setEditable(false);
 87:         row4.add(got4);
 88:         row4.add(got5Label);
 89:         got5.setEditable(false);
 90:         row4.add(got5);
 91:         row4.add(got6Label);
 92:         got6.setEditable(false);
 93:         row4.add(got6);
 94:         row4.add(drawingsLabel);
 95:         drawings.setEditable(false);
 96:         row4.add(drawings);
 97:         row4.add(yearsLabel);
 98:         years.setEditable(false);
 99:         row4.add(years);
100:         add(row4);
101:
102:         setVisible(true);
103:     }
104:
105:     private static void setLookAndFeel() {
106:         try {
107:             UIManager.setLookAndFeel(
108:                 "com.sun.java.swing.plaf.nimbus.NimbusLookAndFeel"
109:             );
110:         } catch (Exception exc) {
111:             // 忽略错误
112:         }
113:     }
114:
115:     public static void main(String[] arguments) {
116:         LottoMadness.setLookAndFeel();
117:         LottoMadness frame = new LottoMadness();
118:     }
119: }
```

即使读者还没有添加任何语句来让程序执行任何操作，也可以运行程序来确保图形用户界面被正确组织并收集读者需要的信息。LottoMadness 程序的输出如图 18.6 所示。

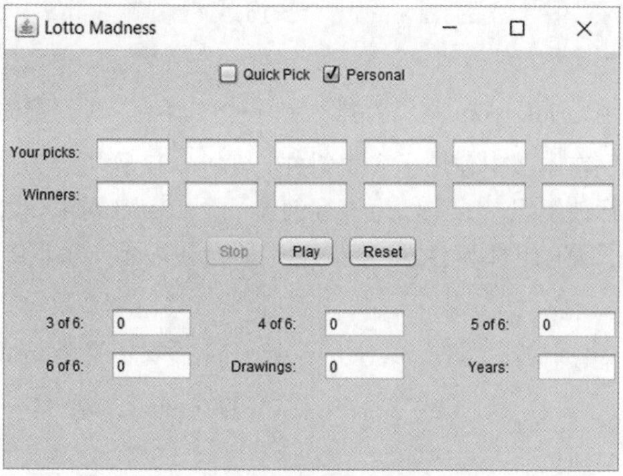

图 18.6 LottoMadness 程序的输出

该程序使用了几个布局管理器。为了更清楚地了解程序的图形用户界面是如何布局的，请查看图 18.7。界面被划分为 4 个水平行，这些行由图中的水平黑线分隔。这些行中的每一行都是一个 JPanel 对象，程序的总体布局管理器将这些行分为一个 4 行 1 列的 GridLayout。

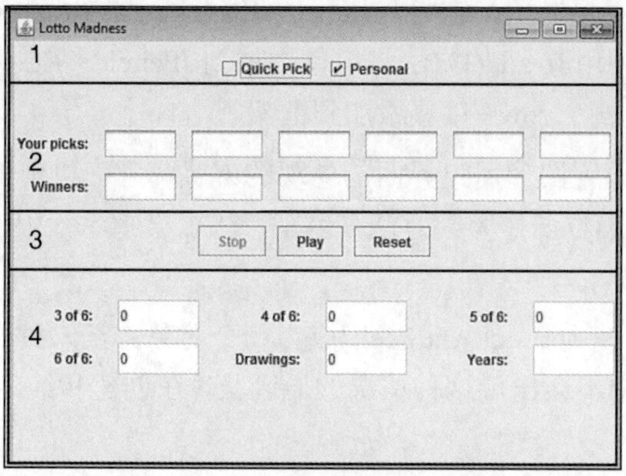

图 18.7 界面划分成 4 个面板

在这些行中，使用不同的布局管理器来确定组件应该如何显示。界面的第 1 行和第 3 行使用 FlowLayout 对象。程序的第 47～48 行显示了这些是如何创建的：

```
FlowLayout layout1 = new FlowLayout(FlowLayout.CENTER,
    10, 10);
```

FlowLayout()构造函数会使用 3 个参数。第 1 个参数 FlowLayout.CENTER 表示组件应该被放置在其容器（放置它们的 JPanel）的中间。最后 2 个参数指定每个组件应该远离其他组件的宽度和高度。

使用 10 像素的宽度和 10 像素的高度可以在组件之间增加少量的额外距离。

界面的第 2 行布局为一个 2 行高、7 列宽的网格。

GridLayout()构造函数还指定组件应该在每个方向上与其他组件间隔 10 像素。程序的第 56～57 行设置了这个网格：

```
GridLayout layout2 = new GridLayout(2, 7, 10, 10);
row2.setLayout(layout2);
```

界面的第 4 行使用 GridLayout 将组件排列到一个 2 行高、3 列宽的网格中。

LottoMadness 程序在本节中使用了多个组件。第 9～37 行用于为构成接口的所有组件设置对象。这些语句按行被组织。首先，为该行创建一个 JPanel 对象，然后设置该行上的每个组件。这段代码创建了所有组件和容器，但是它们不会被显示，除非使用 add()方法将它们添加到程序的主框架。

在第 47～100 行中，添加了组件。其中，第 47～54 行表示整个 LottoMadness()构造函数：

```
FlowLayout layout1 = new FlowLayout(FlowLayout.CENTER,
    10, 10);
option.add(quickpick);
option.add(personal);
row1.setLayout(layout1);
row1.add(quickpick);
row1.add(personal);
add(row1);
```

在创建布局管理器对象之后，它将与该行的 JPanel 对象 row1 的 setLayout()方法一起使用。当指定了布局后，使用其 add()方法将组件添加到 JPanel。在放置了所有组件之后，通过调用自己的 add()方法将整个 row1 对象添加到框架。

LottoMadness 程序设置图形用户界面的外观的方式与它在以前的 Swing 程序中设置的方式不同。setLookAndFeel()方法作为类方法被创建（注意第 105 行中的 static 关键字），并在第 116 行中调用 main()方法。

以前的 Swing 程序使 setLookAndFeel()成为一个对象方法，并在对象的构造函数中调用它。LottoMadness 程序中不会出现这种情况的原因是，在创建和给定值之前，必须设置外观。

18.3　总结

当第一次设计 Java 程序的图形用户界面时，读者可能很难相信它具有组件移动的优势。它们并不总是去读者想让它们去的地方。布局管理器提供了一种开发具有吸引力的图形用户界面的方法。这种图形用户界面足够灵活，可以处理显示上的差异。

在第 19 章中，读者将学习更多关于图形用户界面功能的知识。读者将有机会看到 LottoMadness 接口的使用，它可以进行抽奖并计算中奖人数。

18.4　研讨时间

Q&A

Q：为什么 LottoMadness 程序中的一些文本框是灰色阴影的，而另一些是白色阴影的？

A：setEditable()方法用于灰色字段，使它们无法被编辑。文本框的默认行为是允许用户通过单击文本框并输入任何所需的文字来更改文本框的值。但是，有些文本框用于显示信息，而不是从用户那里获取输入。setEditable()方法防止用户更改他们不应该更改的内容。

课堂测试

要查看读者的“脑细胞布局”是否正确，请通过回答以下问题来测试读者的 Java 布局管理技能。

1．当将一个接口细分为不同的布局管理器时，通常使用什么容器？

A．JWindow。

B．JPanel。

C．Container。

2．面板的默认布局管理器是什么？

A．FlowLayout。

B．GridLayout。

C．没有默认布局管理器。

3．BorderLayout 类的名称是从哪里来的？

A．各组件的边框。

B．组件沿容器边缘组织的方式。

C．Java 创建者的反复无常。

答案

1．B。JPanel，它是最简单的容器。

2．A。面板使用流布局，但框架和窗口的默认布局管理器是边框布局。

3．B。当读者把它们添加到一个容器时，必须使用诸如 BorderLayout.WEST 或 BorderLayout.EAST 的方向变量来指定组件的边缘位置。

活动

如果读者想继续使用流、网格和边框布局，请进行以下活动。

- 创建 Crisis 程序的修改版本，将 panic 和 dontPanic 对象组织在一个布局管理器下，其余 3 个按钮组织在另一个布局管理器下。
- 复制 LottoMadness.java 文件，重命名为 NewMadness.java。对它进行更改，使 Quick Pick 或 Personal 复选框成为一个下拉列表框，而将 Stop、Play 和 Reset 按钮变成复选框。

第19章 响应用户输入

在本章中读者将学到以下知识。

- 让程序监听事件。
- 设置一个组件，使其能够引发事件。
- 找出事件在程序中的结束位置。
- 在接口中存储信息。
- 转换存储在文本框中的值。

在第17章和第18章中开发的图形用户界面可以运行。用户可以单击按钮，用文本填充文本框，并调整窗口的大小。然而，即使是最不挑剔的用户也会想要更多功能。当单击或键盘输入发生时，程序提供的图形用户界面必须引发事件。

当Java程序能够响应用户事件时，这些事件就成为可能。这叫作事件处理，是本章的主题。

19.1 使程序监听

Java中的用户事件是指当用户使用鼠标、键盘或其他输入设备执行操作时发生的事件。

在接收事件之前，读者必须学习如何使对象进行监听。响应用户事件需要使用一个或多个EventListener接口。接口是Java中面向对象编程的一个特性，它使类能够继承它在其他情况下无法使用的行为。它们就像与其他类的契约协议，保证类将包含特定的方法。

EventListener接口包含接收特定类型的用户输入的方法。

添加EventListener接口需要做两件事。首先，因为监听类是java.awt.event包的一部分，使它们可用的声明如下：

```
import java.awt.event.*;
```

其次，类必须使用 implements 关键字声明它支持一个或多个监听接口。下面的语句创建了一个使用 ActionListener 的类，ActionListener 是一个响应按钮和菜单命令单击的接口：

```
public class Graph implements ActionListener {
```

EventListener 接口允许图形用户界面组件生成用户事件。如果没有一个监听器，组件就不能执行程序其他部分可以监听的任何操作。程序必须为它监听的每种组件包含监听器接口。要响应单击按钮或在文本框中按 Enter 键的事件，程序中必须包含 ActionListener 接口。要响应选择选项或勾选复选框的事件，程序中需要 ItemListener 接口。

同一个类中需要多个接口时，implements 关键字后面用逗号分隔它们的名称，如下所示：

```
public class Graph3D implements ActionListener, MouseListener {
    // ...
}
```

19.2 设置要被监听的组件

在实现特定组件所需的接口之后，必须使该组件引发用户事件。ActionListener 接口监听操作事件，例如单击按钮或按 Enter 键。

要使 JButton 对象引发事件，可以使用 addActionListener()方法，如下所示：

```
JButton fireTorpedos = new JButton("Fire torpedos");
fireTorpedos.addActionListener(this);
```

这段代码创建 fireTorpedos 按钮并调用按钮的 addActionListener()方法。用作 addActionListener()方法参数的 this 关键字指示当前对象接收用户事件并根据需要处理它。

小提示

this 关键字第一次出现的时候让很多读者感到困惑。this 是指出现关键字的对象。如果创建一个 LottoMadness 类并在这个类的语句中使用它，它引用 LottoMadness 对象来运行代码。

19.3 处理用户事件

当用户事件由具有监听器的组件引发时，程序将自动调用方法。方法必须在监听器附加到组件时指定的类中找到。

每个监听器都有不同的方法来接收它们的事件。ActionListenerinterface 向 actionPerformed()方法发送事件。下面是 actionPerformed()方法的一个简短示例：

```
public void actionPerformed(ActionEvent event) {
    // 编写方法
}
```

程序中发送的所有操作事件都转到这个方法。如果程序中只有一个组件可以发送操作事件，那么可以在此方法中放置语句来处理该事件。如果有多个组件可以发送这些事件，则需要检查发送到该方法的对象。

ActionEvent 对象被发送到 actionPerformed()方法。若干类对象表示可以在程序中引发的用户事件。这些类由方法来确定是哪个组件导致了事件的发生。在 actionPerformed()方法中，如果 ActionEvent 对象被命名为 event，则可以用下面的语句来标识组件：

```
String cmd = event.getActionCommand();
```

getActionCommand()方法返回一个字符串。如果组件是按钮，则字符串是按钮上的标签。如果组件是文本框，字符串就是在文本框中输入的文本。getSource()方法返回引发事件的对象。

可以使用以下 actionPerformed()方法从 3 个组件接收事件：一个名为 start 的 JButton 对象，一个名为 speed 的 JTextField 对象，以及一个名为 viscosity 的 JTextField 对象：

```
public void actionPerformed(ActionEvent event) {
    Object source = event.getSource();
    if (source == speed) {
        // speed 引发的事件
    } else if (source == viscosity) {
        // viscosity 引发的事件
    } else {
        // start 引发的事件
    }
}
```

在所有用户事件上调用 getSource()方法来标识引发事件的特定对象。

19.3.1　复选框和下拉列表框事件

复选框和下拉列表框需要 ItemListener 接口，它调用组件的 addItemListener()方法，使其引发这些事件。下面的语句创建一个名为 superSize 的复选框，该复选框在被选中或取消选中时发送用户事件：

```
JCheckBox superSize = new JCheckBox("Super Size", true);
superSize.addItemListener(this);
```

itemStateChanged()方法接收这些事件。该方法将 ItemEvent 对象作为参数。要查看是哪个对象引发了事件，可以调用事件对象的 getItem()方法。

要确定复选框是被选中的还是被取消选中的，请将 getStateChange()方法返回的值与常量 ItemEvent.SELECTED 和 ItemEvent.DESELECTED 进行比较。下面的代码是一个名为 item 的 ItemEvent 对象的例子：

```
public void itemStateChanged(ItemEvent item) {
    int status = item.getStateChange();
```

```
    if (status == ItemEvent.SELECTED) {
        // item 被选中
    }
}
```

要确定 JComboBox 对象中选择的值，使用 getItem()方法并将该值转换为字符串，如下所示：

```
Object which = item.getItem();
String answer = which.toString();
```

19.3.2 键盘事件

当程序必须在按键后立即做出反应时，它使用键盘事件和 KeyListener 接口。

通过调用组件的 addKeyListener()方法注册接收按键的组件。方法的参数应该是实现 KeyListener 接口的对象。如果它是当前类，那么使用 this 关键字作为参数。

处理键盘事件的对象必须实现如下 3 个方法。

- keyPressed(KeyEvent)——在按下键时调用的方法。
- keyReleased(KeyEvent)——在释放键时调用的方法。
- keyTyped(KeyEvent)——在按下并释放键之后调用的方法。

这些方法都返回 void 而不是值。每一个方法都有一个 KeyEvent 对象作为参数，该对象具有可调用的方法来查找关于事件的更多信息。调用 getKeyChar()方法找出按了哪个键，此键名作为字符返回。该方法只能与字母、数字和标点符号一起使用。

要监听键盘上的任何键，包括 Enter、Home、Page Up 和 Page Down，可以调用 getKeyCode()方法。此方法返回一个表示键的整数。然后调用 getKeyText()方法，将该整数作为参数接收包含键名（如 Home、F1 等）的字符串对象。

清单 19.1 所示为一个 Java 程序，它使用 getKeyChar()方法在标签中输入最近按的键。打开 NetBeans IDE，在 com.java24hours 包中创建一个名为 KeyViewer 的空 Java 文件。在文件中输入清单 19.1 所示的内容，并保存它。

清单 19.1 KeyViewer.java

```
 1: package com.java24hours;
 2:
 3: import javax.swing.*;
 4: import java.awt.event.*;
 5: import java.awt.*;
 6:
 7: public class KeyViewer extends JFrame implements KeyListener {
 8:     JTextField keyText = new JTextField(80);
 9:     JLabel keyLabel = new JLabel("Press any key in the text field.");
10:
11:     public KeyViewer() {
12:         super("KeyViewer");
```

```
13:         setLookAndFeel();
14:         setSize(350, 100);
15:         setDefaultCloseOperation(JFrame.EXIT_ON_CLOSE);
16:         keyText.addKeyListener(this);
17:         BorderLayout bord = new BorderLayout();
18:         setLayout(bord);
19:         add(keyLabel, BorderLayout.NORTH);
20:         add(keyText, BorderLayout.CENTER);
21:         setVisible(true);
22:     }
23:
24:     @Override
25:     public void keyTyped(KeyEvent input) {
26:         char key = input.getKeyChar();
27:         keyLabel.setText("You pressed " + key);
28:     }
29:
30:     @Override
31:     public void keyPressed(KeyEvent txt) {
32:         //什么都不做
33:     }
34:
35:     @Override
36:     public void keyReleased(KeyEvent txt) {
37:         //什么都不做
38:     }
39:
40:     private void setLookAndFeel() {
41:         try {
42:             UIManager.setLookAndFeel(
43:                 "com.sun.java.swing.plaf.nimbus.NimbusLookAndFeel"
44:             );
45:         } catch (Exception exc) {
46:             //忽略错误
47:         }
48:     }
49:
50:     public static void main(String[] arguments) {
51:         KeyViewer frame = new KeyViewer();
52:     }
53: }
```

该程序实现 KeyListener 接口，因此类中有 keyTyped()、keyPressed()和 keyReleased()方法。在第 24～27 行中，唯一可以执行任何操作的是 keyTyped()方法。

运行程序时，输出应该如图 19.1 所示。程序在第 24～38 行中实现了 KeyListener 接口的 3 个方法。其中两个方法是空的，在程序中不需要它们，但是必须包含它们来实现第 7 行中使用 implements 关键字创建的类和接口之间的契约。

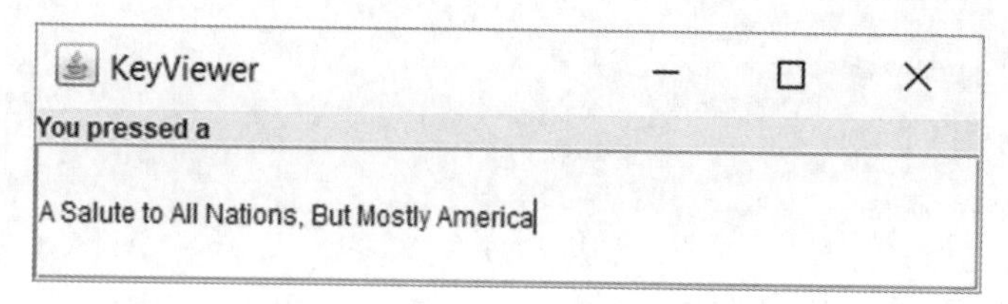

图 19.1 KeyViewer 程序的输出

19.3.3 启用和禁用组件

读者可能在程序中看到过一个组件，该组件显示为阴影，而不是其正常外观。

阴影表示用户不能对组件做任何事情，因为它没有被启用。启用和禁用组件是通过组件的 setEnabled()方法完成的。一个布尔值作为参数发送给该方法，因此 setEnabled(true)启用组件，setEnabled(false)禁用组件。

下列语句使用"Previous""Next"和"Finish"标签创建按钮，并禁用第一个按钮：

```
JButton previousButton = new JButton("Previous");
JButton nextButton = new JButton("Next");
JButton finishButton = new JButton("Finish");
previousButton.setEnabled(false);
```

这种方法可以有效地防止组件在不应该引发用户事件时引发用户事件。例如，如果正在编写使用文本框收集用户地址的 Java 程序，则可以禁用保存地址按钮，直到用户提供街道地址、城市、州和邮政编码。

19.4 完成 LottoMadness 程序

要了解 Swing 的事件处理类如何在 Java 程序中工作，需完善 LottoMadness 程序，即第 18 章中介绍的彩票号码模拟程序。

目前，LottoMadness 只是一个图形用户界面。读者可以单击按钮并在文本框中输入文本，但是没有任何响应。在本节中，将创建 LottoEvent 类。这是一个新类，用于接收用户输入、执行彩票号码模拟并跟踪中奖的次数。当类完成时，向 LottoMadness 添加几行代码，以便它使用 LottoEvent。以这种方式划分 Swing 项目通常很方便：图形用户界面在一个类中，事件处理方法在另一个类中。

此程序的目的是评估用户一生中赢得 6 位数彩票的机会。图 19.2 所示为 LottoMadness 程序的输出。

计算机不用概率来解决这个问题，它快速连续地进行模拟，直到出现赢家才停止。因为 6 位数都中奖是不可能的，所以该程序还报告任何组合的 3 个、4 个或 5 个中奖号码。

该界面包括 12 个彩票号码文本框和两个标签为"Quick Pick"和"Personal"的复选框。6 个文本框（禁用输入）用于显示中奖号码。其他 6 个文本框供用户选择数字。选择 Quick Pick 复选框，程序就为用户选择 6 个随机数。选择 Personal 复选框允许用户选择所需的数字。

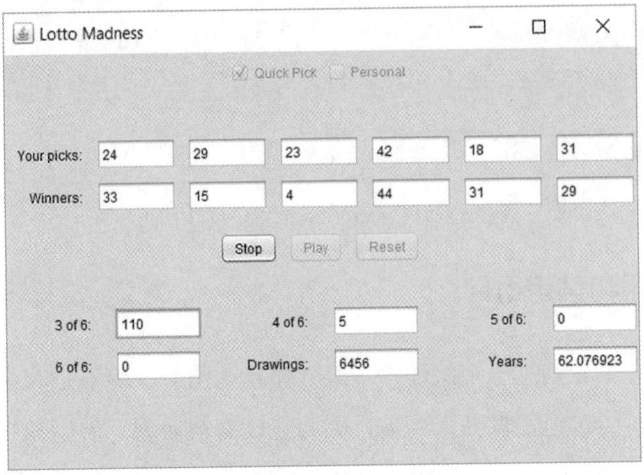

图 19.2　LottoMadness 程序的输出

3 个按钮控制程序的活动：停止、播放和重置。当单击 Play 按钮时，程序启动一个名为 Playing 的线程并生成彩票号码；当单击 Stop 按钮时停止线程；当单击 Reset 按钮时清空所有文本框，以使用户可以重新开始。读者已经在第 15 章中了解了线程。

LottoEvent 类实现了 3 个接口：ActionListener、ItemListener 和 Runnable。Runnable 接口与线程相关，在第 15 章中已经讨论过。监听器用于监听由按钮和复选框引发的用户事件。程序不需要监听任何与文本框相关的事件，因为它们被严格用于存储用户选择的数字。图形用户界面会自动处理这个存储。

该类需要使用 Swing 包 javax.swing 和 Java 的事件处理包 java .awt.event。

该类有如下两个实例变量。

- gui：一个 LottoMadness 对象。
- playing：一种用于进行连续彩票号码模拟的线程对象。

gui 变量用于与包含程序图形用户界面的 LottoMadness 对象通信。当需要对接口进行更改或从其中一个文本框检索值时，可以使用 gui 对象的实例变量。

例如，LottoMadness 对象的 play 实例变量表示 Play 按钮。要在 LottoEvent 中禁用此按钮，可以使用以下语句：

```
gui.play.setEnabled(false);
```

可以使用下面的语句来检索 JTextField 对象 got3 的值：

```
String got3value = gui.got3.getText();
```

清单 19.2 所示为 LottoEvent 程序。打开 NetBeans IDE，在 com.java24hours 包中创建一个名为 LottoEvent 的空 Java 文件。在文件中输入清单 19.2 所示的内容，并保存它。

清单 19.2　LottoEvent.java

```
1: package com.java24hours;
2:
```

```
 3: import javax.swing.*;
 4: import java.awt.event.*;
 5:
 6: public class LottoEvent implements ItemListener, ActionListener,
 7:     Runnable {
 8:
 9:     LottoMadness gui;
10:     Thread playing;
11:
12:     public LottoEvent(LottoMadness in) {
13:         gui = in;
14:     }
15:
16:     @Override
17:     public void actionPerformed(ActionEvent event) {
18:          String command = event.getActionCommand();
19:         if (command.equals("Play")) {
20:             startPlaying();
21:         }
22:         if (command.equals("Stop")) {
23:             stopPlaying();
24:         }
25:         if (command.equals("Reset")) {
26:             clearAllFields();
27:         }
28:     }
29:
30:     void startPlaying() {
31:         playing = new Thread(this);
32:         playing.start();
33:         gui.play.setEnabled(false);
34:         gui.stop.setEnabled(true);
35:         gui.reset.setEnabled(false);
36:         gui.quickpick.setEnabled(false);
37:         gui.personal.setEnabled(false);
38:     }
39:
40:     void stopPlaying() {
41:         gui.stop.setEnabled(false);
42:         gui.play.setEnabled(true);
43:         gui.reset.setEnabled(true);
44:         gui.quickpick.setEnabled(true);
45:         gui.personal.setEnabled(true);
46:         playing = null;
47:     }
48:
49:     void clearAllFields() {
50:         for (int i = 0; i < 6; i++) {
51:             gui.numbers[i].setText(null);
52:             gui.winners[i].setText(null);
53:         }
54:         gui.got3.setText("0");
```

```
55:         gui.got4.setText("0");
56:         gui.got5.setText("0");
57:         gui.got6.setText("0");
58:         gui.drawings.setText("0");
59:         gui.years.setText("0");
60:     }
61:
62:     @Override
63:     public void itemStateChanged(ItemEvent event) {
64:         Object item = event.getItem();
65:         if (item == gui.quickpick) {
66:             for (int i = 0; i < 6; i++) {
67:                 int pick;
68:                 do {
69:                     pick = (int) Math.floor(Math.random() * 50 + 1);
70:                 } while (numberGone(pick, gui.numbers, i));
71:                 gui.numbers[i].setText("" + pick);
72:             }
73:         } else {
74:             for (int i = 0; i < 6; i++) {
75:                 gui.numbers[i].setText(null);
76:             }
77:         }
78:     }
79:
80:     void addOneToField(JTextField field) {
81:         int num = Integer.parseInt("0" + field.getText());
82:         num++;
83:         field.setText("" + num);
84:     }
85:
86:     boolean numberGone(int num, JTextField[] pastNums, int count) {
87:         for (int i = 0; i < count; i++) {
88:             if (Integer.parseInt(pastNums[i].getText()) == num) {
89:                 return true;
90:             }
91:         }
92:         return false;
93:     }
94:
95:     boolean matchedOne(JTextField win, JTextField[] allPicks) {
96:         for (int i = 0; i < 6; i++) {
97:             String winText = win.getText();
98:             if ( winText.equals( allPicks[i].getText() ) ) {
99:                 return true;
100:            }
101:        }
102:        return false;
103:    }
104:
105:    @Override
106:    public void run() {
```

```
107:         Thread thisThread = Thread.currentThread();
108:         while (playing == thisThread) {
109:             addOneToField(gui.drawings);
110:             int draw = Integer.parseInt(gui.drawings.getText());
111:             float numYears = (float)draw / 104;
112:             gui.years.setText("" + numYears);
113: 
114:             int matches = 0;
115:             for (int i = 0; i < 6; i++) {
116:                 int ball;
117:                 do {
118:                     ball = (int) Math.floor(Math.random() * 50 + 1);
119:                 } while (numberGone(ball, gui.winners, i));
120:                 gui.winners[i].setText("" + ball);
121:                 if (matchedOne(gui.winners[i], gui.numbers)) {
122:                     matches++;
123:                 }
124:             }
125:             switch (matches) {
126:                 case 3:
127:                     addOneToField(gui.got3);
128:                     break;
129:                 case 4:
130:                     addOneToField(gui.got4);
131:                     break;
132:                 case 5:
133:                     addOneToField(gui.got5);
134:                     break;
135:                 case 6:
136:                     addOneToField(gui.got6);
137:                     gui.stop.setEnabled(false);
138:                     gui.play.setEnabled(true);
139:                     playing = null;
140:             }
141:             try {
142:                 Thread.sleep(100);
143:             } catch (InterruptedException e) {
144:                 //什么都不做
145:             }
146:         }
147:     }
148: }
```

LottoEvent 类有一个构造函数：LottoEvent(LottoMadness)。作为参数指定的 LottoMadness 对象标识依赖 LottoEvent 处理用户事件和进行模拟的对象。

类中使用了以下方法。

- clearAllFields()方法，作用是清空程序中的所有文本框。当用户单击 Reset 按钮时，将处理此方法。
- addOneToField()方法，作用是将文本框内容转换为整数，将其递增 1，然后将其转换回文本框内容的类型。因为所有文本框内容都存储为字符串，所以必须采取特殊步骤才能在表达式中使用它们。

- numberGone()方法，接受 3 个参数：一个来自彩票号码的单个数字、一个包含多个 JTextField 对象的数组和一个 count 整数。此方法确保彩票号码中的每个数字在同一个彩票号码中尚未被选中。
- matchedOne()方法，有两个参数：一个 JTextField 对象和一个包含 6 个 JTextField 对象的数组。此方法检查用户的号码是否与当前中奖彩票的号码匹配。

当用户单击按钮时，该程序的 actionPerformed()方法接收操作事件。getActionCommand()方法检索按钮的标签，以确定单击了哪个按钮。

单击 Play 按钮将调用 startPlaying()方法，该方法禁用 4 个组件。单击 Stop 按钮会调用 stopplay()方法，该方法支持除 Stop 按钮之外的所有组件。

itemStateChanged()方法接收由 Quick Pick 或 Personal 复选框的选择引发的用户事件。getItem()方法返回一个对象，该对象表示被选中的复选框。如果是 Quick Pick 复选框，用户的彩票号码将被分配 6 个 1～50 的随机数。否则，保存用户彩票号码的文本框将被清空。

LottoEvent 类为彩票号码中的每个数字使用 1～50 的数字。这是在第 118 行中建立的。它将 Math.random()方法乘以 50，将总数加 1，并将其作为 Math.floor()方法的参数。最终结果是 1～50 的随机整数。如果在第 118 行和第 69 行用不同的数字替换 50，那么可以使用 LottoMadness 来生成更大或更小的值。

LottoMadness 程序缺少用于跟踪事物的变量，如彩票数量、中奖计数和彩票号码。现在接口存储值并自动显示它们。

要完成该项目，请在 NetBeans IDE 中重新打开 LottoMadness.java。只需要添加 6 行代码就可以使用 LottoEvent 类。

首先，添加一个新的实例变量来保存 LottoEvent 对象：

```
LottoEvent lotto = new LottoEvent(this);
```

接下来，在 LottoMadness()构造函数中，调用每个可以接收用户输入的图形用户界面组件的 addItemListener()方法和 addActionListener()方法：

```
// 添加监听器
quickpick.addItemListener(lotto);
personal.addItemListener(lotto);
stop.addActionListener(lotto);
play.addActionListener(lotto);
reset.addActionListener(lotto);
```

这些语句应该在调用 setLayout()方法之后被添加到构造函数。setLayout()方法使网格布局成为该程序框架的管理器。

清单 19.3 所示为更改之后的 LottoMadness.java 的代码。添加的行是有阴影的，其余的行与第 18 章中的没有变化。

清单 19.3 LottoMadness.java

```
 1: package com.java24hours;
 2:
 3: import java.awt.*;
 4: import javax.swing.*;
 5:
 6: public class LottoMadness extends JFrame {
 7:     LottoEvent lotto = new LottoEvent(this);
 8:
 9:     //设置第 1 行
10:     JPanel row1 = new JPanel();
11:     ButtonGroup option = new ButtonGroup();
12:     JCheckBox quickpick = new JCheckBox("Quick Pick", false);
13:     JCheckBox personal = new JCheckBox("Personal", true);
14:     //设置第 2 行
15:     JPanel row2 = new JPanel();
16:     JLabel numbersLabel = new JLabel("Your picks: ", JLabel.RIGHT);
17:     JTextField[] numbers = new JTextField[6];
18:     JLabel winnersLabel = new JLabel("Winners: ", JLabel.RIGHT);
19:     JTextField[] winners = new JTextField[6];
20:     //设置第 3 行
21:     JPanel row3 = new JPanel();
22:     JButton stop = new JButton("Stop");
23:     JButton play = new JButton("Play");
24:     JButton reset = new JButton("Reset");
25:     //设置第 4 行
26:     JPanel row4 = new JPanel();
27:     JLabel got3Label = new JLabel("3 of 6: ", JLabel.RIGHT);
28:     JTextField got3 = new JTextField("0");
29:     JLabel got4Label = new JLabel("4 of 6: ", JLabel.RIGHT);
30:     JTextField got4 = new JTextField("0");
31:     JLabel got5Label = new JLabel("5 of 6: ", JLabel.RIGHT);
32:     JTextField got5 = new JTextField("0");
33:     JLabel got6Label = new JLabel("6 of 6: ", JLabel.RIGHT);
34:     JTextField got6 = new JTextField("0", 10);
35:     JLabel drawingsLabel = new JLabel("Drawings: ", JLabel.RIGHT);
36:     JTextField drawings = new JTextField("0");
37:     JLabel yearsLabel = new JLabel("Years: ", JLabel.RIGHT);
38:     JTextField years = new JTextField("0");
39:
40:     public LottoMadness() {
41:         super("Lotto Madness");
42:
43:         setSize(550, 400);
44:         setDefaultCloseOperation(JFrame.EXIT_ON_CLOSE);
45:         GridLayout layout = new GridLayout(5, 1, 10, 10);
46:         setLayout(layout);
47:
48:         // 添加监听器
49:         quickpick.addItemListener(lotto);
50:         personal.addItemListener(lotto);
```

```
 51:         stop.addActionListener(lotto);
 52:         play.addActionListener(lotto);
 53:         reset.addActionListener(lotto);
 54:
 55:         FlowLayout layout1 = new FlowLayout(FlowLayout.CENTER,
 56:             10, 10);
 57:         option.add(quickpick);
 58:         option.add(personal);
 59:         row1.setLayout(layout1);
 60:         row1.add(quickpick);
 61:         row1.add(personal);
 62:         add(row1);
 63:
 64:         GridLayout layout2 = new GridLayout(2, 7, 10, 10);
 65:         row2.setLayout(layout2);
 66:         row2.add(numbersLabel);
 67:         for (int i = 0; i < 6; i++) {
 68:             numbers[i] = new JTextField();
 69:             row2.add(numbers[i]);
 70:         }
 71:         row2.add(winnersLabel);
 72:         for (int i = 0; i < 6; i++) {
 73:             winners[i] = new JTextField();
 74:             winners[i].setEditable(false);
 75:             row2.add(winners[i]);
 76:         }
 77:         add(row2);
 78:
 79:         FlowLayout layout3 = new FlowLayout(FlowLayout.CENTER,
 80:             10, 10);
 81:         row3.setLayout(layout3);
 82:         stop.setEnabled(false);
 83:         row3.add(stop);
 84:         row3.add(play);
 85:         row3.add(reset);
 86:         add(row3);
 87:
 88:         GridLayout layout4 = new GridLayout(2, 3, 20, 10);
 89:         row4.setLayout(layout4);
 90:         row4.add(got3Label);
 91:         got3.setEditable(false);
 92:         row4.add(got3);
 93:         row4.add(got4Label);
 94:         got4.setEditable(false);
 95:         row4.add(got4);
 96:         row4.add(got5Label);
 97:         got5.setEditable(false);
 98:         row4.add(got5);
 99:         row4.add(got6Label);
100:         got6.setEditable(false);
101:         row4.add(got6);
102:         row4.add(drawingsLabel);
```

```
103:          drawings.setEditable(false);
104:          row4.add(drawings);
105:          row4.add(yearsLabel);
106:          years.setEditable(false);
107:          row4.add(years);
108:          add(row4);
109:
110:          setVisible(true);
111:      }
112:
113:      private static void setLookAndFeel() {
114:          try {
115:              UIManager.setLookAndFeel(
116:                  "com.sun.java.swing.plaf.nimbus.NimbusLookAndFeel"
117:              );
118:          } catch (Exception exc) {
119:              //忽略错误
120:          }
121:      }
122:
123:      public static void main(String[] arguments) {
124:          LottoMadness.setLookAndFeel();
125:          LottoMadness frame = new LottoMadness();
126:      }
127: }
```

在添加阴影标注的内容之后，读者可以运行该程序，它能够测试读者的彩票号码。正如读者所料，这些彩票是徒劳无益的。即使活得和《圣经》里的人物一样长，一生中赢得6位数彩票的机会也微乎其微。

19.5 总结

通过使用 Swing，读者可以用少量的代码创建一个看起来很专业的程序。虽然LottoMadness 程序比在前文中介绍的许多程序都要长，但是程序的一半代码是构建接口的语句。

与这些可能性相比，靠读者的 Java 编程技能得到回报的机会实际上是更多的。

19.6 研讨时间

Q&A

Q：是否需要对 paint()方法或 repaint()方法进行任何操作，以指示文本框的值已被更改？

A：在使用文本框组件的 setText()方法更改其值之后，不需要做任何其他事情。Swing 处理显示新值所需的更新。

Q：为什么在导入时，经常导入类及其子类，如清单 19.1 中导入了 java.awt.*和 java.awt.event.* ？第一个导入的类可以包含第二个导入的类吗？

A：通过名称看 java.awt 和 java.awt.event 包似乎是相关的，但是在 Java 中包没有继承。一个包不能是另一个包的子包。

在 import 语句中使用星号，使包中的所有类在程序中可用。

星号只对类有效，对包无效。单个 import 语句最多只能加载单个包的类。

课堂测试

在 LottoMadness 程序让读者对随机游戏产生厌恶之后，通过回答以下问题来玩一个技巧游戏。

1．为什么用"action events"指代动作事件？

A．它们是在对其他事物做出反应时发生的。

B．它们指出应该采取某种行动作为回应。

C．它们纪念电影《魔鬼暴警》（*Action Jackson*）。

2．作为 addActionListener()方法的参数，this 关键字意味着什么？

A．this 监听器应该在事件发生时使用。

B．this 事件比其他事件更重要。

C．this 对象处理事件。

3．哪个组件将用户输入存储为整数？

A．JTextField 组件。

B．JTextArea 组件。

C．既不是 A 也不是 B。

答案

1．B。"action events"包括单击按钮和从下拉列表框中选择选项。

2．C。this 关键字指的是当前对象。如果将对象的名称用作参数而不是使用 this 语句，则该对象将接收事件并处理它们。

3．C。JTextField 和 JTextArea 组件将它们的值存储为字符串，因此在将它们用作整数、浮点数或其他非字符串之前，必须先转换它们的值。

活动

如果本章的主要活动没有满足读者喜好，可以继续以下活动。

- 将一个文本框添加到 LottoMadness 程序中，该程序与 LottoEvent 类中的 Thread.sleep()语句一起工作，以降低模拟的执行速度。
- 修改 LottoMadness 程序，使其从 1～90 选择 5 个数字。

第 20 章 读/写文件

在本章中读者将学到以下知识。

- 从文件中读取字节到程序。
- 在计算机上创建一个新文件。
- 将字节数组保存到文件。
- 对存储在文件中的数据进行更改。

在计算机上有许多表示数据的方法。读者已经通过创建对象使用了其中一种方式。对象包括变量形式的数据和对象的引用。它还包括使用数据完成任务的方法。

要处理其他类型的数据，比如硬盘上的文件和 Web 服务器上的文档，可以使用 java.io 包中的类。io 部分代表“输入/输出”（input/output）。这些类用于访问数据源，如硬盘驱动器、DVD 或计算机内存。

读者可以将数据输入程序，并通过使用称为流的通信系统进行数据的发送。流是将信息从一个地方带到另一个地方的对象。

20.1 流

要在 Java 程序中永久保存数据，或之后需要检索该数据，必须使用至少一个流。

流是一种可以从一个地方获取信息，然后将其发送到另一个地方的对象。它的名字来源于将鱼、船等从一个地方带到另一个地方的河流。

流连接各种各样的源，包括计算机程序、硬盘驱动器、Internet 服务器、计算机内存和闪存盘。在学习如何使用流处理一种数据之后，读者就可以用同样的方式处理其他数据。

在本章中，读者可以使用流来读/写存储在计算机文件中的数据。

有以下两种流。

- 输入流，用于从源文件中读取数据。
- 输出流，用于将数据写入源文件。

所有的输入流和输出流都是由字节组成的，每个字节都是一个整数，其值为0～255。读者可以使用这种格式来表示数据，例如可执行程序、文字处理文档和MP3音频文件，但是这些只是字节所能表示内容的一小部分。字节流用于读/写这类数据。

> **注意**
> Java类文件以字节的形式存储在称为字节码的表单中。Java虚拟机运行字节码，而字节码实际上不必由Java生成。Java虚拟机可以运行由其他语言（包括Scala、Groovy和Jython）生成的编译字节码。读者还会了解Java虚拟机被称为字节码解释器。

处理数据的一种更专业的方式是以字符的形式来处理，如单个字母、数字、标点符号等。在读/写文本源时，可以使用字符流。

无论读者使用的是字节流、字符流还是其他类型的信息，整个过程都是相同的。

- 创建与数据关联的流对象。
- 调用流的方法，以将信息放入流或从中取出信息。
- 通过调用对象的Close()方法关闭流。

20.1.1 文件

在Java中，文件由File类表示，它也是java.io包的一部分。可以从硬盘驱动器、DVD和其他存储设备读取文件。

File对象可以表示已经存在的文件或要创建的文件。要创建一个File对象，使用文件的名称作为构造函数，如下所示：

```
File book = new File("address.dat");
```

该语句将在当前文件夹中为名为address.dat的文件创建一个对象。读者也可以在文件名中包含一个路径：

```
File book = new File("data\\address.dat");
```

> **注意**
> 这个例子适用于Windows操作系统，它使用反斜杠（\）字符作为路径和文件名中的分隔符。上述代码示例中有两个反斜杠，因为反斜杠在Java中是一个特殊字符。Linux和其他基于UNIX的操作系统使用斜杠（/）字符。要编写引用文件的Java程序，使其在不受操作系统影响的情况下工作，请使用类变量File.pathSeparator，而不是斜杠或反斜杠。例如如下语句：
>
> ```
> File book = new File("data" + File.pathSeparator
>     + "address.dat");
> ```

创建 File 对象时不会在计算机上创建文件。它只是对可能存在也可能不存在的文件的引用。

当有一个 File 对象时，读者可以对该对象调用以下几个有用的方法。

- exists()——如果文件存在则为 true，否则为 false。
- getName()——获取文件的名称，将其作为字符串。
- length()——获取文件的大小，将其作为一个长整数。
- createNewFile()——如果一个文件不存在，则创建一个同名的文件。
- delete()——如果文件存在，则删除文件。
- renameTo(File) ——重新命名文件，使用指定的参数作为 File 对象的名称。

读者还可以使用 File 对象来表示操作系统上的文件夹，而不是文件。在 File 构造函数中指定文件夹名称，可以是绝对路径（如 C:\\ document \\），也可以是相对路径（如 java\\database）。

读者有了一个代表文件夹的对象之后，调用它的 listFiles()方法可以查看文件夹中的内容。此方法返回一个 File 对象数组，该数组表示每个文件及其包含的子文件夹。

20.1.2 从流中读取数据

本章的第一个项目是使用输入流从文件中读取数据。读者可以使用 FileInputStream 类来实现这一点，它表示作为字节从文件中读取的输入流。

读者可以通过指定文件名或 File 对象作为 FileInputStream()构造函数的参数来创建文件输入流。

读/写文件的方法可能会在错误访问文件的时候抛出一个 IOException 异常。与读/写文件相关的许多方法都会生成此异常，因此 try-catch 语句块经常会被使用。此异常属于 java.io 包。

流是 Java 中不再使用时必须关闭的资源之一。

在程序运行时，让流保持打开的状态会极大地消耗 Java 虚拟机中的资源。

一个带有资源的特殊 try 语句可以确保在不再需要资源时关闭资源，例如关闭文件输入流。try 语句后面跟着圆括号。圆括号内是一个或多个 Java 语句，它们声明了通过资源读/写数据的变量。

下面是一个读取名为 cookie.web 的文本文件的示例，其中使用名为 stream 的文件输入流：

```
File cookie = new File("cookie.web");
try (FileInputStream stream = new FileInputStream(cookie)) {
    System.out.println("Length of file: " + cookie.length());
} catch (IOException ioe) {
    System.out.println("Could not read file.");
}
```

因为流位于 try 语句中，所以当 try-catch 语句块完成时，如果流未被关闭，它将被自动关闭。

文件输入流读取字节数据。读者可以通过调用流的不带参数的read()方法读取单个字节。如果流中没有更多的可用字节流，那是因为已经到达文件的末尾，此时会返回一个字节-1。

当读者读取输入流时，它从流中的第一个字节开始，例如文件中的第一个字节。读者可以通过使用一个参数调用流的skip()方法来跳过流中的一些字节：参数表示要跳过的字节数的数量。下面的语句跳过了名为scanData的流中的1 024字节：

```
scanData.skip(1024);
```

如果读者想一次读取多个字节，请执行以下操作。

- 创建一个字节数组，该数组的大小正好与要读取的字节数相同。
- 使用该数组作为参数调用流的read()方法。数组中填充从流中读取的字节。

第一个项目是从MP3音频文件读取ID3数据。由于MP3是一种非常流行的音频文件格式，因此通常在ID3文件的末尾添加128字节，以保存关于歌曲的信息，如标题、艺术家和专辑等。

ID3Reader程序使用文件输入流读取MP3音频文件，跳过除最后128字节以外的所有内容。其余的字节将被检查以确定它们是否包含ID3数据。如果有，则前3字节表示数字84、65和71。

注意

在Java支持的包含在Unicode标准字符集中的ASCII字符集上，这3个数字分别表示大写字母“T”“A”和“G”。

打开NetBeans IDE，在com. java24hours包中创建一个名为ID3Reader的空Java文件。在文件中输入清单20.1所示的内容，完成后保存文件。

清单20.1　ID3Reader.java

```
 1: package com.java24hours;
 2:
 3: import java.io.*;
 4:
 5: public class ID3Reader {
 6:     public static void main(String[] arguments) {
 7:         File song = new File(arguments[0]);
 8:         try (FileInputStream file = new FileInputStream(song)) {
 9:             int size = (int) song.length();
10:             file.skip(size - 128);
11:             byte[] last128 = new byte[128];
12:             file.read(last128);
13:             String id3 = new String(last128);
14:             String tag = id3.substring(0, 3);
15:             if (tag.equals("TAG")) {
16:                 System.out.println("Title: " + id3.substring(3, 32));
17:                 System.out.println("Artist: " + id3.substring(33, 62));
18:                 System.out.println("Album: " + id3.substring(63, 91));
```

```
19:                 System.out.println("Year: " + id3.substring(93, 97));
20:             } else {
21:                 System.out.println(arguments[0] + " does not contain"
22:                      + " ID3 info.");
23:             }
24:             file.close();
25:         } catch (IOException ioe) {
26:             System.out.println("Error -- " + ioe.toString());
27:         }
28:     }
29: }
```

在将该类作为程序运行之前，必须将 MP3 音频文件指定为命令行参数（选择 Run→Set Project Configuration→Configure，在 NetBeans IDE 中配置）。该程序可以运行任何 MP3 音频文件，如 Come On and Gettit.mp3，1973 年由玛丽昂·布莱克（Marion Black）创作的被人不公正地遗忘的灵魂乐经典。如果读者的计算机中有歌曲 Come On and Getti.mp3，则运行程序时，输出应该如图 20.1 所示。

> **小提示**
>
> 如果读者的计算机上没有 Come on and Gettit.mp3 或任何其他 MP3 音频文件，那么可以查找 MP3 歌曲，以使用知识共享许可证进行检查。
>
> 知识共享是一组版权许可，规定如何分发、编辑、再版歌曲或图书等作品。

```
Output - Java24 (run)
run:
Title: Come On and Gettit
Artist: Marion Black
Album: Eccentric Soul: The Prix Lab
Year: 2007
BUILD SUCCESSFUL (total time: 0 seconds)
```

图 20.1 ID3Reader 程序的输出

在清单 20.1 的第 11～12 行中，该程序从 MP3 音频文件中读取最后 128 字节，并将它们存储在字节数组中。第 13 行使用该数组创建一个字符串对象，该对象包含由这些字节表示的字符。

如果字符串中的前 3 个字符是“TAG”，则检查包含 ID3 信息的 MP3 音频文件。

在第 16～19 行中，调用字符串的 substring()方法来显示字符串的部分内容。ID3 格式总是将艺术家、歌曲、标题和年份信息放在最后 128 字节中的相同位置。

有些 MP3 音频文件要么根本不包含 ID3 信息，要么以程序无法读取的不同格式包含 ID3 信息。

如果读者是从购买的 *Eccentric Soul* CD 副本中创建的，则 MP3 音频文件包含可读的 ID3 信息。从音频 CD 中创建 MP3 音频文件的程序从名为 CD 数据库（CD Data Base，CDDB）的音乐行业数据库中读取歌曲信息。

在从MP3音频文件输入流中读取与ID3信息相关的所有内容之后，在第24行关闭该流。在使用完流之后，应该始终关闭它们以节省Java虚拟机资源。

> **注意**
> 读者可能想通过文件共享服务找到Come On and Getti.mp3的副本。
> 我完全可以理解这种“诱惑”与“Come On and Getti”有关。然而，根据美国唱片业协会的说法，下载任何不为读者拥有的音乐CD或者MP3音频文件都会立刻令人火冒三丈。
> *Eccentric Soul* 可以从Amazon、易趣、iTunes和任何地方的音乐频道购买。

20.1.3 缓冲的输入流

提高读取输入流的程序性能的方法之一是缓冲输入。缓冲是将数据保存在内存中，以便在程序需要时使用的过程。当Java程序需要来自缓冲输入流的数据时，它首先查看缓冲区，这比从文件等源读取数据更快。

要使用缓冲输入流，读者需要创建一个输入流，例如FileInputStream对象，然后使用该对象创建一个缓冲流。调用BufferedInputStream (InputStream)构造函数，将输入流作为唯一的参数。数据在从输入流读取时被缓冲。

若要从缓冲流中读取，请调用其不带参数的read()方法。它将返回一个0～255的整数，并表示流中的下一个数据字节。如果没有更多的字节可用，则返回-1。

作为缓冲流的一个例子，本章创建的下一个程序展示了Java中添加的一个许多程序员从他们用过的其他语言中错过的特性：控制台输入。

控制台输入是指运行程序时从控制台（也称为命令行）读取字符。

包含变量out的System类被用于System.out.print()和System.out.println()语句中。System类有一个表示InputStream对象的类变量in。此对象接收来自键盘的输入，并使其作为流可用。

读者可以像处理其他输入流一样处理这个输入流。下面的语句创建了一个使用System.in的缓冲输入流：

```
BufferedInputStream bin = new BufferedInputStream(System.in);
```

下一个项目，即com.java24hours包中的Console类，包含一个可以用于接收任何Java程序中的控制台输入的类方法。在名为Console的空Java文件中输入清单20.2所示的内容，完成后保存文件。

清单20.2 Console.java

```
1: package com.java24hours;
2:
3: import java.io.*;
4:
5: public class Console {
6:     public static String readLine() {
```

```
 7:         StringBuilder response = new StringBuilder();
 8:         try {
 9:             BufferedInputStream bin = new
10:                 BufferedInputStream(System.in);
11:             int in = 0;
12:             char inChar;
13:             do {
14:                 in = bin.read();
15:                 inChar = (char) in;
16:                 if (in != -1) {
17:                     response.append(inChar);
18:                 }
19:             } while ((in != -1) & (inChar != '\n'));
20:             bin.close();
21:             return response.toString();
22:         } catch (IOException e) {
23:             System.out.println("Exception: " + e.getMessage());
24:             return null;
25:         }
26:     }
27:
28:     public static void main(String[] arguments) {
29:         System.out.print("You are standing at the end of the road ");
30:         System.out.print("before a small brick building. Around you ");
31:         System.out.print("is a forest. A small stream flows out of ");
32:         System.out.println("the building and down a gully.\n");
33:         System.out.print("> ");
34:         String input = Console.readLine();
35:         System.out.println("That's not a verb I recognize.");
36:     }
37: }
```

Console 程序包含一个 main()方法，用于演示如何使用它。运行 Console 程序时，输出如图 20.2 所示。

```
Output - Java24 (run)
run:
You are standing at the end of the road before a small
brick building. Around you is a forest. A small stream
flows out of the building and down a gully.

> plugh
That's not a verb I recognize.
BUILD SUCCESSFUL (total time: 4 minutes 34 seconds)
```

图 20.2 Console 程序的输出

Console 类包含一个类方法 readLine()，它从控制台接收字符。当按 Enter 键时，readLine()方法返回一个字符串对象，其中包含接收到的字符。

注意

Console 程序也是一个非常不令人满意的文本冒险游戏。读者不能进入大楼，不能在溪流中涉水而行，甚至不能闲逛。

20.2 将数据写入流

在 java.io 包中，用于处理流的类常成对出现。其中包括用于处理字节流的 FileInputStream 类和 FileOutputStream 类，用于处理字符流的 FileReader 类和 FileWriter 类，以及用于处理其他类型流的其他类。

要开始编写数据，首先创建一个与输出流关联的 File 对象。相应文件不必存在于读者的操作系统中。

读者可以通过两种方式创建 FileOutputStream。如果希望将字节追加至现有文件，请调用带两个参数的 FileOutputStream()构造函数：表示文件的 File 对象和一个为 true 的 boolean 值。此方法会使字节被追加至文件的末尾。

如果希望将字节写入新文件，请调用只包含一个 File 对象的 FileOutputStream()构造函数。

有了输出流后，可以调用不同的 write()方法来写入字节。

- 调用只有一个字节作为参数的 write()方法，将该字节写入流。
- 调用只有一个字节作为参数的 write()方法，将数组的所有字节写入流。
- 指定 3 个参数至方法 write(byte[]、int、int)：字节数组、要写入流的数组的第一个元素位置和要写入的字节数。

下面的语句创建一个包含 10 个字节的字节数组，并将最后 4 个字节写入输出流：

```
File dat = new File("data.dat");
FileOutputStream datStream = new FileOutputStream(dat);
byte[] data = new byte[] { 5, 12, 4, 13, 3, 15, 2, 17, 1, 18 };
datStream.write(data, 6, 4);
```

当向流写入字节时，可以通过调用 String 对象的 getBytes()方法将字符串转换为字节数组，如下所示：

```
String name = "Puddin N. Tane";
byte[] nameBytes = name.getBytes();
```

将字节写入流以后，需调用流的 close()方法关闭它。

即将编写的下一个项目是一个简单的程序 ConfigWriter，它通过向文件输出流写入字节来将几行文本保存到文件。打开 NetBeans IDE，在 com.java24hours 包中创建名为 ConfigWriter 的空 Java 文件，并输入清单 20.3 所示的内容，完成后保存文件。

清单 20.3 ConfigWriter.java

```
1: package com.java24hours;
```

```
 2:
 3: import java.io.*;
 4:
 5: public class ConfigWriter {
 6:     String newline = System.getProperty("line.separator");
 7:
 8:     public ConfigWriter() {
 9:         try {
10:             File file = new File("program.properties");
11:             FileOutputStream fileStream = new FileOutputStream(file);
12:             write(fileStream, "username=max");
13:             write(fileStream, "score=12550");
14:             write(fileStream, "level=5");
15:             fileStream.close();
16:         } catch (IOException ioe) {
17:             System.out.println("Could not write file");
18:         }
19:     }
20:
21:     void write(FileOutputStream stream, String output)
22:         throws IOException {
23:
24:         output = output + newline;
25:         byte[] data = output.getBytes();
26:         stream.write(data, 0, data.length);
27:     }
28:
29:     public static void main(String[] arguments) {
30:         new ConfigWriter();
31:     }
32: }
```

运行此程序时，它将创建一个名为 program.properties 的文件。其中内容包含以下 3 行文本：

输出▼

```
username=max
score=12550
level=5
```

此文件在第 10 行被创建，并与第 11 行中的文件输出流相关联。这 3 个属性在第 12～14 行被写入流。

如果没有指定其他文件夹的话，在 NetBeans IDE 中运行的程序将保存在项目主文件夹的文件（或多个文件）中。查看 NetBeans IDE 中的 program.properities 文件，在 Projects 窗格中单击 Files 窗格，将其置顶。该文件位于 Java24 文件夹的顶部。在 Files 下，双击 program.properities 打开文件，如图 20.3 所示。

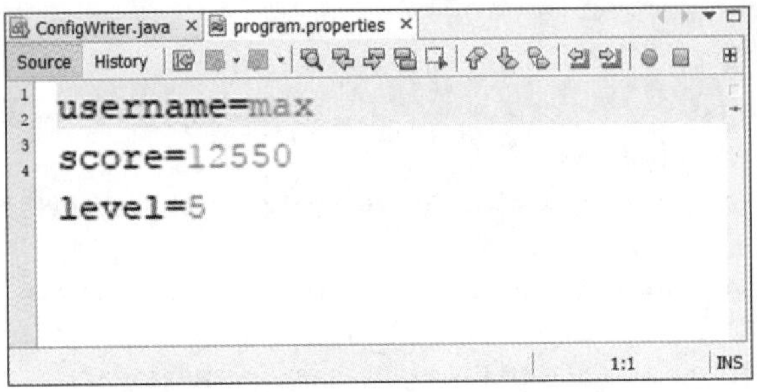

图 20.3　打开 program.properities 文件

20.3　读取和写入配置属性

如果可以使用命令行配置，则 Java 程序的参数配置会比较灵活。正如读者在前文中创建的几个程序中所演示的那样。java.util 包中包含一个 Properties 类，它允许程序从另一个文本文件加载参数配置。

该文件可以像 Java 中的其他文件源一样被读取。

- 创建表示文件的 File 对象。
- 从该 File 对象创建一个 FileInputStream 对象。
- 调用 load()方法从输入流检索属性。

属性文件是由一组属性名后面跟着等号（=）和它们的值组成的。这里有一个例子：

```
username=lepton
lastCommand=open database
windowSize=32
```

每行代表了每个属性，因此这将分别设置名为 username、lastCommand 和 windowSize 的属性的值为“lepton”“open database”和“32”。ConfigWriter 程序使用了相同的格式。

下面的代码加载一个名为 config.dat 的属性文件：

```
File configFile = new File("config.dat");
FileInputStream inStream = new FileInputStream(configFile);
Properties config = new Properties();
config.load(inStream);
```

配置设置（或称为属性）以字符串的形式存储在 Properties 对象中。每个属性都由一个键唯一标识。调用 getProperty()方法通过键检索属性，如下所示：

```
String username = config.getProperty("username");
```

因为属性是以字符串的形式存储的，所以必须以某种方式将它们转换为数值的形式，如下所示：

```
String windowProp = config.getProperty("windowSize");
int windowSize = 24;
try {
```

```
    windowSize = Integer.parseInt(windowProp);
} catch (NumberFormatException exception) {
    // 什么都不做
}
```

调用带两个参数的setProperty()方法可以存储属性，两个参数为键和值：

```
config.setProperty("username", "max");
```

读者可以通过调用Properties对象的list(PrintStream)方法来显示所有属性。PrintStream类是贯穿全书的内容：它是System类的out实例变量的类，读者一直使用它来显示System.out.println()和System.out.print()语句的输出。下面的代码调用list()方法显示所有属性：

```
config.list(System.out);
```

当属性被更改后，读者可以把它们写回文件。

- 创建表示文件的File对象。
- 从该File对象创建一个FileInputStream对象。
- 调用store(OutputStream, String)将属性保存到指定的带有属性文件描述的输出流。

对于本章的最后一个项目，将新建ConfigWriter程序，它将一些程序的设置写入文件。ConfigWriter程序将这些设置读入Java属性文件，用当前日期和时间添加一个名为runtime的新属性，并保存更改后的文件。

打开NetBeans IDE，在com.java24hours包中创建一个名为ConfigWriter的空Java文件，并输入清单20.4所示的内容，完成后保存文件。

清单20.4 ConfigWriter.java

```
 1: package com.java24hours;
 2:
 3: import java.io.*;
 4: import java.util.*;
 5:
 6: public class Configurator {
 7:
 8:     public Configurator() {
 9:         try {
10:             //加载属性文件
11:             File configFile = new File("program.properties");
12:             FileInputStream inStream = new FileInputStream(configFile);
13:             Properties config = new Properties();
14:             config.load(inStream);
15:             //创建新属性
16:             Date current = new Date();
17:             config.setProperty("runtime", current.toString());
18:             //保存属性文件
19:             FileOutputStream outStream = new FileOutputStream(configFile);
20:             config.store(outStream, "Properties settings");
21:             inStream.close();
```

```
22:             config.list(System.out);
23:         } catch (IOException ioe) {
24:             System.out.println("IO error " + ioe.getMessage());
25:         }
26:     }
27:
28:     public static void main(String[] arguments) {
29:         new Configurator();
30:     }
31: }
```

在该程序中，用于 program.properties 文件的 File 对象被创建，并与第 11～12 行中的文件输入流相关联。该文件的内容由第 13～14 行的流加载到 Properties 对象。

第 16～17 行创建了一个用于当前日期和时间的新属性。然后，将该文件与第 19 行中的输出流相关联，并将整个属性文件写入第 20 行的流。

ConfigWriter 程序的输出如图 20.4 所示。

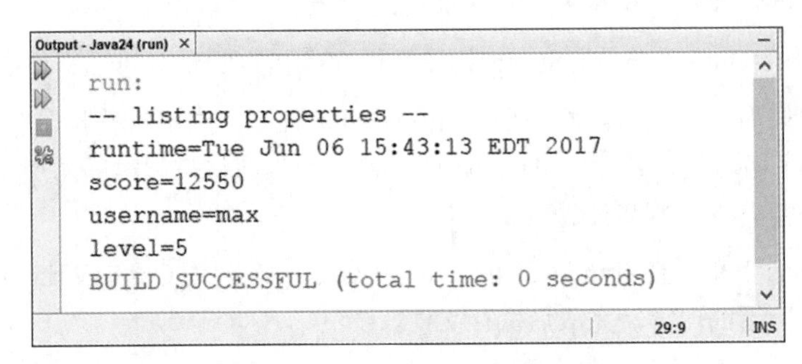

图 20.4　ConfigWriter 程序的输出

program.properties 文件包含以下内容：

输出▼

```
-- listing properties --
runtime=Tue Jun 06 15\:43\:13 EDT 2017
score=12550
username=max
level=5
```

反斜杠字符用于格式化程序的输出，确保属性文件的正确存储。

20.4　总结

在本章中，读者处理了读/写字节的输入流和输出流，这是在流上表示数据的一种简单方法。

java.io 包中有更多的类以其他方式处理流。还有一个名为 java.net 的类包，它允许读者通过 Internet 连接读/写流。

字节流可以适应多种用途，因为它可以轻松地将字节转换为其他类型数据，比如整数、字符和字符串。

本章的第一个项目是 ID3Reader 程序，它从流中读取字节并将其转换为字符串，以这种格式从玛丽昂·布莱克的专辑 *Eccentric Soul* 的一首歌曲中读取 ID3 数据，如 *Come On and Gettit*。

20.5 研讨时间

Q&A

Q：为什么本章的一些字节流方法使用整数作为参数？它们应该使用字节作为参数吗？

A：流中的字节与字节类所表示的字节是有区别的。Java 中的字节的值的范围为-128～127，而流中的字节的值的范围为 0～255。考虑到这个原因，在处理字节时通常必须使用整数，它可以保存 128～255 的值，而字节不能。

课堂测试

要查看在本章内是否从知识树中获取了足够大的“字节”，请读者回答以下关于 Java 中流的问题。

1．下列哪项技术可用于将字节数组转换为字符串？

A．调用数组的 toString()方法。

B．将每个字节转换为一个字符，然后将每个字节分配给一个字符串数组。

C．用数组作为参数调用 String()构造函数。

2．在 Java 程序中，什么类型的流用于读取文件？

A．输入流。

B．输出流。

C．其他。

3．File 类的什么方法可以用来确定文件的大小？

A．getSize ()方法。

B．read ()方法。

C．length()方法。

答案

1．C。读者可以单独处理每个字节，如答案 B 中建议的那样，但是读者也可以轻松地从其他类型数据创建字符串。

2．A。输入流是从 File 对象创建的，或者通过向输入流的构造函数提供文件名创建的。

3．C。此方法返回一个长整数，表示流中的字节数。

活动

要体验另一种流的“清凉”感觉，读者可试试以下活动。

- 编写一个程序，读取文件夹中所有 MP3 音频文件的 ID3 标签，并使用艺术家、歌曲和专辑信息（在提供这些信息时）重命名这些文件。
- 编写一个程序，该程序读取 Java 源文件并将其写回，而不需要使用新名称进行任何更改。

第 21 章 使用 Java 9 的新 HTTP 客户端

在本章中读者将学到以下知识。

- 向 Java 项目中添加模块。
- 创建一个 HTTP Web 浏览器对象。
- 对 Web 服务器发出 GET 请求。
- 从 Web 请求接收数据。
- 从网上下载一个图像文件。
- 将数据发送到 Web 服务器。

虽然 Web 服务器是为了展示网站而创建的，但自从万维网出现以来，Web 服务器的发展已经远远超出了浏览器的范畴。通过 HTTP 进行通信的能力已经被许多类型的软件所利用，包括 RSS 阅读器、Web 服务、软件更新器和操作系统。

Java 9 引入了一个 HTTP 客户端库，使通过 Web 发送和接收数据变得更容易、更快和更可靠。

Java 类库中不自动包含此库。相反，它是通过新版本中一个备受期待的特性模块添加的。

在本章中，读者将学习如何通过 HTTP 建立模块和 Web 连接。

21.1 Java 模块

当 Java 程序被发布时，它们与程序使用的类库一起打包到 Java Archive （JAR）文件中。该 JAR 文件和项目所需的其他 JAR 文件都放在 Java 虚拟机在运行程序时访问的类路径中。

随着时间的推移，这一过程的低效已经变得显而易见。JAR 文件中可能有数百甚至数千个 Java 类，并且仅按包组织。相同的类可能位于类路径的两个不同位置，从而导致在程序运行期间使用类的混乱。

Java 9通过使用模块在如何部署程序方面提供了更多的控制。

Java 9中包含的新的HTTP客户端库必须包含在模块中，以便在编写的程序中可用。该库是一个名为jdk.incubator.http的包。

在NetBeans IDE中，按照如下步骤将该模块添加到Java24项目。

- 选择File→New File，然后在Categories列表框中选择“Java”。在File Types列表框中出现了一些内容：Java Module Info。
- 选择Java Module Info，然后单击Next按钮。
- 对话框显示类名module-info，不允许选择包名，然后单击Finish按钮。

在源代码编辑器中打开文件module-info.java并进行编辑。它只需要如下3行：

```
module Java24 {
    requires jdk.incubator.httpclient;
}
```

保存文件后，将类保存到jdk.incubator.httpclient，可以在该项目中的任何Java程序中使用。

21.2　发出HTTP请求

Web服务器通过称为HTTP请求的消息与浏览器和其他类型的Web客户端软件通信。

该请求可用于向两个方向传递信息，可以在服务器和客户端之间接收和发送数据。

本章的第一个项目演示了如何使用HTTP客户端库连接Web服务器、请求文档并了解有关服务器的信息。这是一个简单的过程，尽管它需要几个类。

使用该库进行Web请求需要以下步骤。

1. 创建HttpClient类的浏览器对象。
2. 创建一个请求构建器（HttpRequest.Builder内部类）。
3. 将请求构建为HttpRequest对象。
4. 使用浏览器将请求发送到Web服务器。
5. 接收HttpResponse对象。

浏览器是使用HttpClient类的工厂方法创建的：

```
HttpClient browser = HttpClient.newHttpClient();
```

如读者所料，浏览器的工作是将请求发送到服务器。

使用构建器类创建请求，构建器需要服务器的Web地址。web.net包中的URI类表示一个地址（也称为URI或URL），可以这样创建：

```
URI link = new URI("网址");
```

如果指定为唯一参数的 Web 地址不是格式正确的 Web 地址，则会抛出一个来自 java.net 的 URISyntaxException 异常。

使用 URI 对象，可以调用工厂方法 HttpRequest.newBuilder（URI）来创建构建器：

```
HttpRequest.Builder bob = HttpRequest.newBuilder(uri);
```

构建器的 build()方法创建请求，该请求是 HttpRequest 类的一个对象：

```
HttpRequest request = bob.build();
```

现在已经有了浏览器和请求，可以将其发送到 Web 服务器并获得响应。响应是使用泛型的 HttpResponse 对象，因为它可以接收多种格式的信息。

浏览器的 send()请求有以下两个参数。

- 一个 HttpRequest 对象。
- 设置响应格式的处理程序。

处理程序是通过调用 HttpResponse.BodyHandler 内部类的类方法创建的，如下所示：

```
HttpResponse<String> response = browser.send(request,
    HttpResponse.BodyHandler.asString());
```

HttpResponse 中的泛型引用将响应定义为字符串。处理程序的 asString()方法调用浏览器的 send()方法来返回一个字符串。

处理程序还有一个 asFile (Path)方法返回文件中的响应，以及一个 asByteArray()方法以 byte[]的形式返回响应。

每个 HTTP 请求都提供关于响应和发送响应的服务器的更多信息的头文件。其中一个头文件 Server 包含运行服务器的软件的名称和版本号。出于安全原因，一些服务器省略了版本号。

响应的 headers()方法以 HttpHeaders 对象的形式返回 headers。调用该对象的 firstValue (String)方法时使用头文件的名称，以返回与该名称匹配的第一个头文件。下面是实现该功能的代码：

```
HttpHeaders headers = response.headers();
Optional<String> server = headers.firstValue("Server");
```

调用 firstValue()方法返回的对象是来自 java.util 包的数据结构，它使处理不存在空值的东西更容易。使用没有值的对象会导致 NullPointerException 异常，这是 Java 中常见的异常之一。

Optional 类使用 isPresent()方法对此进行保护。该方法在包含有效值时返回 true，否则返回 false。

server 的值是一个字符串，如上述语句的 Optional< String >部分中的泛型所示。可以在显示该字符串的同时避免出现 null 问题，显示如下：

```
if (server.isPresent()) {
    System.out.println("Server: " + server.get());
}
```

将这些技术付诸实践后，ServerCheck程序请求6家技术公司的主页，并报告它们使用的服务器软件。

打开NetBeans IDE，在com.java24hours包中创建一个名为ServerCheck的空Java文件。在源代码编辑器中输入清单21.1所示的内容。

清单21.1　ServerCheck.java

```
 1: package com.java24hours;
 2:
 3: import java.io.*;
 4: import java.net.*;
 5: import java.util.*;
 6: import jdk.incubator.http.*;
 7:
 8: public class ServerCheck {
 9:     public ServerCheck() {
10:         String[] sites = {
11:             "网址1",
12:             "网址2",
13:             "网址3",
14:             "网址4",
15:             "网址5",
16:             "网址6"
17:         };
18:         try {
19:             load(sites);
20:         } catch (URISyntaxException oops) {
21:             System.out.println("Bad URI: " + oops.getMessage());
22:         } catch (IOException | InterruptedException oops) {
23:             System.out.println("Error: " + oops.getMessage());
24:         }
25:     }
26:
27:     public void load(String[] sites) throws URISyntaxException, IOException,
28:             InterruptedException {
29:
30:         for (String site : sites) {
31:             System.out.println("\nSite: " + site);
32:             // 创建Web客户端
33:             HttpClient browser = HttpClient.newHttpClient();
34:             // 建立一个网站请求
35:             URI uri = new URI(site);
36:             HttpRequest.Builder bob = HttpRequest.newBuilder(uri);
37:             HttpRequest request = bob.build();
38:             // 执行请求
39:             HttpResponse<String> response = browser.send(request,
40:                 HttpResponse.BodyHandler.asString());
41:             // 查找服务器头文件
42:             HttpHeaders headers = response.headers();
43:             Optional<String> server = headers.firstValue("Server");
44:             if (server.isPresent()) {
```

```
45:                 System.out.println("Server: " + server.get());
46:             } else {
47:                 System.out.println("Server unidentified");
48:             }
49:         }
50:     }
51:
52:     public static void main(String[] arguments) {
53:         new ServerCheck();
54:     }
55: }
```

保存文件并运行该程序以生成图 21.1 所示的输出。

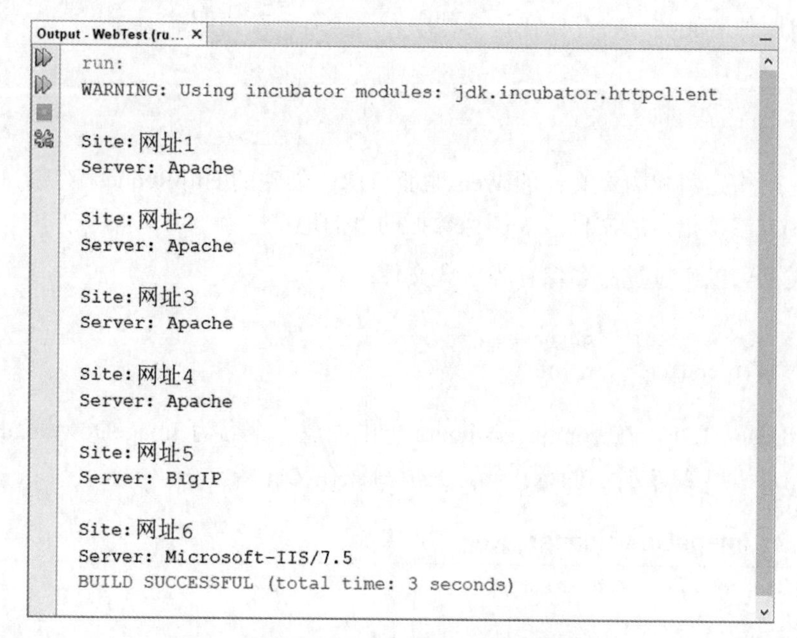

图 21.1　使用 HTTP 客户端请求服务器头文件

就像在第 20 章使用的输入类和输出类一样，这些 HTTP 类的方法必须处理数据传输中的错误。它们从 java.io 包中抛出 IOException 和 InterruptedException 异常。

ServerCheck 程序有一个 load()方法，它执行从 Web 服务器请求 6 个主页并返回响应所需的所有 HTTP 任务。

可能发生的 3 个异常放在 try-catch 语句块的构造函数中。try-catch 语句块使用第 22 行中捕获多种异常的 catch 语句。

21.3　从 Web 保存文件

可以通过 HTTP 检索的数据不限于文本文件，如 Web 页面。任何类型的数据都可以作为字节访问，包括图像、视频和可执行文件。

下一个项目将使用新的 HTTP 客户端库从我的博客下载图像并保存到计算机。

ImageDownloader 程序遵循与前面示例相同的步骤，直到发送请求为止。首先创建浏览器，并使用 URI 创建请求构建器，然后构建请求。

在将请求发送到 Web 服务器之前，必须做一些准备工作。当接收到图像时，必须创建一个文件来保存图像的内容：

```
Path temp = Files.createTempFile("lighthouse", ".jpg");
```

java.nio 包中有一个 Files 类，读者可以通过调用它的类方法 createTempFile(String, String) 来创建一个临时文件。这两个参数是文件名和文件扩展名中使用的文本标识符。文件名由标识符、数字和文件扩展名生成，例如 lighthouse3994062538481620758.jpg。

一旦有了一个文件，浏览器的 send()方法就可以使用响应处理程序将该文件指定为第二个参数。来自服务器的响应将存储在该文件中。这里有一个声明：

```
HttpResponse<Path> response = browser.send(request,
    HttpResponse.BodyHandler.asFile(temp));
```

请求是使用构建器和图像文件的 Web 地址（URI）创建的 HttpRequest 对象。BodyHandler 的 asFile(Path)方法使指定的文件成为图像数据的目的地。

该临时文件可以通过重命名保存为永久文件：

```
File perm = new File("lighthouse.jpg");
temp.toFile().renameTo(perm);
```

打开 NetBeans IDE，在 com.java24hours 包中创建一个名为 ImageDownloader 的空 Java 文件，然后输入清单 21.2 所示的源代码，完成后保存文件。

清单 21.2　ImageDownloader.java

```
 1: package com.java24hours;
 2:
 3: import java.io.*;
 4: import java.net.*;
 5: import java.nio.file.*;
 6: import jdk.incubator.http.*;
 7:
 8: public class ImageDownloader {
 9:     public ImageDownloader() {
10:         String uri = "网址";
11:         try {
12:             load(uri);
13:         } catch (URISyntaxException oops) {
14:             System.out.println("Bad URI: " + oops.getMessage());
15:         } catch (IOException | InterruptedException oops) {
16:             System.out.println("Error: " + oops.getMessage());
17:         }
18:     }
19:
20:     public void load(String imageUri) throws URISyntaxException, IOException,
```

```
21:           InterruptedException {
22:
23:               // 创建 Web 客户端
24:               HttpClient browser = HttpClient.newHttpClient();
25:               // 为图像构建一个请求
26:               URI uri = new URI(imageUri);
27:               HttpRequest.Builder bob = HttpRequest.newBuilder(uri);
28:               HttpRequest request = bob.build();
29:               // 创建一个文件来保存图像数据
30:               Path temp = Files.createTempFile("lighthouse", ".jpg");
31:               // 执行请求并检索数据
32:               HttpResponse<Path> response = browser.send(request,
33:                   HttpResponse.BodyHandler.asFile(temp));
34:               System.out.println("Image saved to "
35:                   + temp.toFile().getAbsolutePath());
36:               // 永久保存文件
37:               File perm = new File("lighthouse.jpg");
38:               temp.toFile().renameTo(perm);
39:               System.out.println("Image moved to " + perm.getAbsolutePath());
40:       }
41:
42:       public static void main(String[] arguments) {
43:           new ImageDownloader();
44:       }
45: }
```

当 ImageDownloader 程序运行时，一个名为 lighthouse.jpg 的文件会出现在项目的主文件夹中。单击 Files 将其放到前面（这与 Projects 窗格位于 NetBeans IDE 的相同部分）。双击文件以在主窗格中打开它，如图 21.2 所示。

图 21.2 从 Web 下载的图像文件

该程序在第 34～35 行和第 39 行中分别显示临时和永久图像文件的位置。

21.4　在网上发布数据

到目前为止，本章的重点是使用 HTTP 从 Web 获取内容。现在是时候回馈社会了。最后一个项目是 SalutonVerkisto 程序。这是一个 Java 程序，使用 POST 请求向我的 Web 服务器发送消息。

POST 请求可以对服务器接收的大量数据进行编码，例如博客文章，甚至图像或视频文件。GET 请求可以将信息传递到服务器，但它受 URI 中所包含内容的限制。

程序为我的服务器上接收注释的脚本创建 URI：

```
String site = "网址";
URI uri = new URI(site);
```

两个字符串，yourName 和 yourMessage，包含将要发送的名称和注释：

```
String yourName = "Sam Snett of Indianapolis";
String yourMessage = "Your book is pretty good, if I do say so myself.";
```

信息将通过 HTTP 请求被发送到 Web 服务器，就像前面的项目一样。在发送注释之前，必须使用 HttpRequest.BodyProcessor 内部类的方法对其进行编码。

该类有一个 fromString()方法，它使用一组名称—值对进行调用，这些名称—值对由一个长字符串中的“&”字符分隔：

```
HttpRequest.BodyProcessor proc = HttpRequest.BodyProcessor.fromString (
    "name=" + URLEncoder.encode(yourName, "UTF-8") +
    "&comment=" + URLEncoder.encode(yourMessage, "UTF-8") +
    "&mode=" + URLEncoder.encode("demo", "UTF-8")
);
```

HttpRequest.BodyProcessor 内部类的 encode(String, String)方法接受两个参数：要使用的消息和字符编码。正确的编码取决于 Web 服务器可以接受什么信息。我的服务器上的脚本可以接受 UTF-8 编码的信息，因此在这里使用它。

此方法调用指定的 3 个名称—值对：name、comment 和 mode。前两个从 yourName 和 yourMessage 中获取它们的值。mode 的值是“demo”，它让服务器脚本知道消息的目的，它还可以帮助清除可能向脚本发送垃圾邮件的垃圾邮件发送者。

处理后的消息 proc 可用于创建一个请求构建器，该请求构建器具有对 newBuilder(URI)方法的调用和随后的 3 个方法的调用。

如下代码更有意义：

```
HttpRequest.Builder newBuilder = HttpRequest.newBuilder(uri)
    .header("Content-Type", "application/x-www-form-urlencoded")
    .header("Accept", "text/plain")
    .POST(proc);
```

该方法调用将 4 个调用叠加在一起。这是因为每个调用都是对 HttpRequest.Builder 的调用。这些调用返回构建器对象。这些调用的目的如下。

1．newBuilder(URI)为该 Web 地址创建一个构建器。

2．header(String, String)将一个名为 Content-Type 的请求头的值设置为“application/x-www- form-urlencoded”。这告诉服务器正在发送一个 Web 表单。

3．另一个 header()将 Accept 设置为“text/plain”，这是请求的 MIME 类型。

4．post(HttpRequest.BodyProcessor)将编码的消息格式化为 HTTP POST 请求。

现在构建器已经准备好了，可以构建请求：

```
HttpRequest request = newBuilder.build();
```

请求通过浏览器 send(HttpRequest, HttpResponse.BodyHandler)调用发送，并使用一个处理程序将响应作为字符串返回：

```
HttpResponse<String> response = client.send(request,
    HttpResponse.BodyHandler.asString());
System.out.println(response.body());
```

在 ServerCheck 程序中使用了相同的技术，但是本程序显示响应。

打开 NetBeans IDE，在 com.java24hours 包中以空 Java 文件的形式创建 SalutonVerkisto 程序，并输入清单 21.3 所示的源代码，完成后保存文件。

清单 21.3 SalutonVerkisto.java

```
 1: package com.java24hours;
 2:
 3: import java.io.*;
 4: import java.net.*;
 5: import jdk.incubator.http.*;
 6:
 7: public class SalutonVerkisto {
 8:
 9:     public SalutonVerkisto() {
10:         String site = "http://workbench.cadenhead.org/post-a-comment.php";
11:         try {
12:             postMessage(site);
13:         } catch (URISyntaxException oops) {
14:             System.out.println("Bad URI: " + oops.getMessage());
15:         } catch (IOException | InterruptedException oops) {
16:             System.out.println("Error: " + oops.getMessage());
17:         }
18:     }
19:
20:     public void postMessage(String server) throws IOException,
21:             URISyntaxException, InterruptedException {
22:
23:         HttpClient client = HttpClient.newHttpClient();
24:
25:         // 服务器地址
```

```
26:         URI uri = new URI(server);
27:
28:         // 设置消息
29:         String yourName = "Sam Snett of Indianapolis";
30:         String yourMessage = "Your book is pretty good, if I do say so myself.";
31:
32:         // 编码的消息
33:         HttpRequest.BodyProcessor proc = HttpRequest.BodyProcessor.fromString (
34:             "name=" + URLEncoder.encode(yourName, "UTF-8") +
35:             "&comment=" + URLEncoder.encode(yourMessage, "UTF-8") +
36:             "&mode=" + URLEncoder.encode("demo", "UTF-8")
37:         );
38:
39:         // 准备请求
40:         HttpRequest.Builder newBuilder = HttpRequest.newBuilder(uri)
41:             .header("Content-Type", "application/x-www-form-urlencoded")
42:             .header("Accept", "text/plain")
43:             .POST(proc);
44:
45:         // 完成请求
46:         HttpRequest request = newBuilder.build();
47:
48:         // 从服务器获取响应
49:         System.out.println("Method: " + request.method() + "\n");
50:         HttpResponse<String> response = client.send(request,
51:             HttpResponse.BodyHandler.asString());
52:         System.out.println(response.body());
53:     }
54:
55:     public static void main(String[] arguments) {
56:         new SalutonVerkisto();
57:     }
58: }
```

在运行SalutonVerkisto程序之前，编辑第29～30行。把读者的名字和位置写在yourName里，以及把读者想告诉我的事情写在yourMessage里。这些将在我的博客上的一篇文章中公开展示。

该程序返回从读者那里收到的评论，如图21.3所示。

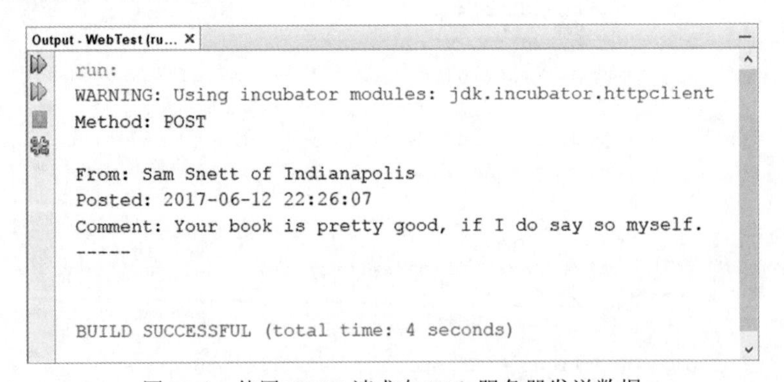

图21.3　使用POST请求向Web服务器发送数据

21.5 总结

在软件和 Web 服务中使用 HTTP 可能是不可避免的。协议在任何地方都可以实现，防火墙必须允许流量通过端口 80，否则 Web 浏览器将无法工作。

Java 9 中的新 HTTP 客户端库试图使利用这种有用的双向信息通道变得更容易。

读者可能会感到困惑，为什么本章的最终项目被命名为 SalutonVerkisto。

读者在第 2 章创建的 Saluton 程序中有一条线索。该程序输出消息“Saluton mondo!”，也就是“你好，世界!”的世界语。“saluton”翻译过来就是“你好”。

“Saluton verkisto”的意思是“你好，作者”。

21.6 研讨时间

Q&A

Q：为什么本章的 3 个程序输出中会有潜伏期（incubation）警告？

A：Java 的创建者在 Java 9 中引入了孵化器（incubator）的概念。新的 HTTP 客户端库正在酝酿中，这意味着它仍处于开发的早期阶段。

处于孵化阶段的项目可能会在 Java 的下一个版本中发生变化。在使用 jdk.incubator.http 包的类时，读者需要记住这一点。

Q：互联网上的第一个网站是什么？

A：第一个网站是 http://info.cern.ch，现在还存在于互联网上。蒂姆·伯纳斯·李（Tim Berners-Lee），欧洲核子研究组织（CERN）的英国物理学家，用该网站来描述他的新发明——万维网。

第一个 Web 页面位于 http://info.cern.ch/hypertext/WWW/TheProject.html，随着 Web 吸引了用户、发布者和软件开发人员，它每天都在更新。该网站将 Web 定义为“一个旨在提供对大量文档的通用访问的广域超媒体信息检索计划”。

课堂测试

通过回答以下问题，检查读者在 HTTP 编程方面“吸收”了多少 Web 信息。

1．哪种类型的请求可用于向 Web 服务器发送信息？

A．GET 请求。

B．POST 请求。

C．GET 和 POST 请求。

2．什么类保存从请求生成的服务器接收到的信息？

A．HttpClient 类。

B．HttpResponse 类。

C．HttpRequest 类。

3．使用可选数据结构的一个原因是什么？

A．为了避免 NullPointerException 异常。

B．保存空值的集合。

C．运行得更快。

答案

1．C。POST 请求发送大量数据，GET 请求发送 Web 地址（URI）上的数据。

2．B。HttpResponse 对象通过调用浏览器的 send()方法返回信息。

3．A。调用 isPresent()方法检查该结构是否持有空值而不持有一个有效的对象。

活动

要进一步了解本章的 Web 编程主题，请读者进行以下活动。

- 在 ServerCheck 程序中再添加 5 家技术公司的主页。
- 编写一个使用 HTTP 响应的“content-Type”和“Content-Encoding”头的程序，以报告服务器使用的 MIME 类型和字符编码。

第22章
绘制Java2D图形

在本章中读者将学到以下知识。

- 设置文本的字体和颜色。
- 设置容器的背景颜色。
- 绘制线条、矩形和其他形状。
- 绘制GIF和JPEG图形。
- 绘制填充和未填充形状。

在本章中，读者将学习如何将容器——包含图形用户界面组件的纯灰色面板和框架，转换为读者可以在上面绘制字体、颜色、形状和图形的艺术画布。

22.1 使用Font类

颜色和字体由java.awt包中的Color类和Font类表示。使用这些类，读者可以以不同的字体和大小显示文本，并更改文本和图形的颜色。字体是用Font(String, int, int)构造函数创建的，它有以下3个参数。

- 字体的名称，通常是一个通用名称（“Dialog”“DialogInput”“monospace”“SanSerif”或“Serif”）或者实际的字体名称（“Arial Black”“Helvetica”或“Courier New”）。
- 3个变量之一的样式：Font.BOLD、Font.ITALIC或Font.PLAIN。
- 字体大小（以点为单位）。

下面的语句创建了一个大小为12点的斜体衬线字体：

```
Font current = new Font("Serif", Font.ITALIC, 12);
```

如果读者使用特定字体而不是通用字体，就必须将其安装在运行程序的计算机上。

读者可以将字体样式组合在一起，如下所示：

```
Font headline = new Font("Courier New", Font.BOLD + Font.ITALIC, 72);
```

当读者拥有一种字体后，可以调用 Graphics2D 组件的 setFont(font)方法将其指定为当前字体。以下代码创建一个“Comic Sans”字体对象，并在绘制文本之前将其指定为当前字体：

```
public void paintComponent(Graphics comp) {
    Graphics2D comp2D = (Graphics2D) comp;
    Font font = new Font("Comic Sans", Font.BOLD, 15);
    comp2D.setFont(font);
    comp2D.drawString("Potrzebie!", 5, 50);
}
```

Java 支持抗锯齿处理以更平滑地绘制字体和图形、减少外观上的块状。要启用此功能，必须设置呈现提示。Graphics2D 对象有一个 setRenderingHint(int, int)方法，它有以下两个参数。

- 键的渲染提示。
- 与该键关联的值。

这些值是 java.awt 包中的 RenderingHints 类的类变量。要激活抗锯齿处理，需要调用 setRenderingHint()方法，并使用两个参数：

```
comp2D.setRenderingHint(RenderingHints.KEY_ANTIALIASING,
    RenderingHints.VALUE_ANTIALIAS_ON);
```

本例中的 comp2D 对象是 Graphics2D 对象，它表示容器的绘图环境。

22.2 使用 Color 类

Java 中的颜色由 Color 类表示，它包含以下常量作为类变量：black（黑色）、blue（蓝色）、cyan（青色）、darkGray（深灰色）、gray（灰色）、green（绿色）、lightGray（浅灰色）、magenta（品红）、orange（橙色）、pink（粉色）、red（红色）、white（白色）和 yellow（黄色）。

在容器中，读者可以调用 setBackground(color)方法并且使用这些常量来设置组件的背景颜色，如下所示：

```
setBackground(Color.orange);
```

与当前字体一样，必须在使用 setColor(color)方法绘制文本之前设置当前颜色。下面的代码用于将当前颜色设置为蓝色并绘制该颜色的文本：

```
public void paintComponent(Graphics comp) {
    Graphics2D comp2D = (Graphics2D) comp;
    comp2D.setColor(Color.blue);
    comp2D.drawString("Go, Owls!", 5, 50);
}
```

与可以直接在容器上调用的 setBackground()方法不同，读者必须在 Graphics2D 对象上调用 setColor()方法。

22.3 创建自定义颜色

读者可以在 Java 中通过指定红、绿、蓝（RGB）值创建自定义颜色。RGB 值会根据颜色中红色、绿色和蓝色的数量定义颜色。每个值的范围为 0（没有相应颜色）～255（最大值）。

构造函数 Color(int,int,int)接受表示红色、绿色和蓝色值的参数。下面的代码绘制了一个显示金色文本（红色 159、绿色 121、蓝色 44）的面板在一个蓝绿色（红色 0、绿色 101、蓝色 118）的背景上：

```
import java.awt.*;
import javax.swing.*;

public class Jacksonville extends JPanel {
    Color gold = new Color(159, 121, 44);
    Color teal = new Color(0, 101, 118);

    public void paintComponent(Graphics comp) {
        Graphics2D comp2D = (Graphics2D) comp;
        comp2D.setColor(teal);
        comp2D.fillRect(0, 0, 200, 100);
        comp2D.setColor(gold);
        comp2D.drawString("Go, Jaguars!", 5, 50);
    }
}
```

本例调用 Graphics2D 对象的 fillRect()方法来使用当前颜色绘制并填充矩形。

> **注意**
>
> RGB 值可以创建 1 650 万个可能的组合，尽管大多数计算机显示器只能提供其中大多数的近似值。如果读者想知道深蓝和中淡绿色是否搭配得很好，可以在书店排队的时候阅读萨姆斯（Sams）的 *Teach Yourself Color Sense* 一书。

22.4 绘制线条和形状

在 Java 程序中绘制线条和矩形等形状与显示文本一样简单。读者只需要一个 Graphics2D 对象来定义绘图表面和表示要绘图的对象。

Graphics2D 对象有一些方法，用于使用如下命令绘制文本：

```
comp2D.drawString("Draw, pardner!", 15, 40);
```

文本“Draw, pardner!”将绘制在(15,40)坐标处。绘图方法使用与文本相同的 O_{xy} 坐标系。(0,0)坐标位于容器的左上角，*x* 值向右递增，*y* 值向下递增。读者可以使用以下语句确定可以在框架或其他容器中使用的最大(x, y)值：

```
int maxXValue = getSize().width;
int maxYValue = getSize().height;
```

除线条之外，读者可以绘制填充或未填充的形状。用当前颜色完全填充形状占用的空间来绘制填充形状，而未填充的形状用当前颜色绘制边框。

22.4.1　绘制线条

创建一个 2D 绘图的对象，它表示正在绘制的形状。

定义形状的对象属于 java.awt.geom 包中的类。

Line2D.Float 类创建一条连接起点(x, y)和终点(x, y)的线。下面的语句创建了一条从点(40,200)到点(70,130)的直线：

```
Line2D.Float line = new Line2D.Float(40F, 200F, 70F, 130F);
```

参数后面跟着字母“F”，表示它们是浮点数。如果省略了这一点，Java 将把它们视为整数。

> **注意**
> Line2D.Float 的类名中间有一个句点，这与读者以前使用过的大多数类不同。这是因为 Float 是 Line2D 类的一个静态内部类，第 16 章讨论了这个主题。

除线条之外的所有形状都是通过调用 Graphics2D 类的方法绘制的：draw()方法用于绘制轮廓，fill()方法用于填充形状。

下面的语句绘制了在上述例子中创建的 line 对象：

```
comp2D.draw(line);
```

22.4.2　绘制矩形

矩形可以填充或不填充、具有圆角或方角。它们是使用 Rectangle2D.Float(int, int, int, int)构造函数创建的，带有以下参数。

- 矩形左上角的 x 坐标。
- 矩形左上角的 y 坐标。
- 矩形的宽度。
- 矩形的高度。

下面的语句绘制一个有方角、未填充的矩形：

```
Rectangle2D.Float box = new Rectangle2D.Float(245F, 65F, 20F, 10F);
```

该语句绘制一个矩形，其左上角位于(245,65)坐标处，宽度为 20 像素，高度为 10 像素。

要绘制该矩形的轮廓，可以使用以下语句：

```
comp2D.draw(box);
```

如果读者想填充矩形，则使用 fill()方法：

```
comp.fill(box);
```

可以使用 RoundRectangle2D.Float 类绘制圆角矩形。

该类的构造函数具有与 Rectangle2D.Float 相同的 4 个参数，并添加以下两个参数。

- 距离矩形角 *x* 方向上的像素数。
- 距离矩形角 *y* 方向上的像素数。

这些距离用于确定矩形的圆角应该从哪里开始。

下面的语句绘制一个圆角矩形：

```
RoundRectangle2D.Float ro = new RoundRectangle2D.Float(
    10F, 10F,
    100F, 80F,
    15F, 15F);
```

这个矩形的左上角在(10,10)坐标处。第 3 个和第 4 个参数指定矩形的宽度和高度。在这种情况下，它应该是 100 像素宽×80 像素高。

RoundRectangle2D.Float()的最后两个参数指定所有 4 个角都应该从角(10,10)处开始四舍五入，距离角 15 像素。

22.4.3 绘制椭圆和圆

读者可以使用 Ellipse2D.Float 类绘制椭圆和圆。它接受如下 4 个参数。

- 椭圆的 *x* 坐标。
- 椭圆的 *y* 坐标。
- 椭圆的宽度。
- 椭圆的高度。

(*x*, *y*)坐标并不像读者所期望的那样表示椭圆或圆中心的点。相反，(*x*, *y*)坐标、宽度和高度描述了一个不可见的矩形，椭圆或圆正好位于其中。(*x*, *y*)坐标表示这个矩形的左上角。如果它有相同的宽度和高度，椭圆就是一个圆。

下面的语句在矩形内(245,45)坐标处绘制一个圆，高度和宽度各为 5 像素：

```
Ellipse2D.Float cir = new Ellipse2D.Float(
    245F, 45F, 5F, 5F);
```

22.4.4　绘制弧

读者可以利用 Java 绘制的另一个关于圆的形状是弧。使用 Arc2D. Float 类绘制弧，它的构造函数具有许多相同的参数。读者可以通过指定一个椭圆来绘制弧，该椭圆的一部分应该是可见的（以度为单位），弧的起始位置应该在椭圆上。

若要绘制弧，请向构造函数指定以下整型参数。

- 椭圆所在的不可见矩形的 x 坐标。
- 矩形的 y 坐标。
- 矩形的宽度。
- 矩形的高度。
- 椭圆上弧的起始点（角度为 0 度～359 度）。
- 弧的大小（也以度为单位）。
- 弧的类型。

弧的起始点和大小从 0 度到 359 度为逆时针方向，从 3 点钟位置的 0 度开始，如图 22.1 所示。

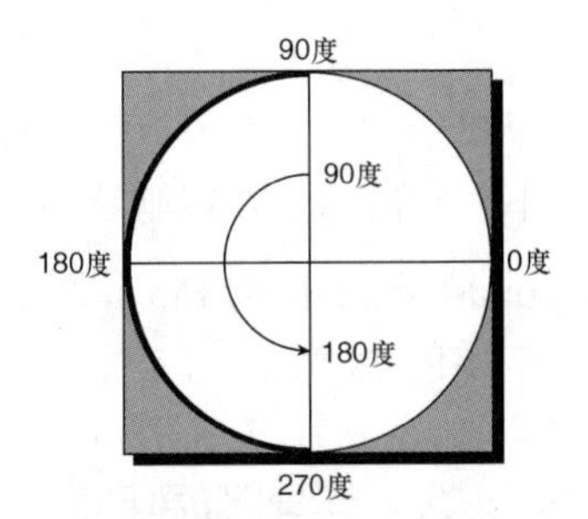

图 22.1　如何定义弧的角度

弧的类型是使用类变量指定的：PIE 用于饼图切片，CLOSED 表示端点用直线连接，OPEN 表示端点不连接。

下面的语句在(100,50)坐标处绘制一个 120 度的开放弧，从 30 度的标记开始，宽度为 65 像素，高度为 75 像素：

```
Arc2D.Float smile = new Arc2D.Float(100F, 50F, 65F, 75F,
    30F, 120F, Arc2D.Float.OPEN);
```

22.5　绘制饼图

为了结束本章，我们将创建 PiePanel，一个显示饼图的图形用户界面组件。

该组件是 JPanel 的一个子类。JPanel 是一个简单的容器，用于绘制一些东西。

创建类的一种方法是定义类对象创建的方式。使用 PiePanel 类的程序必须执行以下步骤。

- 使用构造函数方法 PiePanel(int)创建一个 PiePanel 对象。作为参数指定的整数表示饼图包含的片数。
- 调用对象的 addSlice(Color, float)方法来给一个切片指定颜色和值。

在 PiePanel 中，每片的值都指由该片表示的量。

例如，根据高等教育办公室（Office of Postsecondary Education）的数据，表 22.1 所示为该项目前 38 年美国学生贷款偿还情况的数据。

表 22.1 美国学生贷款偿还情况

学生偿还金额	1 010 亿
贷给在校生的金额	680 亿
贷给学生的还款	910 亿
贷给违约学生的金额	250 亿

读者可以使用 PiePanel 在饼图中表示该数据，使用以下语句：

```
PiePanel loans = new PiePanel(4);
loans.addSlice(Color.green, 101F);
loans.addSlice(Color.yellow, 68F);
loans.addSlice(Color.blue, 91F);
loans.addSlice(Color.red, 25F);
```

图 22.2 显示了包含一个组件的程序框架中的结果：使用学生贷款偿还情况的数据创建的 PiePanel。

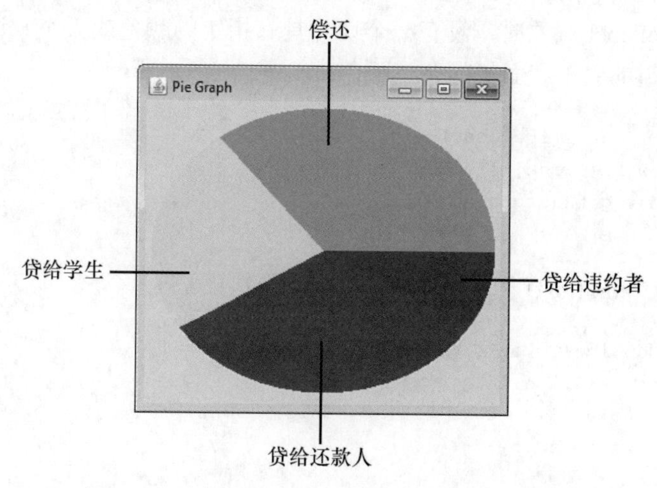

图 22.2 在饼图上显示学生贷款偿还情况的数据

当创建 PiePanel 对象时，读者需要在构造函数中指定切片的数量。读者需要知道如下 3 个件事来绘制每一个切片。

- 由 Color 对象表示的切片的颜色。
- 每个切片表示的值。
- 所有切片表示的总值。

一个新的辅助类 PieSlice 用于表示饼图中的每个切片：

```
import java.awt.*;

class PieSlice {
    Color color = Color.lightGray;
    float size = 0;

    PieSlice(Color pColor, float pSize) {
```

```
            color = pColor;
            size = pSize;
        }
    }
```

每个切片都是通过调用 PieSlice(Color, float)构造的。所有切片的总值存储到 PiePanel 类的私有实例变量 totalSize。面板的背景颜色也有实例变量（background），还有一个计数器（current）用来跟踪切片：

```
private int current = 0;
private float totalSize = 0;
private Color background;
```

现在有了一个可以使用的 PieSlice 类，读者可以使用另一个实例变量创建一个 PieSlice 对象数组：

```
private PieSlice[] slice;
```

当读者创建 PiePanel 对象时，没有一个切片具有指定的颜色或大小。读者只需要在构造函数中定义切片数组的大小和面板的背景颜色：

```
public PiePanel(int sliceCount) {
    slice = new PieSlice[sliceCount];
    background = getBackground();
}
```

使用 addSlice(Color, float)方法在面板中添加一个饼图：

```
public void addSlice(Color sColor, float sSize) {
    if (current <= slice.length) {
        slice[current] = new PieSlice(sColor, sSize);
        totalSize += sSize;
        current++;
    }
}
```

current 实例变量用于将每个切片放入 slice 数组。

数组的 length 变量包含数组已定义要包含的元素数；只要 current 不大于 slice.length，读者就可以继续向面板添加切片。

正如读者期望的那样，PiePanel 类在其 paintComponent()方法中处理所有绘图操作。对于这个任务，最棘手的是绘制代表饼图每个切片的弧。

处理方法如下：

```
float start = 0;
for (int i = 0; i < slice.length; i++) {
    float extent = slice[i].size * 360F / totalSize;
    comp2D.setColor(slice[i].color);
    Arc2D.Float drawSlice = new Arc2D.Float(
        xInset, yInset, width, height, start, extent,
```

```
            Arc2D.Float.PIE);
        start += extent;
        comp2D.fill(drawSlice);
    }
```

start 变量跟踪从何处开始绘制弧，而 extent 变量跟踪弧的大小。如果读者知道所有饼图切片的总大小和特定切片的大小，则可以通过将弧的大小乘以 360 再除以所有切片的总大小来算出比例。

在 for 循环中绘制所有弧：在计算每个弧的 extent 之后，弧被创建，然后将 extent 添加至 start。这将导致每个切片从前一个切片旁边开始绘制。

调用 Graphics2D 的 fill()方法绘制弧。

要将所有代码放在一起，请打开 NetBeans IDE，在 com.java24hours 包中创建一个名为 PiePanel 的空 Java 文件，并输入清单 22.1 所示的内容，完成后保存文件。

清单 22.1 PiePanel.java

```
 1: package com.java24hours;
 2:
 3: import java.awt.*;
 4: import javax.swing.*;
 5: import java.awt.geom.*;
 6:
 7: public class PiePanel extends JPanel {
 8:     private PieSlice[] slice;
 9:     private int current = 0;
10:     private float totalSize = 0;
11:     private Color background;
12:
13:     public PiePanel(int sliceCount) {
14:         slice = new PieSlice[sliceCount];
15:         background = getBackground();
16:     }
17:
18:     public void addSlice(Color sColor, float sSize) {
19:         if (current <= slice.length) {
20:             slice[current] = new PieSlice(sColor, sSize);
21:             totalSize += sSize;
22:             current++;
23:         }
24:     }
25:
26:     public void paintComponent(Graphics comp) {
27:         super.paintComponent(comp);
28:         Graphics2D comp2D = (Graphics2D) comp;
29:         int width = getSize().width - 10;
30:         int height = getSize().height - 15;
31:         int xInset = 5;
32:         int yInset = 5;
33:         if (width < 5) {
34:             xInset = width;
```

```
35:         }
36:         if (height < 5) {
37:             yInset = height;
38:         }
39:         comp2D.setColor(background);
40:         comp2D.fillRect(0, 0, getSize().width, getSize().height);
41:         comp2D.setColor(Color.lightGray);
42:         Ellipse2D.Float pie = new Ellipse2D.Float(
43:             xInset, yInset, width, height);
44:         comp2D.fill(pie);
45:         float start = 0;
46:         for (int i = 0; i < slice.length; i++) {
47:             float extent = slice[i].size * 360F / totalSize;
48:             comp2D.setColor(slice[i].color);
49:             Arc2D.Float drawSlice = new Arc2D.Float(
50:                 xInset, yInset, width, height, start, extent,
51:                 Arc2D.Float.PIE);
52:             start += extent;
53:             comp2D.fill(drawSlice);
54:         }
55:     }
56: }
57:
58: class PieSlice {
59:     Color color = Color.lightGray;
60:     float size = 0;
61:
62:     PieSlice(Color pColor, float pSize) {
63:         color = pColor;
64:         size = pSize;
65:     }
66: }
```

该程序在第1～56行中定义了一个PiePanel类，在第58～66行中定义了一个PieSlice辅助类。PiePanel类可以用作任何Java程序图形用户界面中的组件。要测试PiePanel，读者需要创建一个使用它的类。

22.6 总结

通过使用字体、颜色和图形，读者可以将更多的注意力吸引到程序的元素上，并且使它们对用户更具吸引力。

使用Java中可用的形状来绘制一些东西看起来似乎比它本身更麻烦。然而，与从图像文件中加载的图像相比，用多边形描述的图形有以下两个优势。

- 速度——即使是一个小图像，比如图标，加载和显示的时间也比一系列多边形要长。
- 缩放——读者可以通过更改创建多边形的值来更改使用多边形的整个图形的大小。例如，读者可以向Sign类添加一个函数，在创建每个形状中的所有(x, y)点之前，将它们乘以 2，这样就会得到两倍大的图形。多边形图形的缩放速度比图像快得多，并产生更好的结果。

22.7 研讨时间

Q&A

Q：怎么绘制顺时针而不是逆时针的弧呢？

A：读者可以通过将弧的大小指定为负数来实现这一点。这条弧起于同一点，但沿与椭圆轨迹方向相反的方向绘制。例如，下面的语句在(35,20)坐标处绘制了一个 90 度的开放弧，从 0 度标记开始，顺时针方向，高度为 20 像素，宽度为 15 像素：

```
Arc2D.Float smile = new Arc2D.Float(35F, 20F, 15F, 20F,
    0F, -90F, Arc2D.Float.OPEN);
```

Q：椭圆和圆没有角，那么，用 Ellipses.Float 构造函数指定的(*x*, *y*)坐标是什么？

A：(*x*, *y*)坐标表示椭圆或圆的最小 *x* 值和最小 *y* 值。如果在它周围绘制一个不可见的矩形，那么矩形的左上角将是用作方法参数的 *x* 和 *y* 坐标。

课堂测试

通过回答以下问题来测试读者的字体和颜色技巧是否熟练。

1．下面哪个选项不是用来选择颜色的常量？

A．Color.cyan。

B．Color.purple。

C．Color.magenta。

2．当更改某个对象的颜色并在容器上重新绘制它时，必须做些什么才能使其可见？

A．用 drawColor()方法。

B．用 repaint()方法。

C．什么也不做。

3．RGB 代表什么？

A．Roy G. Biv（彩红的 7 种颜色）。

B．Red Green Blue（紫色）。

C．*Lucy in the Sky with Diamonds*。

答案

1．B。奥兰多市的代表色，即紫色。在 Color 类中并没有该颜色。

2．B。调用 repaint()方法会导致手动调用 paintComponent()方法。

3．B。如果 C 是正确答案，读者可以使用只有在多年后的回忆中才可见的颜色。

活动

为了进一步探索在程序中使用字体和颜色的可能性，请读者进行以下活动。

- 创建一个新的 PieFrame 类，它将颜色值和饼图切片值作为命令行参数，而不是将它们包含在程序的源代码中。
- 创建一个使用颜色、形状和字体在面板上绘制停止标志的程序。

第 23 章
使用 Java 创建 Minecraft Mod

在本章中读者将学到以下知识。

- 在计算机上安装 Minecraft 服务器。
- 编写启动服务器的脚本。
- 为 Minecraft Mod 编程设置 NetBeans IDE。
- 为 Mod 创建一个框架。
- 设计一个产生暴民的 Mod。
- 使一个暴民成为另一个暴民的骑士。
- 找到游戏中的所有暴民并攻击他们。
- 编写一个 Mod。

本章涵盖了近年来已经成为一种现象的东西。

我有几个十几岁的儿子，他们都是狂热的游戏玩家，他们都玩多人游戏 *Minecraft*。他们大多数同龄的堂兄弟姐妹也玩这个游戏。当我告诉任何一个年轻人我写过关于 Java 编程的书时，他们都问我同一个问题：它会教我如何创建 Minecraft Mod 吗？

Mod 是游戏的扩展，由玩家设计和共享。Minecraft 是用 Java 编写的，Mod 必须用相同的语言编写。

学习 Java 是创建 Minecraft Mod 的第一步。

本章是第二步。在本章结束时，读者将有自己的 Minecraft 服务器，它可以被下载、安装，并运行在读者的计算机上。读者还可以使用 Java 创建 Mod，在服务器上部署它们，并在玩游戏时使用它们。

但是要小心，到处都是“爬虫”。

23.1　设置 Minecraft 服务器

开发 Mod 需要访问 Minecraft 服务器。当读者开始作为一个 Mod 开发人员时，最好的方法是在读者自己的计算机上安装和运行一个服务器。因为目前还没有向游戏中添加 Mod 的标准方法，所以不同的服务器有不同的方法来实现这个功能。

在创建 Mod 时最容易使用的是 Spigot 项目，这是一个专门为此目的设计的 Minecraft 服务器和 Java 类库。Spigot 是免费的，读者可以从网站查找文件 spigotserver.jar 进行下载。

该文件包含打包为 JAR 文件的 Minecraft 服务器和类库。

Spigot API 是一组将在创建 Mod 时使用的 Java 包。

下载完成后，在计算机上创建一个新文件夹并将文件存储在其中。在我的 Windows 计算机上，我创建了 C:\minecraft\server 并将 JAR 文件复制到其中。

接下来，将 spigotserver.jar 复制到相同的文件夹。这是启动 Minecraft 服务器时运行的文件。

通过以下命令启动服务器：

```
java -Xms1024M -Xmx1024M -jar spigotserver.jar
```

该命令告诉 Java 虚拟机运行打包为 JAR 文件 spigotserver.jar 的程序，并为程序分配 1 024 MB 内存。

为了避免在每次运行服务器时输入此命令，可以创建包含此命令的批处理文件或 Shell 文件，然后运行该文件。

在 Windows 上，打开一个文本编辑器（如 Notepad），并将清单 23.1 所示的内容输入文件，将其保存为 start-server.bat，保存在放置 spigotserver.jar 的同一文件夹中。

清单 23.1　start-server.bat

```
1: java -Xms1024M -Xmx1024M -jar spigotserver.jar
2: pause
```

双击该文件以运行服务器。如果成功运行，将打开一个窗口，显示服务器在启动时正在做什么。

读者将看到一条错误消息“Failed to load eula.txt”，如图 23.1 所示。这是应该发生的。

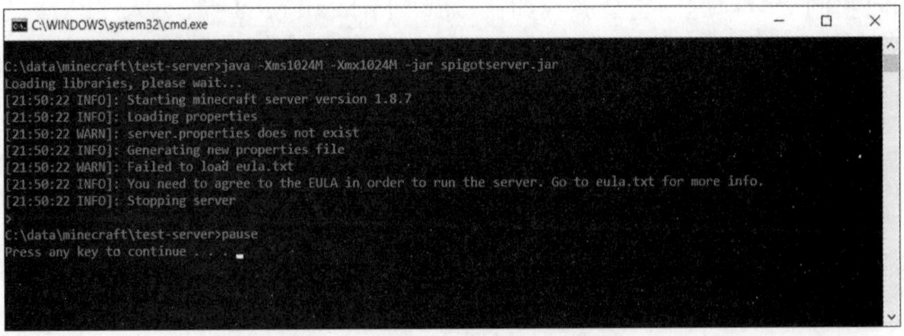

```
C:\WINDOWS\system32\cmd.exe

C:\data\minecraft\test-server>java -Xms1024M -Xmx1024M -jar spigotserver.jar
Loading libraries, please wait...
[21:50:22 INFO]: Starting minecraft server version 1.8.7
[21:50:22 INFO]: Loading properties
[21:50:22 WARN]: server.properties does not exist
[21:50:22 INFO]: Generating new properties file
[21:50:22 WARN]: Failed to load eula.txt
[21:50:22 INFO]: You need to agree to the EULA in order to run the server. Go to eula.txt for more info.
[21:50:22 INFO]: Stopping server
>
C:\data\minecraft\test-server>pause
Press any key to continue . . .
```

图 23.1　服务器 EULA 检查失败

Minecraft 有一个最终用户许可协议（End User Licence Agreement，EULA），在运行服务器之前必须接受它。

在与服务器相同的文件夹中有一个名为 eula.txt 的文件。该文件包含以下文本：

```
eula=false
```

如果同意 EULA，那么在文本编辑器中打开 eula.txt 文件，将该文本更改为 eula = true，保存文件，然后再次运行服务器。

服务器第一次运行时，它会创建十多个文件和子文件夹，并构建世界地图。如果成功，读者将看到最后一条消息“[INFO]:Done”和“>”提示符旁边的闪烁光标。

help 命令列出了可以用来控制服务器和游戏世界的命令。stop 命令用于关闭服务器（暂时不要这样做!）。

图 23.2 显示了一个正在运行的 Spigot 服务器。

```
C:\WINDOWS\system32\cmd.exe
[22:15:21 INFO]: Custom Map Seeds:  Village: 10387312 Feature: 14357617
[22:16:21 INFO]: Tile Max Tick Time: 50ms Entity max Tick Time: 50ms
[22:15:21 INFO]: Max TNT Explosions: 100
[22:15:21 INFO]: Entity Tracking Range: Pl 48 / An 48 / Mo 48 / Mi 32 / Other 64
[22:15:21 INFO]: Random Lighting Updates: false
[22:15:21 INFO]: Structure Info Saving: true
[22:15:21 INFO]: Hopper Transfer: 8 Hopper Check: 8 Hopper Amount: 1
[22:15:21 INFO]: Sending up to 10 chunks per packet
[22:15:21 INFO]: Max Entity Collisions: 8
[22:15:21 INFO]: Preparing start region for level 0 (Seed: -2171463313270444984)
[22:15:22 INFO]: Preparing spawn area: 7%
[22:15:23 INFO]: Preparing spawn area: 12%
[22:15:24 INFO]: Preparing spawn area: 20%
[22:15:25 INFO]: Preparing spawn area: 26%
[22:15:26 INFO]: Preparing spawn area: 34%
[22:15:27 INFO]: Preparing spawn area: 43%
[22:15:28 INFO]: Preparing spawn area: 53%
[22:15:29 INFO]: Preparing spawn area: 65%
[22:15:30 INFO]: Preparing spawn area: 77%
[22:15:31 INFO]: Preparing spawn area: 90%
[22:15:32 INFO]: Preparing start region for level 1 (Seed: -2171463313270444984)
[22:15:33 INFO]: Preparing spawn area: 14%
[22:15:34 INFO]: Preparing spawn area: 38%
[22:15:35 INFO]: Preparing spawn area: 59%
[22:15:37 INFO]: Preparing spawn area: 80%
[22:15:37 INFO]: Preparing start region for level 2 (Seed: -2171463313270444984)
[22:15:38 INFO]: Preparing spawn area: 48%
[22:15:39 INFO]: Preparing spawn area: 98%
[22:15:39 INFO]: Done (18.775s)! For help, type "help" or "?"
>
```

图 23.2 正在运行的 Spigot 服务器

此窗口必须在服务器运行时保持打开状态。如果读者运行的服务器窗口是这样的，可以跳过下一节，继续 23.2 节。

修复运行服务器的问题

在下载和安装服务器之后，有两个常见错误会阻止服务器成功运行。

第一个错误显示消息“Unable to access jarfile spigotserver.jar”，如图 23.3 所示。

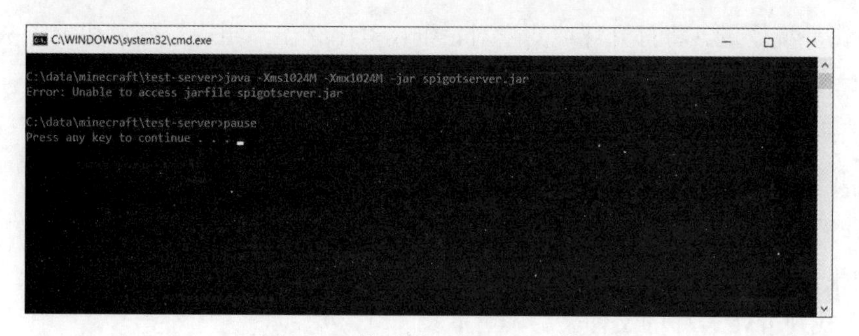

图 23.3 找不到 Spigot JAR 文件

要修复此问题，请确保文件 spigotserver.jar 与启动服务器时运行的文件（start-server.bat）位于同一个文件夹中。然后尝试重新启动服务器。

第二个错误显示消息“‘java’ is not recognized as an internal of external command”，如图 23.4 所示。

图 23.4　找不到 Java 虚拟机

Java 虚拟机位于一个名为 java.exe 的文件中。它位于计算机上安装 Java 的文件夹的 bin 子文件夹中。当 java 命令不被识别时，这意味着计算机不知道在哪里可以找到 java.exe。

在 Windows 上，这个问题可以通过将包含 java.exe 的文件夹的名称添加到控制面板设置中名为 Path 的环境变量来解决。

首先，找到 Java 文件夹，转到主硬盘的根文件夹，然后打开 Program Files 或 Program Files (x86)文件夹，查看其中一个文件夹是否包含 Java 子文件夹。如果找到了，就打开那个文件夹。

Java 文件夹可能包含 Java 开发工具包的几个版本，每个版本都有一个版本号。在我的计算机上，有 jdk1.8.0 和 jdk-9 文件夹，更大的数字表示更新的 Java 开发工具。

打开该文件夹，然后打开它的 bin 子文件夹。其中应该有几十个应用程序，包括一个名为 Java 的应用程序。

计算机需要更新 Path 环境变量以包含此文件夹的路径，就像 C:\Program Files\jdk-9\bin（自己的 Java 开发工具版本号）。

要将 Java 虚拟机添加到路径，请遵循以下步骤。

1．打开开始菜单上的控制面板，或者在文本搜索框中输入控制面板。

2．选择系统，然后选择高级系统设置。打开系统属性对话框，默认在高级选项卡中。

3．单击环境变量。将打开环境变量对话框，其中列出一组用户变量和一组系统变量。

4．在系统变量面板中，拖动滚动条向下滚动直到找到 Path，单击它，然后单击面板下面的编辑按钮。打开编辑环境变量对话框。

5．如果看到一个变量值文本框，请小心地将光标放在该文本框的文本末尾。在找到 Java 程序的文件夹后面添加一个分号字符。

6．如果没有看到变量值文本框，则单击新建按钮。光标移动到文件夹列表下面的文本框中，输入找到 Java 程序的文件夹。

7．单击确定按钮关闭每个对话框，然后关闭控制面板。

尝试再次运行服务器。如果它仍然不能工作，可以通过重新安装 Java 开发工具来解决这个问题。

重新安装 Java 开发工具之后，重新启动计算机并再次运行 Minecraft 服务器。

23.2 连接到服务器

如果想要制作 Minecraft Mod，读者的计算机上应该安装一个 Minecraft 客户端，可以用它来玩游戏。如果没有，读者可以从网站购买并下载游戏。这款游戏有适用于 Windows、macOS、视频游戏机和移动设备的版本，但 Mod 编程需要适用于 Windows 或 macOS 的版本。

启动 Minecraft 并选择多人游戏。应该将新服务器视为其中一个选项，如图 23.5 所示。

该服务器名为“Minecraft Server”（稍后可以将其更改为更酷的服务器）。客户端将向服务器发送 ping 消息并报告速度，速度显示为一组连接条，如图 23.5 所示。

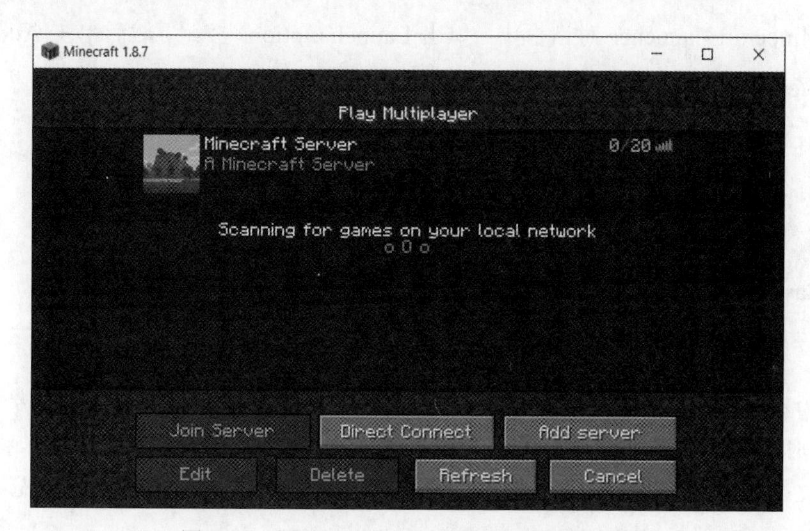

图 23.5 新 Minecraft 服务器已经准备好连接

这些连接条表示已经准备好连接。如果看到它们，请选择服务器（通过单击它）并单击 Join Server 按钮。现在有一个新的 Minecraft 运行在读者自己的服务器上，继续第 23.3 节。

当客户端无法连接到服务器时，将显示×，而不是连接条。下面将描述如何排除此问题。

修复服务器连接的问题

有时 Minecraft 客户端在向服务器发送 ping 消息并获得响应方面存在问题，如图 23.6 所示。

这个问题最常见的原因是服务器运行的 Minecraft 版本与客户端的不同。在服务器窗口中，第一条消息指示服务器正在运行的版本，即“Starting minecraft server version 1.8.7”。

Minecraft 客户端通常运行最新版本。读者可以编辑个人资料，以使用较旧的版本。完全退出 Minecraft 客户端。读者需要重载它来改变版本。

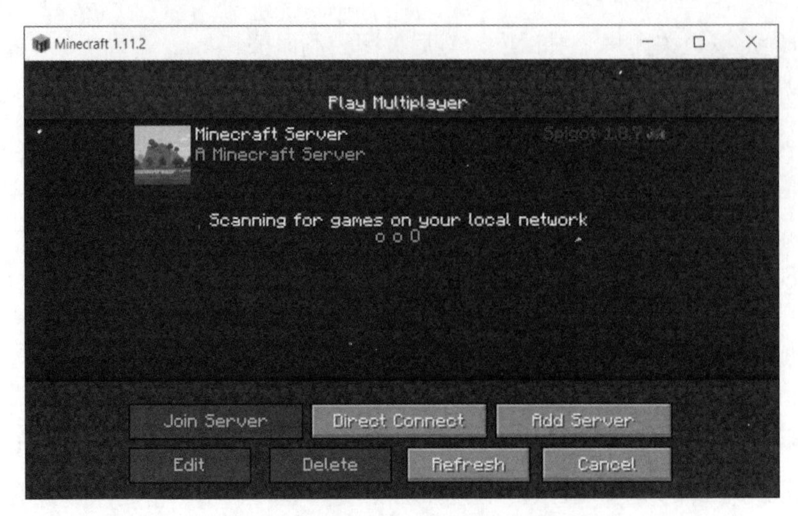

图 23.6　新 Minecraft 服务器有连接问题

再次运行 Minecraft 客户端，按照以下步骤在配置文件中选择不同的版本。

1. 在 Minecraft Launcher 对话框中，单击 Launch Options 按钮，然后单击 Add New 按钮。
2. 在 Version 下拉列表框中，选择 Release 1.8.7。
3. 单击 Save 按钮。
4. 单击 Settings 按钮。
5. 单击 Play 按钮旁边的箭头，然后选择 Unnamed configuration1.8.7。

单击 Play 按钮，然后选择 Multiplayer，读者应该看到服务器上有连接条。

注意

改变读者的玩家配置文件会影响到读者使用的所有 Minecraft 服务器，包括读者在未创建和测试 Mod 时所使用的服务器。当没有连接到自己的 Spigot 服务器时，请确保将 Play 按钮上的配置更改为当前版本（或者创建第二个玩家配置文件，以便一个用于 Mod 工作，一个用于玩游戏）。

23.3　创建读者的第一个 Mod

现在已经为 Minecraft 设置并运行了一个 Spigot 服务器，下面开始为该服务器开发 Mod。

Mod 必须打包为 Java 归档文件，也称为 JAR 文件。NetBeans IDE 是在本书中使用的 Oracle 的免费集成开发环境，它在每次构建项目时自动创建 JAR 文件。

当编写完一个 Mod 时，将在名为 plugins 的子文件夹中添加服务器的文件夹。

本章的第一个 Mod 是一个简单的 Mod，它演示了将在为 Spigot 创建的每个 Mod 中使用的框架。Mod 在游戏中添加了“/siamesecat”命令，该命令将创建一个 Siamesecat（暹罗猫族），并将其添加到世界中，使读者（玩家）成为它的主人。

每个 Mod 在 NetBeans IDE 中将是它自己的项目。要开始这个项目，遵循以下步骤。

1．在 NetBeans IDE 中，选择 File→New Project，弹出 New Project 对话框。

2．在 Categories 列表框中选择 Java，在 Project 列表框中选择 Java Application。然后单击 Next 按钮。

3．在 Project Name 文本框中，输入 SiameseCat。

4．单击 Project Folder 文本框旁边的 Browse 按钮，弹出 Select Project Location 对话框。

5．找到读者安装 Minecraft 服务器的文件夹，选择它并单击 Open 按钮。该文件夹的路径出现在 Project Location 文本框中。

6．取消选择 Create Main Class 复选框。

7．单击 Finish 按钮。

创建 SiameseCat 项目，并在 Projects 窗格中显示两个文件夹：Source Packages 和 Libraries，如图 23.7 所示。

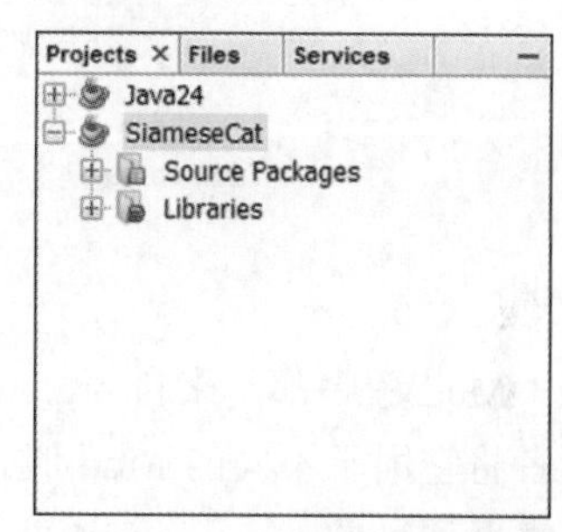

图 23.7 向 Java 项目添加库

按照以下步骤添加 JAR 文件。

1．在每个 Mod 项目中，必须在开始编写 Java 代码之前添加 Java 类库。在 Projects 窗格中安装下载的 Spigot JAR 文件，右击 Libraries 文件夹并选择快捷菜单中的 Add Library，弹出 Add Library 对话框。

2．单击 Create 按钮，弹出 Create New Library 对话框。

3．在 Library Name 文本框中，输入 Spigot 并单击 OK 按钮，弹出 Customize Library 对话框。

4．单击 Add JAR/Folder 按钮，弹出 Browse JAR/Folder 对话框。

5．找到并打开安装服务器的文件夹。

6．单击 spigotserver.jar 以选择该文件。

7．单击 Add JAR /Folder 按钮。

8．单击 OK 按钮。

9．Available Libraries 窗格现在有了一个 Spigot 项。选择它并单击 Add Library 按钮。

Projects 窗格的 Libraries 文件夹中包含用于 Spigot 的 JAR 文件（单击 Libraries 旁边的"+"查看它）。下面开始编写 Mod 程序。

按照以下步骤创建程序。

1．选择 File→New File，弹出 New File 对话框。

2．在 Categories 列表框中，选择 Java。

3．在 File Types 列表框中，选择 Empty Java File，然后单击 Next 按钮。

4．在 Class Name 文本框中，输入 SiameseCat。

5．在 Package 文本框中，输入 org.cadenhead.minecraft。

6．单击 Finish 按钮。

在 NetBeans IDE 的源代码编辑器中打开 SiameseCat.java 文件。

为 Spigot 创建的每个 Mod 都是从一个简单的标准代码框架开始的。在 package 语句和几个 import 语句之后，将使用以下语句启动每个 Mod：

```
public class SiameseCat extends JavaPlugin {
    public static final Logger log = Logger.getLogger("Minecraft");

    public boolean onCommand(CommandSender sender, Command command,
        String label, String[] arguments) {

        if (label.equalsIgnoreCase("siamesecat")) {
            if (sender instanceof Player) {
                // 做一些很酷的事情
                log.info("[SiameseCat] Meow!");
                return true;
            }
        }
        return false;
    }
}
```

Mod 程序都是来自 org.bukkit.plugin.java 包的 JavaPlugin 类的子类。看一看这个框架，当读者将它用于不同的 Mod 时，唯一会改变的是引用 SiameseCat 的 3 件事，因为它们是特定于这个项目的。

该程序的名称是 SiameseCat。

label.equalsIgnoreCase(“siamesecat”)方法调用中的参数是用户在游戏中输入的命令，用于运行 Mod。label 对象作为参数发送给 onCommand()，它是一个字符串，包含用户输入的命令的文本。

使用消息“[SiameseCat] Meow!”调用 log.info()的语句，发送一条显示在 Minecraft 服务器中的日志消息。

实例变量 Logger 对象向服务器发送消息。

sender 对象是发送到 onCommand()方法的另一个参数。它代表 Minecraft 中输入命令的实体。检查一下，确保 sender 是 Player 类的一个实例，以验证玩家是否输入了该命令。

当 Mod 的命令被输入时，它所做的每一件事都在注释“//做一些很酷的事情”所标记的位置进行。

SiameseCat Mod 需要做的第一件事就是了解更多关于游戏世界的内容，使用以下 3 个语句：

```
Player me = (Player) sender;
Location spot = me.getLocation();
World world = me.getWorld();
```

一个名为 me 的对象是通过将 sender 对象转换为 Player 类创建的。这个对象是由玩游戏的人控制的角色。

使用这个 Player 对象，可以在没有对象的情况下调用它的 getLocation()方法来了解玩家所处的确切位置，这个位置由 Location 类表示。对于一个位置，可以了解 3 件事：它在三维游戏地图上的坐标(*x*,*y*,*z*)。

Player 对象还有一个 getWorld()对象，该对象返回一个表示整个游戏世界的 World 对象。创建的大多数 Mod 都需要这些 Player、Location 和 World 对象。

这个 Mod 创建了一种新的暴民，它是暹罗猫，使用 world 类的 spawn()方法来创建：

```
Ocelot cat = world.spawn(spot, Ocelot.class);
```

游戏中每种类型的暴民都有自己的职业。spawn()方法的两个参数是应该放置暹罗猫的位置和要创建的暴民类。

该语句在与玩家相同的位置创建一个名为 cat 的 Ocelot 对象。

cat 是一个 Ocelot 对象，但它可以通过声明改变为暹罗猫：

```
cat.setCatType(Ocelot.Type.SIAMESE_CAT);
```

cat 的 setCatType()方法确定猫是野生豹猫还是暹罗猫、黑猫或红猫。

Minecraft 中的猫是可以被主人驯服的暴民之一，这种关系是通过调用 cat 的 setOwner()方法来建立的，并将玩家作为参数：

```
cat.setOwner(me);
```

在源代码编辑器中输入清单 23.2 所示的内容并单击 NetBeans IDE 工具栏中的 Save All 按钮（或者选择 File→Save）进行保存。

清单 23.2 SiameseCat.java

```
 1: package org.cadenhead.minecraft;
 2:
 3: import java.util.logging.*;
 4: import org.bukkit.*;
 5: import org.bukkit.command.*;
 6: import org.bukkit.entity.*;
 7: import org.bukkit.plugin.java.*;
 8:
 9: public class SiameseCat extends JavaPlugin {
10:     public static final Logger log = Logger.getLogger("Minecraft");
11:
12:     public boolean onCommand(CommandSender sender, Command command,
13:         String label, String[] arguments) {
14:
15:         if (label.equalsIgnoreCase("siamesecat")) {
16:             if (sender instanceof Player) {
17:                 // 获取玩家
18:                 Player me = (Player) sender;
19:                 // 获取玩家当前位置
20:                 Location spot = me.getLocation();
21:                 // 进入游戏世界
22:                 World world = me.getWorld();
23:
```

```
24:                 //  生成一只野生豹猫
25:                 Ocelot cat = world.spawn(spot, Ocelot.class);
26:                 //  生成一只暹罗猫
27:                 cat.setCatType(Ocelot.Type.SIAMESE_CAT);
28:                 //  让玩家成为它的主人
29:                 cat.setOwner(me);
30:                 log.info("[SiameseCat] Meow!");
31:                 return true;
32:             }
33:         }
34:         return false;
35:     }
36: }
```

清单 23.2 中第 3～7 行的 import 语句使程序中有 5 个包可用：其中一个来自 Java 类库，另外 4 个来自 Spigot。

> **小提示**
>
> 这些类在程序中使用：来自 java.util.logging 的 Logger，来自 org.bukkit 的 Location 和 World，来自 org.bukkit.comman 的 Command，来自 org.bukkit.entity 的 Ocelot 和 Player，以及来自 org.bukkit.plugin.java 的 JavaPlagin。
>
> 在后文中，读者将了解更多关于这些包的信息。

第 31 行和第 34 行中的 return 语句是标准 Mod 框架的一部分。当 Mod 处理用户命令时，读者的 Mod 应该在 onCommand()方法中返回 true，而在不处理用户命令时返回 false。

现在已经创建了读者的第一个 Mod，但它还不能由 Spigot 运行。它需要一个名为 plugin 的文件来告诉 Minecraft 服务器关于 Mod 的信息。

这个文件是一个文本文件，也可以通过 NetBeans IDE 按照以下步骤创建它。

1．选择 File→New File，弹出 New File 对话框。

2．在 Categories 列表框中，选择 Other。

3．在 File Types 列表框中，选择 Empty File 并单击 Next 按钮。

4．在 File Name 文本框中，输入 plugin.yml。

5．在 Folder 文本框中，输入 src。

6．单击 Finish 按钮。

在源代码编辑器中打开一个名为 plugin.yml 的空文件。在文件中输入清单 23.3 所示的内容，并确保每行使用相同的缩进。不要使用制表符代替空格符。

清单 23.3　plugin.yml

```
1: name: SiameseCat
2:
3: author: Your Name Here
4:
5: main: org.cadenhead.minecraft.SiameseCat
```

```
 6:
 7: commands:
 8:     siamesecat:
 9:         description: Spawn a Siamese cat.
10:
11: version: 1.0
```

用读者自己的名字代替“Your Name Here”（除非读者的名字已经在这里了）。

为了再次检查输入的缩进是否正确，在第 8 行中文本 siamesecat 之前有 4 个空格符，在第 9 行中文本 description 之前有 8 个空格符。

plugin.yml 文件描述了 Mod 的名称、作者、Java 类文件、版本、命令以及该命令作用的简短描述。

此文件必须位于项目中的正确位置。在 Projects 窗格中，它应该位于 Source Packages 文件夹中名为<default package>的子文件夹下，如图 23.8 所示。

如果文件在错误的位置，例如在 org.cadenhead.minecraft 子文件夹下，则可以通过拖放来移动它。单击并保存文件，将其拖到 Source Packages 文件夹，并将其放到那里。

现在可以构建 Mod 了。选择 Run→Clean→Build Project。如果成功，“Finished Building SiameseCat (clean jar)”消息将出现在 NetBeans IDE 图形用户界面的左下角。

Mod 被打包为项目子文件夹中的 SiameseCat.jar 文件。要找到它，单击 Projects 窗格右侧的 Files 窗格，然后展开 dist 子文件夹。Files 窗格列出构成项目的所有文件，如图 23.9 所示。

SiameseCat.jar 文件需要从项目文件夹复制到 Minecraft 服务器。这需要遵循以下步骤。

1．如果 Minecraft 服务器正在运行，通过 NetBeans IDE 外部的服务器窗口停止运行，并打开安装 Minecraft 服务器的文件夹。

2．打开 SiameseCat 子文件夹。

3．回到 Minecraft 服务器文件夹。

4．打开 plugins 子文件夹。

5．按 Ctrl+V 复制 SiameseCat 到其中。

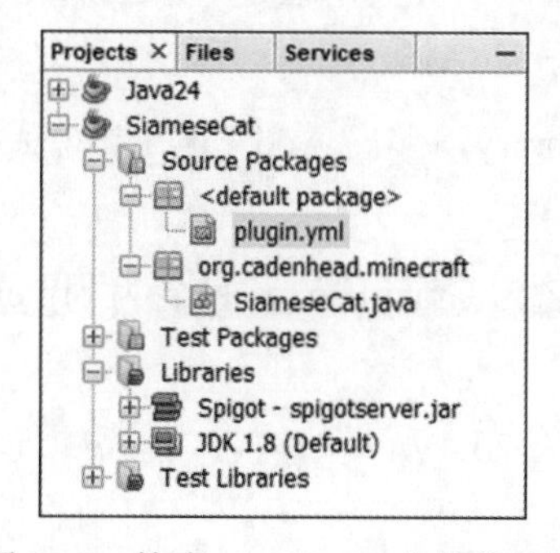

图 23.8 检查 plugin.yml 文件的位置

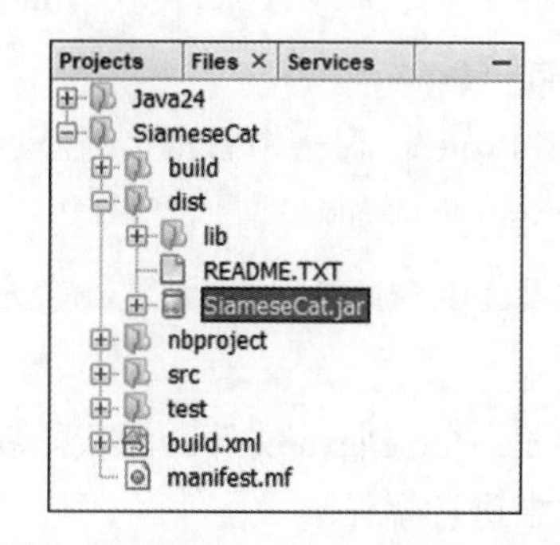

图 23.9 SiameseCat Mod 的 JAR 文件

已经在 Minecraft 服务器上部署了新 Mod。用与以前相同的方式启动服务器——通过单击创建的 Start-server 文件，将看到日志文件中显示的两条新消息：

```
[SiameseCat] Loading SiameseCat v1.0
[SiameseCat] Enabling SiameseCat v1.0
```

如果没有看到这些消息，而是看到一些很长的、非常复杂的错误消息，请仔细检查 SiameseCat.java 和 plugin.yml 中的所有内容，确保输入正确无误，然后重新部署 Mod。

当运行 Minecraft 客户端并连接到服务器时，输入命令/siamesecat。读者现在有了一只新的宠物猫，它会一直跟着读者。要想继续添加猫，输入命令的次数要尽可能多。

图 23.10 显示了我和 23 只暹罗猫。

图 23.10　我和 23 只暹罗猫

23.4 教僵尸骑马

创建的第一个 Mod 需要大量的工作，因为这是第一次经历这个过程。其余的 Mod 应该更简单，因为将重复许多相同的步骤。

读者在本章开发的每一个模型都会比前一个更加复杂。在下一个项目中，将创建一个由骑马的僵尸所组成的骑兵。

逐步完成如下任务。

1. 选择 File→New Project，在 Minecraft 服务器的相同文件夹中创建一个名为 CrazyHorse 的 Java Application 项目，就像上一个项目一样。确保 Create Main Class 复选框是取消选择的。

2. 在 Projects 窗格中右击 Libraries，选择 Add Library，弹出 Add Library 对话框，并在其中将 Spigot 库添加到项目。

3. 选择 File→New File，创建一个空 Java 文件，类名为 CrazyHorse，包名为 org.cadenhead.minecraft。

在 CrazyHorse.java 文件的源代码编辑器中输入清单 23.4 所示的内容。程序中使用的概念将在后文中进行解释。

清单 23.4　CrazyHorse.java

```
1: package org.cadenhead.minecraft;
2:
```

```
 3: import java.util.logging.*;
 4: import org.bukkit.*;
 5: import org.bukkit.command.*;
 6: import org.bukkit.entity.*;
 7: import org.bukkit.plugin.java.*;
 8: import org.bukkit.potion.*;
 9:
10: public class CrazyHorse extends JavaPlugin {
11:     public static final Logger log = Logger.getLogger("Minecraft");
12:
13:     public boolean onCommand(CommandSender sender, Command command,
14:         String label, String[] arguments) {
15:
16:         if (label.equalsIgnoreCase("crazyhorse")) {
17:             if (sender instanceof Player) {
18:                 Player me = (Player) sender;
19:                 Location spot = me.getLocation();
20:                 World world = me.getWorld();
21:
22:                 // 衍生一些骑马的僵尸
23:                 int quantity = (int) (Math.random() * 10) + 1;
24:                 log.info("[CrazyHorse] Creating " + quantity
25:                     + " zombies and horses");
26:                 for (int i = 0; i < quantity; i++) {
27:                     // 设置马和僵尸的位置
28:                     Location horseSpot = new Location(world,
29:                         spot.getX() + (Math.random() * 15),
30:                         spot.getY() + 20,
31:                         spot.getZ() + (Math.random() * 15));
32:                     Horse horse = world.spawn(horseSpot, Horse.class);
33:                     Zombie zombie = world.spawn(horseSpot, Zombie.class);
34:                     horse.setPassenger(zombie);
35:                     horse.setOwner(me);
36:                     // 获取马的颜色
37:                     int coat = (int) (Math.random() * 7);
38:                     switch (coat) {
39:                         case 0:
40:                             horse.setColor(Horse.Color.WHITE);
41:                             break;
42:                         case 1:
43:                             horse.setColor(Horse.Color.GRAY);
44:                             break;
45:                         case 2:
46:                             horse.setColor(Horse.Color.CREAMY);
47:                             break;
48:                         case 3:
49:                             horse.setColor(Horse.Color.CHESTNUT);
50:                             break;
51:                         case 4:
52:                             horse.setColor(Horse.Color.BROWN);
53:                             break;
54:                         case 5:
```

```
55:                         horse.setColor(Horse.Color.DARK_BROWN);
56:                         break;
57:                     case 6:
58:                         horse.setColor(Horse.Color.BLACK);
59:                 }
60:                 //  加快马的速度
61:                 PotionEffect potion = new PotionEffect(
62:                     PotionEffectType.SPEED,
63:                     Integer.MAX_VALUE,
64:                     10 + (coat * 10));
65:                 horse.addPotionEffect(potion);
66:             }
67:             return true;
68:         }
69:     }
70:     return false;
71: }
72: }
```

输入清单 23.4 所示的内容后，通过选择 File→Save 保存该文件，或者单击 Save All 按钮保存该文件。

这个 Mod 为 Minecraft 添加了一个/crazyhorse 命令，以实现从天空中随机掉落一些骑马的僵尸的功能。第 18～65 行中输入命令时执行了一些很酷的操作。围绕这些行的程序的其余部分是标准 Mod 框架。

在获取 Player、Location 和 World 后，Mod 在一个变量中存储一个 1～11 的随机数：

```
int quantity = (int) (Math.random() * 10) + 1;
```

Java 的 Math 类中的 random()方法生成一个 0.0～1.0 的随机浮点数。它可以乘以一个整数，得到一个从 0 到该整数的随机整数。

该随机整数是被创建的僵尸和马的数量。

从第 26 行开始的 for 循环对每个僵尸−马对循环一次。

它们的位置是通过调用 Location()构造函数来设置的。该构造函数有 4 个参数，包括游戏世界、*x* 坐标、*y* 坐标和 *z* 坐标：

```
Location horseSpot = new Location(world,
    spot.getX() + (Math.random() * 15),
    spot.getY() + 20,
    spot.getZ() + (Math.random() * 15));
```

玩家在 spot 变量中的位置用于帮助为每个僵尸和马选择一个位置。对于 *x* 坐标，程序将通过 getX()方法检索玩家的 *x* 坐标，并加上一个 0～14 的随机数。对于 *z* 坐标，程序将通过 getZ()方法检索玩家的 *z* 坐标，并加上一个 0～14 的数字。对于 *y* 坐标，程序将通过 getY()方法检索玩家的 *y* 坐标，并加上 20。

这意味着这些暴民将出现在玩家上方 20 个街区的天空中，并在另外两个方向的 14 个街区内出现。

马、僵尸和野生豹猫是一样的，使用 Mob 的位置和类调用 world 的 spawn()方法。

在 Minecraft 中，每一个可以骑乘的 Mob 都有一个 setPassenger()方法，该方法将骑乘者作为唯一参数：

```
horse.setPassenger(zombie);
```

如果读者停在这里，僵尸就会出现在马身上，但马会很快地将其击退。这可以通过让玩家成为马的主人来阻止：

```
horse.setOwner(me);
```

驯服的马不会反抗它的骑手，即使骑手是一个渴求人类大脑的僵尸。当创建一个 Mob 时，它将从游戏中继承该 Mob 的默认行为。

与野生豹猫一样，马也可以通过多种方式进行定制。一种是通过调用它的 setColor()方法给马设置不同的颜色。这有 7 种可能。

生成 0～6 的随机数后，在第 38～59 行中的 switch-case 语句中使用该数字设置马的颜色。

为了让马更“疯狂”，也可以定制它们的速度。游戏药剂的效果可以作用于一个暴民。PotionEffectType 类表示 23 种不同的效果。

药剂效果是通过调用 PotionEffect()构造函数来创建的。该构造函数有 3 个参数：效果类型、药剂应该生效的时间以及该效果的值。

如下语句创建了一个可能持续时间最长的速度药剂——在 Java 中整数可以持有的最大值：

```
PotionEffect potion = new PotionEffect(
    PotionEffectType.SPEED,
    Integer.MAX_VALUE,
    10 + (coat * 10));
```

PotionEffect()的第 3 个参数设置了马的速度。它的基值是 10 加上 10 乘以用来确定马的颜色的随机数。因为 switch-case 语句中的颜色是从最亮到最暗的顺序，所以公式 10 + (coat * 10)使马的颜色越深，跑得越快。

现在 Mod 的 Java 类已经完成，它需要一个插件描述文件。选择 File→New File，在 Categories 列表框中选择 Other，并在 src 文件夹中创建一个名为 plugin.yml 的空文件。

在这个文件中输入清单 23.5 所示的内容，小心地按照空格符而不是制表符的格式格式化它。

清单 23.5　plugin.yml

```
1: name: CrazyHorse
2:
3: author: Your Name Here
4:
5: main: org.cadenhead.minecraft.CrazyHorse
6:
```

```
 7: commands:
 8:     crazyhorse:
 9:         description: Spawn 1-11 horse-riding zombies.
10:
11: version: 1.0
```

完成后，选择Run→Clean→Build Project来创建Mod的JAR文件。

在Projects窗格中，Source Packages下应该有两个文件：org.cadenhead.minecraft下的CrazyHorse.java和<default package>下的plugin.yml。

在NetBeans IDE之外，转到读者的文件夹并将CrazyHorse.jar文件从本项目的dist文件夹复制到服务器的plugins文件夹。重新启动服务器（通过停止它并再次运行它），读者应该能够输入/crazyhorse命令。

1～11个骑在马上的僵尸会在读者周围坠落，砰的一声落地。如果读者在白天的游戏中发出这个命令，僵尸将会有一个不愉快的惊喜。两个僵尸骑马如图23.11所示。

图23.11　两个僵尸骑马

Spigot的设计者在使Java类与游戏中的内容匹配方面做得很好。在开发这两个Mod时，读者可能已经开始考虑可以通过修补来更改的内容。

下面是对CrazyHorse Mod，即清单23.4中的第33行进行的更改，它将一个完全不同的暴民放到马背上：

```
Creeper creeper = world.spawn(horseSpot, Creeper.class);
```

这个更改创建了一个由爬行动物组成的骑兵而不是僵尸。

虽然可以通过类名猜测发生了什么，但是Spigot为其所有Java类提供了大量的在线文档。

使用本书可以了解Spigot中的类和接口、它们的实例变量以及它们的实例和类方法。

通过查看文档和修补CrazyHorse Mod，读者可以尝试不同的暴民和药剂效果。

这里有一个更改，使马隐形，导致僵尸看起来像飘浮在空气中：

```
PotionEffect potion2 = new PotionEffect(
```

```
    PotionEffectType.INVISIBILITY,
    Integer.MAX_VALUE,
    1);
horse.addPotionEffect(potion2);
```

23.5 找到所有的暴民

前两个 Mod 向游戏世界添加了暴民。下一个项目将检查存活的暴民，找到它们的位置，然后用闪电击中那个位置。

逐步完成如下任务。

1．在 Minecraft 服务器文件夹中选择 File→New Project，创建新项目 LightningStorm。确保 Create Main Class 复选框是取消选择的。

2．在 Projects 窗格中，右击 Libraries，选择 Add Library，打开 Add Library 对话框，并在其中添加 Spigot 库。

3．选择 File→New File，创建一个空 Java 文件，类名为 LightningStorm，包名为 org.cadenhead.minecraft。

在 NetBeans IDE 的源代码编辑器中输入清单 23.6 所示的内容，记住在完成时保存文件。

清单 23.6 LightningStorm.java

```
 1: package org.cadenhead.minecraft;
 2:
 3: import java.util.*;
 4: import java.util.logging.*;
 5: import org.bukkit.*;
 6: import org.bukkit.command.*;
 7: import org.bukkit.entity.*;
 8: import org.bukkit.plugin.java.*;
 9:
10: public class LightningStorm extends JavaPlugin {
11:     public static final Logger log = Logger.getLogger("Minecraft");
12:
13:     public boolean onCommand(CommandSender sender, Command command,
14:         String label, String[] arguments) {
15:
16:         Player me = (Player) sender;
17:         World world = me.getWorld();
18:         //  获得游戏中存活的暴民
19:         List<LivingEntity> mobs = world.getLivingEntities();
20:
21:         //  运行 lightningstorm 命令
22:         if (label.equalsIgnoreCase("lightningstorm")) {
23:             if (sender instanceof Player) {
24:                 int myId = me.getEntityId();
25:                 //  遍历每个暴民
26:                 for (LivingEntity mob : mobs) {
27:                     log.info("[LightningStorm]" + mob.getType());
```

```
28:                 //  这个玩家是暴民吗
29:                 if (mob.getEntityId() == myId) {
30:                     //  是的，所以不要打它
31:                     continue;
32:                 }
33:                 //  找到暴民的位置
34:                 Location spot = mob.getLocation();
35:                 //  用闪电击中暴民
36:                 world.strikeLightning(spot);
37:                 //  设置暴民的生命值为 0(死亡)
38:                 mob.setHealth(0);
39:             }
40:         }
41:         return true;
42:     }
43:
44:     //  运行 mobcount 命令
45:     if (label.equalsIgnoreCase("mobcount")) {
46:         if (sender instanceof Player) {
47:             me.sendMessage("There are " + mobs.size() + " living mobs.");
48:             return true;
49:         }
50:     }
51:     return false;
52:   }
53: }
```

LightningStorm Mod 对 Mod 框架做了一些新的操作：它监视两个命令而不是一个。/lightningstorm 命令向暴民发射了大量的闪电。/mobcount 命令计算游戏世界中有多少存活的暴民。

一个用于Spigot的Minecraft Mod可以实现任意多的命令。/lightningstorm命令在清单23.6所示的第22～42行中实现。/mobcount 命令在清单23.6所示的第45～50行中实现。

这些命令需要Player对象和World对象。它们还需要一份每一个存活的暴民的名单，这是在第19行完成的：

```
List<LivingEntity> mobs = world.getLivingEntities();
```

该语句调用World的getLivingEntities()方法，该方法返回一个包含每个暴民的List对象。Mobs是实现LivingEntity接口的对象。

List 也是一个接口，它由数组列表、堆栈和其他数据结构实现。数组列表中使用的方法和技术也可以与此列表一起使用。

有了这个列表之后，可以用一条语句实现/mobcount命令（第47行）：

```
me.sendMessage("There are " + mobs.size() + " living mobs.");
```

该命令返回列表中的元素数量。

该信息将作为出现在游戏中的消息发送给玩家。这是通过调用 Player 的 sendMessage()

方法来实现的，该方法将显示的信息作为唯一的参数。

/lightningstorm 命令更加复杂。

Java 中的数据结构有特殊的 for 循环，这使得循环遍历结构中的每一项变得很容易。第 26 行开始循环每个 mobs 列表中的暴民：

```
for (LivingEntity mob : mobs) {
```

它将当前暴民存储在名为 mob 的 LivingEntity 对象中。

当向地图上的每一个暴民发送闪电时，一定要记住玩家也是一个暴民。把闪电降在自己身上从来不是一个好主意。

游戏中的每一个暴民有一个唯一的 ID，在 for 循环开始之前，第 24 行存储了玩家的 ID：

```
int myId = me.getEntityId();
```

通过在第 29～32 行调用它的 getEntityId()方法，这个整数在循环中与当前暴民的 ID 进行比较：

```
if (mob.getEntityId() == myId) {
    continue;
}
```

continue 语句使循环回到第 26 行，并继续处理下一个暴民。现在玩家是安全的，可以通过调用它的 getLocation()方法找到暴民的位置：

```
Location spot = mob.getLocation();
```

然后使用该位置调用 world 的 strikeLightning()方法：

```
world.strikeLightning(spot);
```

用闪电击中一群暴民并不总是致命的，有些暴民是很难对付的“小杀手”，使这种效果不那么令人印象深刻。调用参数为 0 的 mob 的 setHealth()方法将其生命值设置为 0，以此杀死它：

```
mob.setHealth(0);
```

应该为这个暴民输入的 plugin.yml 文件可以在清单 23.7 中找到。创建一个名为 plugin.yml 的空文件，放在项目的 src 文件夹中，然后输入清单 23.7 所示的内容。

清单 23.7 plugin.yml

```
1: name: LightningStorm
2:
3: author: Your Name Here
4:
5: main: org.cadenhead.minecraft.LightningStorm
6:
7: commands:
```

```
 8:     lightningstorm:
 9:         description: Hit every living mob with lightning.
10:     mobcount:
11:         description: Count of living mobs.
12:
13: version: 1.0
```

构建项目（选择 Run→Build→Clean Project），然后通过将 LightningStorm.jar 文件从项目的 dist 文件夹复制到服务器的 plugins 文件夹，在 Minecraft 服务器上部署 Mod。下次启动服务器并玩游戏时，将看到如图 23.12 所示的画面。

事实上，在本书中展示它会破坏这种惊喜。图 23.12 展示的是一头即将被闪电击中的牛。

图 23.12　即将被闪电击中的牛

23.6　编写一个可以构建事件的 Mod

创建的前 3 个 Mod 是关于暴民的，即在 Minecraft 中漫游的移动实体。本章最后的 Mod 将探索如何使用 Java 执行游戏中最基本的活动：构建和销毁方块。

我们将创建一个新的命令/icecreamscoop，它会在玩家周围挖一个圆。圆的大小将由玩家设置的命令参数来决定。

下面是开始建立 Mod 的步骤。

1．在 Minecraft 服务器文件夹中创建新项目 IceCreamScoop，保持取消选择 Create Main Class 复选框。

2．在 Projects 窗格中，右击 Libraries，选择 Add Library，弹出 Add Library 对话框，并在其中添加 Spigot 库。

3．在 org.cadenhead.minecraft 包中为名为 IceCreamScoop 的类创建一个空 Java 文件。

在文件中输入清单 23.8 所示的内容，将其作为 IceCreamScoop 类。后文会对清单 23.8 进行解释。

清单 23.8 IceCreamScoop.java

```
 1: package org.cadenhead.minecraft;
 2:
 3: import java.util.logging.*;
 4: import org.bukkit.*;
 5: import org.bukkit.block.*;
 6: import org.bukkit.command.*;
 7: import org.bukkit.entity.*;
 8: import org.bukkit.plugin.java.*;
 9:
10: public class IceCreamScoop extends JavaPlugin {
11:     public static final Logger log = Logger.getLogger("Minecraft");
12:
13:     public boolean onCommand(CommandSender sender, Command command,
14:         String label, String[] arguments) {
15:
16:         // 设置默认的radius
17:         double radius = 15;
18:         if (arguments.length > 0) {
19:             try {
20:                 // 读取用户提供的radius (如果有)
21:                 radius = Double.parseDouble(arguments[0]);
22:                 // 确保大小合适(5~25)
23:                 if ((radius < 5) | (radius > 25)) {
24:                     radius = 15;
25:                 }
26:             } catch (NumberFormatException exception) {
27:                 // 什么也不做(使用默认值)
28:             }
29:         }
30:
31:         if (label.equalsIgnoreCase("icecreamscoop")) {
32:             if (sender instanceof Player) {
33:                 scoopTerrain(sender, radius);
34:             }
35:             return true;
36:         }
37:         return false;
38:     }
39:
40:     // 挖出一个圆
41:     private void scoopTerrain(CommandSender sender, double rad) {
42:         Player me = (Player) sender;
43:         Location spot = me.getLocation();
44:         World world = me.getWorld();
45:
46:         // 循环通过边长为半径宽度两倍的正方体
47:         for (double x = spot.getX() - rad; x < spot.getX() + rad; x++) {
48:             for (double y = spot.getY() - rad; y < spot.getY() + rad; y++) {
49:                 for (double z = spot.getZ() - rad; z < spot.getZ() + rad; z++) {
50:                     // 在广场上找一个位置
```

```
51:                        Location loc = new Location(world, x, y, z);
52:                        // 看它离玩家有多远
53:                        double xd = x - spot.getX();
54:                        double yd = y - spot.getY();
55:                        double zd = z - spot.getZ();
56:                        double distance = Math.sqrt(xd * xd + yd * yd + zd * zd);
57:                        // 它在半径之内吗?
58:                        if (distance < rad) {
59:                            // 是的，把它变成空气
60:                            Block current = world.getBlockAt(loc);
61:                            current.setType(Material.AIR);
62:                        }
63:                    }
64:                }
65:            }
66:
67:            //在圆被挖好后播放一段声音
68:            world.playSound(spot, Sound.BURP, 30, 5);
69:            log.info("[IceCreamScoop] Scooped at ("
70:                + spot.getX() + ","
71:                + spot.getY() + ","
72:                + spot.getZ() + ")");
73:        }
74: }
```

这个 Mod 挖出一个半径为 5～25 个块的圆。玩家可以根据/icecreamscoop 命令来决定洞的大小，输入空格符和数字，如下所示：

```
/icecreamscoop 10
```

Mod 可以像 Java 应用程序一样接受参数。参数存储在 onCommand()方法的第 4 个参数中，它是一个字符串数组。

在第 17 行中创建了一个名为 radius 的双精度浮点数并给定值 15 之后，下面的语句将 radius 设置为第一个参数的值：

```
radius = Double.parseDouble(arguments[0]);
```

如果可能的话，Java 标准 Double 类的 parseDouble()方法将字符串转换为双精度浮点数。

为了防止用户输入错误，可以将 parseDouble()方法放在 try-catch 语句块中。当用户输入的值不是数字时，会发生 NumberFormatException 异常。

如果用户输入的值是一个数字，那么它就是半径。但是还有一个检查：第 23～25 行中的一个 if 语句。它确保半径落在 5～25 的可接受范围内。

IceCreamScoop 类有一个 scoopTerrain()方法来挖出圆。

与其他 Mod 一样，这个 Mod 需要 Player、Location 和 World 对象。

在像 Minecraft World 这样的三维网格中，有许多不同的技术可以用来挖出围绕玩家的圆。

这个 Mod 通过观察玩家周围正方体中每一个大于半径两倍的方块来完成。正方体的中心

是玩家站立的地方。

从第 47～49 行开始的 3 个嵌套 for 循环遍历所有正方体。*x* 轴有一个循环，*y* 轴有一个循环，*z* 轴有一个循环。

创建一个 Location 对象来表示在一次循环中被检查的点：

```
loc = new Location(world, x, y, z);
```

玩家的位置之前存储在第 43 行的 spot 对象中：

```
Location spot = me.getLocation();
```

在 3 个坐标轴上，有 3 个语句测量当前点和玩家之间的距离：

```
double xd = x - spot.getX();
double yd = y - spot.getY();
double zd = z - spot.getZ();
```

使用勾股定理，可以通过平方计算距离 xd、yd 和 zd，把它们加起来，并使用数学方法 sqrt()得到这个和的平方根：

```
double distance = Math.sqrt(xd * xd + yd * yd + zd * zd);
```

如果当前方块到玩家的距离在玩家选择的半径范围内，则该方块转化为空气：

```
Block current = world.getBlockAt(loc);
current.setType(Material.AIR);
```

首先，创建一个表示方块的 Block 对象。

接下来，使用 Material.AIR 调用方块的 setType()方法，该方法指 Minecraft 中几十个代表一个方块的值之一。

同样的技术，可以用来摧毁一个方块，使其变成空气；也可以用来建造东西，唯一改变的是材料的类型。如果想挖出一个圆，把它变成钻石而不是空气，可以这样写：

```
current.setType(Material.DIAMOND);
```

当从世界各地挖出一个圆时，Mod 会做两件事来记录这个成就：播放一个声音，并向服务器日志发送一条消息。

声音是通过调用带有 4 个参数的 world 对象的 playSound()方法来播放的——声音的位置、类型、音量和音高：

```
world.playSound(spot, Sound.BURP, 30, 5);
```

读者可能已经猜到了，此声音是打嗝声。有几十种可能的声音可以被使用。

通过调用 Logger 对象的 info()方法将消息的文本记录到服务器：

```
log.info("[IceCreamScoop] Scooped at " + spot);
```

项目的 plugin.yml 文件如清单 23.9 所示。在文件夹 src 中创建一个名为 plugin.yml 的空文件并输入清单 23.9 所示的内容。

清单 23.9　plugin.yml

```
 1: name: IceCreamScoop
 2:
 3: author: Your Name Here
 4:
 5: main: org.cadenhead.minecraft.IceCreamScoop
 6:
 7: commands:
 8:     icecreamscoop:
 9:         description: Scoop away land around the player.
10:
11: version: 1.0
```

在构建 Mod 并将其 JAR 文件部署到 Minecraft 服务器之后，使用与前面项目相同的步骤，就可以在游戏世界中挖掘出大量圆。图 23.13 显示了当玩家站在一块平坦的土地上，输入以下命令时会发生的事：

```
/icecreamscoop 10
```

图 23.13　从 Minecraft 中挖出圆

在测试这个 Mod 时，读者会发现不需要很长时间就可以把自己挖到世界的底部，也可能会掉到足够远的地方被杀死。所以在出生点挖东西不是最好的主意。

通过把材料从空气变成另一种材料，可以在世界上制造球体。完整的物质清单可以在 Spigot 的 Java 文档中找到，但是以下 4 点可以帮读者开始制造。

- Material.DIRT。
- Material.COBBLESTONE。
- Material.WOOD。
- Material.GRAVEL。

如果把方块变成空气以外的任何东西，Mod 会把玩家站的地方的空气拿走。这会使玩家受到伤害。可以用以下两个语句将玩家传送到一个新的位置：

```
Location newSpot = new Location(world,
    spot.getX(),
    spot.getY() + rad + 1,
    spot.getZ());
me.teleport(newSpot);
```

因为 Minecraft 中的 *y* 轴表示垂直位置，这将玩家移动到球体上方的一个点。

23.7 总结

在我编写 Java 程序并教人们如何使用这种语言的这些年中，从来没有想过会把这些技能用于制作僵尸骑马。

或者马不经过训练就会反抗僵尸；或者僵尸会立刻着火，因为太阳出来了；或者玩家可以挖一个洞，大到玩家从世界上掉下来。

Minecraft 也是学习面向对象编程的好方法，这是 Java 极难掌握的方面之一。在 Java 中所做的一切都是通过对象完成的。可以使用构造函数创建它们，以实例变量的形式向它们提供知识，并告诉它们通过调用方法来执行操作。对象表示它们可以通过实现接口执行的任务。

所有概念都与 Mod 编程直接相关。需要一个僵尸吗？创建一个 Zombie 对象。想要玩家移动到一个新的位置？调用它的 teleport()方法。玩家的马丢了吗？调用它的 getLocation()方法。

尽读者所能深入 Minecraft Mod 编程，将能够在远远超出爬行动物、枯萎骷髅和猪僵尸的领域使用这些技能。

23.8 研讨时间

Q&A

Q：如果用 IceCreamScoop Mod 把服务器的世界弄得一团糟，该怎么重新开始呢？

A：Minecraft 服务器使从零开始创建一个新世界或从一个世界切换到另一个世界变得容易。

要重新启动并删除旧世界，请停止服务器，打开 Minecraft 服务器的文件夹，并删除 world 子文件夹。当启动服务器时，Minecraft 服务器发现世界已经消失，会创建一个新的世界。这个过程通常要慢一些。服务器日志解释了它在做什么。

要切换到一个新的世界，同时保留旧的世界，请停止服务器并将 world 子文件夹重命名为其他名称。服务器将构建一个新的世界，可以通过编辑服务器主文件夹中的 server.properties 文件切换回旧的世界。

如果将原始的世界命名为 world2，可以这样切换回去：用任意文本编辑器打开 server.properties 文件，并将 level-name=world 更改为 level-name=world2，保存文件并重启服务器。

课堂测试

通过回答以下有关Minecraft Mod编程的问题来测试读者是不是由正确的材料制作的。

1．为使用Spigot的Minecraft服务器创建的所有Mod的超类是什么？

A．Player。

B．JavaPlugin。

C．Mod。

2．什么类用来创建一个特殊的效果，并应用于暴民？

A．Type类。

B．Effect类。

C．Potion类。

3．在游戏中，哪个类代表方块，它是否充满了空气或其他东西？

A．Location类。

B．Block类。

C．Spot类。

答案

1．B。创建的所有Mod都在它们的类声明中扩展了JavaPlugin。

2．C。一个Potion对象被赋予一个PotionEffect值，例如SPEED或INVISIBILITY。

3．B。每个正方体都被称为一个方块，可以用Block类存取。答案A几乎是正确的，它代表任何正方体的位置。

活动

要深入了解Mod编程，请读者进行以下活动。

- 创建一个Mod，召唤世界上所有的小鸡到玩家的身边。
- 使用Spigot的Java文档创建一个Mod，生成一个本章没有提到的暴民。

第24章 编写Android移动应用程序

在本章中读者将学到以下知识。

- 了解为什么创建Android。
- 创建一个Android移动应用程序。
- 了解Android移动应用程序的结构。
- 在模拟器上运行移动应用程序。
- 在Android手机上运行一个移动应用程序。

Java是一种通用编程语言，可以在多种平台上运行。

其中一个平台已经成为近年来新的Java开发的成功案例。

Android操作系统最初出现在手机上，现在已经扩展到各种其他设备上，它只运行用Java编写的程序。

这些程序被称为移动应用程序，建立在一个开放源代码的移动平台上，开发者完全可以免费在这个平台上开发。任何人都可以编写、部署和销售Android移动应用程序。

在本章中，读者将了解Android是如何产生的、它的特殊之处是什么，以及为什么有那么多程序员在这个平台上开发。读者还可以创建一个移动应用程序，并在Android手机（如果读者有Android手机）和模拟器（如果读者没有Android手机）上运行它。

24.1 介绍Android

Android操作系统成立于2003年，其后被Google收购，并于2007年推出。这是整个行业为建立一个新的移动电话平台而努力的部分成果。该平台是非专有的、开放的，不同于RIM BlackBerry和Apple iPhone的相应平台。一些手机和技术领域的巨头成立了开放手机联盟，以促进新的互利平台的发展。

Google 发布了 Android 软件开发工具包，这是一套用于开发 Android 移动应用程序的免费工具。首款运行 Android 操作系统的手机 T-Mobile G1 于 2008 年 6 月推出。

该技术起步缓慢，但自 2010 年初以来迅速发展，成为 iPhone 和其他移动平台的竞争对手。主要的手机运营商现在都提供 Android 手机。平板计算机和电子书阅读器的市场也在不断扩大。

在 Android 出现之前，移动应用程序开发需要编程工具和开发人员。手机制造商可以控制谁可以为他们开发移动应用程序，以及这些移动应用程序是否可以卖给用户。

Android 推倒了那堵“墙”。

Android 的开源和非专有性意味着任何人都可以开发、发布和销售移动应用程序。唯一涉及的成本是向 Google 的市场提交移动应用程序的象征性费用。其他一切都是免费的。

下载 Android 软件开发工具包并了解更多关于为该平台创建移动应用程序的信息的地方是 Android 开发者网站。在编写自己的移动应用程序时，读者将经常查阅它，因为它记录了 Android 的 Java 类库中的每个类，并作为广泛的在线参考。

如果读者使用的是支持 Android 软件开发工具包的集成开发环境，那么编写 Android 移动应用程序将更加容易。Android 编程推荐的集成开发环境是 Android Studio，它也是免费和开源的。

读者可以使用 Android Studio 编写 Android 移动应用程序，在类似 Android 手机的模拟器中测试它们，甚至可以将它们部署到实际设备。

在其存在的大部分时间里，Java 一直被用来编写在 3 种地方之一运行的程序：桌面计算机、Web 服务器或 Web 浏览器。

Android 让 Java“无处不在”。读者的移动应用程序可以部署在数百万台手机和其他移动设备上。

这实现了戈斯林在 20 世纪 90 年代中期发明 Java 时的最初设计目标。他的目标是创造一种语言，这种语言可以在任何设备上运行，比如手机、智能卡和家用电器。

当 Java 最初作为一种运行交互式 Web 浏览器程序的方式流行起来，然后成为一种通用编程语言时，Java 的创建者将这些梦想搁置一边。

24.2　创建一个 Android 移动应用程序

Android 移动应用程序是普通的 Java 程序，它们使用一个移动应用程序框架、一组所有移动应用程序共有的核心类和文件。该框架包含了一套规则，规定了为了在 Android 设备上正常运行，移动应用程序必须如何构建。

要开始编写移动应用程序，读者必须安装 Android Studio。

开始使用集成开发环境，步骤如下。

1．运行 Android Studio。

2．在启动时出现的对话框中，选择 Start a New Android Project。将弹出 Create New Project

对话框，如图 24.1 所示。

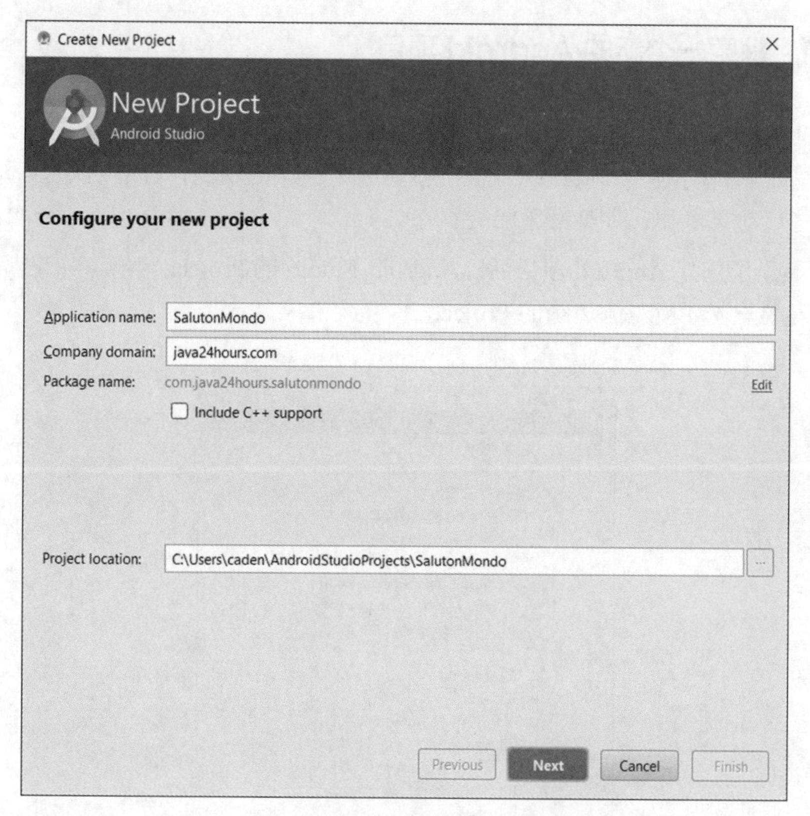

图 24.1　在 Android Studio 创建一个 Android 项目

创建项目的步骤如下。

1．在 Application name 文本框中，输入 SalutonMondo。

2．在 Company domain 文本框中，输入 java24hours.com。Package name 文本框中的值将使用这个名称和移动应用程序名称，变成 com.java24hours.salutonmondo。

3．读者可以接受默认的项目位置（用户文件夹中 AndroidStudioProjects 的子文件夹），或者单击右边的“…”选择其他文件夹。

4．单击 Next 按钮。

5．每个 Android 项目都需要一个目标平台。目标平台代表可以运行读者的移动应用程序的最旧版本的 Android。因为每个新的 Android 版本都有增强的功能，其目标平台的选择决定了读者可以使用哪些功能。选择 Phone 和 Tablet 作为目标平台，选择 API 15 作为最旧版本的软件开发工具包（如果 API 15 不可用，则选择最旧版本的软件开发工具包）。

6．单击 Next 按钮。对话框询问要创建的移动应用程序的活动。选择 Fullscreen Activity 并单击 Next 按钮。

7．在 Activity Name 文本框中，输入 SalutonActivity。这将更改 Layout Name 和 Title 文本框的内容。

8．单击 Finish 按钮。新移动应用程序被创建，一个 SalutonMondo 项目出现在 Package

Explorer 窗格中。

24.2.1　探索一个新的 Android 项目

一个新的 Android 项目包含大约 20 个文件和文件夹，这些文件和文件夹在 Android 移动应用程序中总是以相同的方式被组织。根据移动应用程序的功能，读者可能会添加更多的文件，但是这些启动文件和文件夹必须始终存在。

图 24.2 显示了创建 Android 项目后，Android Studio 的 Project 窗格。如果没有看到此窗格，请单击集成开发环境左侧边缘的 Project。

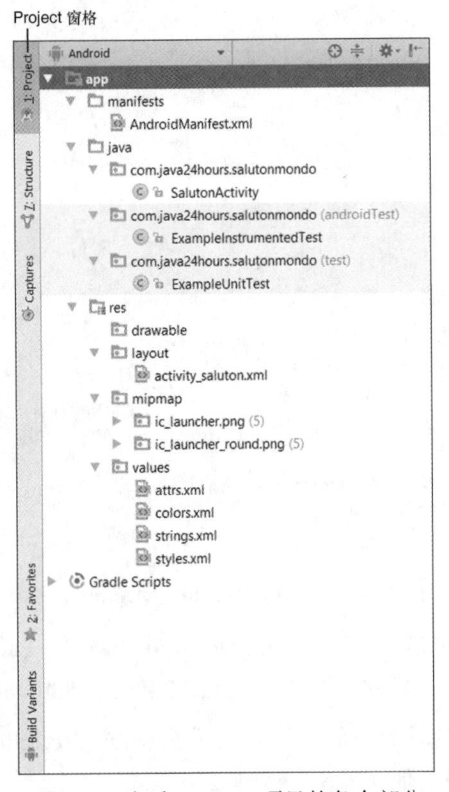

图 24.2　查看 Android 项目的各个部分

读者可以使用该文件夹来研究项目的文件和文件夹结构。新的 SalutonMondo 移动应用程序从以下组件开始。

- /java——移动应用程序 Java 源代码的根文件夹。
- /src/com.java24hours.salutonmondo/SalutonActivity.java——移动应用程序运行时默认启动的活动的类。
- /res——移动应用程序资源的文件夹，存放字符串、数字、布局文件、图形和动画等。它有用于特定类型资源的子文件夹：layout、values、drawable 和 mipmap。
- AndroidManifest.xml——移动应用程序的主要配置文件。

这些文件和文件夹构成移动应用程序框架。作为一名 Android 程序员，读者首先要做的是学习如何修改框架，以便发现每个组件可以完成什么功能。

还有一些附加文件被添加到框架以满足特定的目的。

24.2.2 创建一个移动应用程序

虽然读者还没有对它做任何操作，但是读者已经可以成功地运行该 Android 项目。该框架可以作为一个工作着的移动应用程序。

因为这没有什么乐趣，读者要定制 SalutonMondo 移动应用程序，以输出传统的计算机编程问候语“Saluton Mondo!”。

在第 2 章中，读者通过调用方法 System.out.println()输出了文本“Saluton Mondo!”。

Android 移动应用程序显示存储在名为 strings.xml 的资源文件中的字符串。读者可以在/res/values 文件夹中找到这个文件。

使用 Package Explorer 导航到此文件夹。双击 strings.xml，XML 文件在文本编辑器中被打开，如图 24.3 所示。

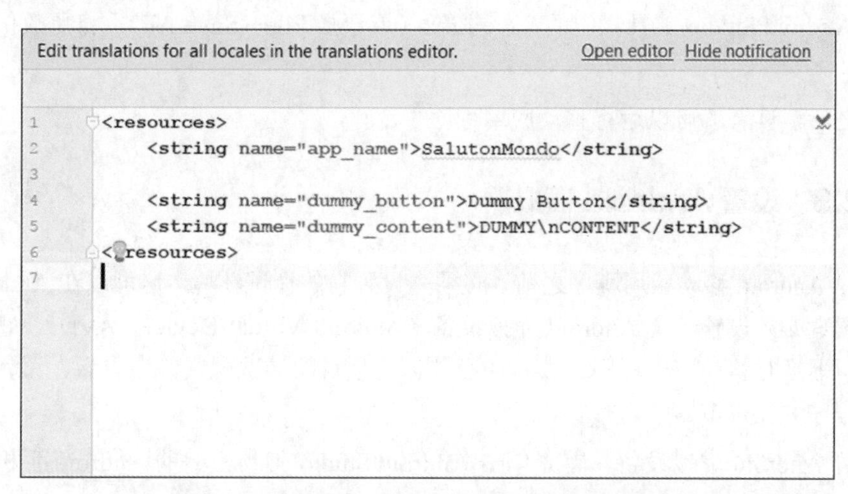

图 24.3 编辑 Android 移动应用程序的字符串资源

字符串和其他资源被赋予一个名称和一个值，就像 Java 中的变量一样。在文本编辑器中有 3 个以 XML 数据表示的字符串资源：app_name、dummy_button 和 dummy_content。

资源的名称遵循以下 3 条规则。

- 它们必须都是小写的。
- 它们必须没有空格。
- 它们必须只使用下画线（ _ ）作为标点符号。

资源存储在 XML 文件中。资源编辑器是一个简单的 XML 编辑器。读者还可以直接编辑 XML 本身。

下面是当前 strings.xml 的内容：

```
<resources>
```

```
    <string name="app_name">SalutonMondo</string>
    <string name="dummy_button">Dummy Button</string>
    <string name="dummy_content">DUMMY\nCONTENT</string>
</resources>
```

这是一个有3个String子元素的resources元素。每个<string>元素都有一个name属性来保存它的名称。在开始标签<string>和结束标签</string>之间的文本为<string>元素的值。

这些元素与变量相同：一个名为dummy_content的变量的值为“DUMMY\nCONTENT”。

这个编辑器允许编辑XML文件中的所有内容，甚至标记标签。将“DUMMY\nCONTENT”更改为“Saluton Mondo!”，但注意不要改变其他字符。当读者进行更改时，XML文件应该包含以下内容：

```
<resources>
    <string name="app_name">SalutonMondo</string>
    <string name="dummy_button">Dummy Button</string>
    <string name="dummy_content">Saluton Mondo!</string>
</resources>
```

单击Android Studio工具栏中的Save按钮（或选择File→Save All），将更改保存到文件strings.xml。

修改之后，读者就可以运行移动应用程序了。

24.2.3　设置Android模拟器

在构建Android移动应用程序之前，必须先设置它的调试环境。这可以在Android Studio中处理。读者必须设置一个Android虚拟设备（Android Virtual Device，AVD），它可以在桌面作为模拟器运行移动应用程序。读者还必须创建项目的调试配置。完成后，读者可以构建移动应用程序并在模拟器中运行它。

要配置Android虚拟设备，首先单击Android Studio工具栏中的Android手机图标，如图24.4所示。

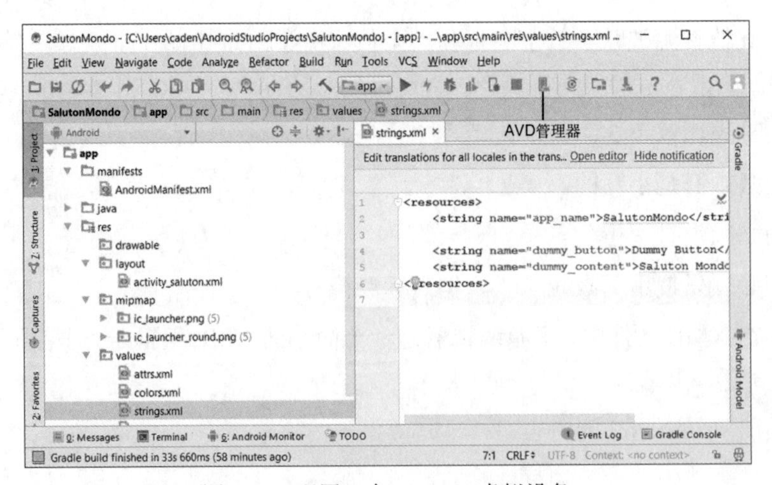

图24.4　配置一个Android虚拟设备

这将启动 Android 虚拟设备管理器，这是 Android 软件开发工具包中的工具之一。读者创建的模拟器列在 Android Studio 主界面的左边。Android 虚拟设备管理器如图 24.5 所示。

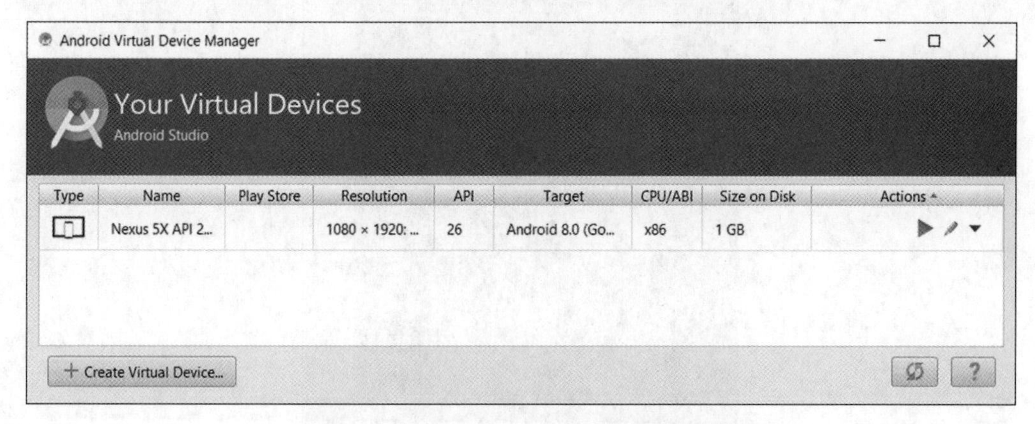

图 24.5　创建一个 Android 虚拟设备管理器

要添加一个模拟器，请单击 Create Virtual Device 并遵循以下步骤。

1．从列表中选择一个设备，比如 Galaxy Nexus，然后单击 Next 按钮。

2．从列表中选择一个版本，比如 Nougat，然后单击 Next 按钮。

3．在 AVD Name 文本框中，输入 SimpleAVD。

4．单击 Finish 按钮。

5．创建模拟器。这可能需要一点时间（一般不超过一分钟）。

读者可以根据需要创建任意多的模拟器。它们可以针对不同版本的 Android 和不同类型的显示器进行定制。

关闭 Android 虚拟设备管理器，返回 Android Studio 主界面。

24.3　运行移动应用程序

现在已经有了一个 Android 模拟器，读者可以运行第一个移动应用程序。选择 Run→Run App，弹出 Select Deployment Target 对话框。在 Available Virtual Devices 下，选择 SimpleAVD 并单击 OK 按钮。

读者可能会被要求安装平台，单击 Install and Continue 即可。

Android 模拟器在它自己的窗口中加载。这可能需要一分钟或更长的时间，读者应耐心等待虚拟设备的启动。（模拟器加载非常慢。）

读者安装的移动应用程序将出现一个 Android 图标和 SalutonMondo 标签。单击图标运行移动应用程序。

模拟器显示“Saluton Mondo!”作为移动应用程序的文本，如图 24.6 所示。

控件使模拟器可以像 Androld 手机一样使用，但读者要使用鼠标而不是手指。

单击后退按钮关闭移动应用程序，查看 Android 设备是如何模拟的。

图 24.6　在 Android 模拟器中运行移动应用程序

模拟器能做真实设备可以做的许多事情，包括在计算机具有活动连接时连接到网络。它还可以接收假通话和短信，但真正的通话和短信需要真实的东西。

因为它不是一个功能齐全的设备，读者开发的移动应用程序必须在实际的 Android 手机和平板计算机上测试。

如果读者能用 USB 将 Android 手机（或其他设备）连接到自己的计算机上，并且将手机设置为调试模式，应该能够运行移动应用程序。使用 Android 软件开发工具包开发的移动应用程序只能在调试模式下部署到手机。

在手机上，通过选择主页→设置→应用→开发选项（或者主页→设置→开发者选项）进入调试模式。手机将显示开发选项，读者应选择 USB 调试选项。

用 USB 把读者的 Android 手机连接到读者的计算机上。Android Bug 图标应该出现在手机屏幕顶部的工具栏上。如果将此栏向下拖动，应该会看到“USB 调试已连接”消息。接下来，在 Android 模拟器中，遵循以下步骤。

1．选择 Run→Run App。

2．在 Connected Devices 下，选择读者的手机。

3．单击 OK 按钮。

该移动应用程序在手机上运行和在模拟器上运行一样。

就像读者在第 2 章用 Java 编写的第一个程序一样，读者在 Android 上创建的第一个移动应用程序也非常普通。下一个项目更加“雄心勃勃”。

通过选择 File→Close Project 来关闭此项目。

24.4 设计一个真正的移动应用程序

Android 移动应用程序可以利用 Android 手机的所有功能，比如短信、基于位置的服务和触摸输入等。在本书的最后一个编程项目中，读者将创建一个名为 Take Me to Your Leader 的真实移动应用程序。

这个移动应用程序利用 Android 手机的功能，可以打电话、访问网站、在 Google 地图中加载位置等。

首先，读者可以在 Android Studio 中遵循以下步骤来创建一个新项目。

1．选择 Start a New Android Studio Project。如果读者没有看到这个，则选择 File→Close Project，关闭上一个项目。关闭后就能看到。

2．在 Application Name 文本框中，输入 Leader。它也将自动输入 Project Location 文本框。

3．确保 Company Domain 文本框中的内容是 java24hours.com，然后单击 Next 按钮。

4．选择 Phone 和 Tablet，选择软件开发工具包版本最旧的 API 15（如果 API 15 不可用，则选择可能的最旧版本的软件开发工具包），然后单击 Next 按钮。

5．选择 Fullscreen Activity，然后单击 Next 按钮。

6．在 Activity Name 文本框中，输入 LeaderActivity。

7．单击 Finish 按钮。

该项目出现在 Android Studio 的 Project 窗格中。

小提示

这个项目涉及很多领域。当读者使用它时，会发现打开 Android 开发者网站的参考部分更便于理解。

可以在此网站搜索 Android 类库中的 Java 类和项目中文件的文件名来了解更多信息。

24.4.1 组织资源

创建 Android 移动应用程序需要 Java 编程，但是很多工作是在 Android Studio 中完成的。当读者完全熟悉 Android 软件开发工具包的功能时，就可以在不编写任何 Java 代码的情况下完成大量工作。

读者不用编程就能做的一件事就是，创建移动应用程序将使用的资源。要查看这些资源，请在 Package Explorer 中展开 Leader 文件夹，然后展开/res 文件夹及其所有子文件夹。

资源包括 PNG、JPG 或 GIF 格式的图形、存储在 strings.xml 文件中的字符串、存储在 XML 文件中的图形用户界面布局以及其他可以创建的文件。另外两个资源是用于存储移动应用程序中使用颜色的文件 color.xml，以及用于定义图形用户界面组件的外观的文件 styles.xml。

新项目的/res文件夹中包含名为ic_launcher.png和ic_launcher_round.png的文件夹，它具有移动应用程序图标的不同版本。图标是用来启动移动应用程序的小图形。

ic_launcher.png的多个不同的版本是相同的图形，适用于不同分辨率的显示器。读者不会用到这些图标。一个新的图形文件appicon.png，将被添加到项目，并在移动应用程序的主要配置文件AndroidManifest.xml中被指定为其图标。

本书的资源包含appic.png和本移动应用程序需要的其他4个图形文件：browser.png、maps.png、phone.png和whitehouse.png。请下载所有5个文件，并将它们保存在计算机上的临时文件夹中。

Android对多分辨率的支持很方便，但在这里不需要调节分辨率。

可以使用剪切和粘贴命令将文件添加到资源。打开包含5个文件的临时文件夹，选择appicon.png并按Ctrl+C复制它。在Android Studio的Project窗格中，选择文件夹mipmap，右击并选择粘贴。接下来，返回临时文件夹，选择其他4个文件并按Ctrl+C复制它们。然后在Android Studio中，选择文件夹drawable并将文件粘贴到其中。

注意

资源在移动应用程序中使用ID标识。ID由文件名组成，文件的扩展名被删除。appicon.png的ID是appicon，browser.png的ID是browser，以此类推。资源不能具有相同的ID（除了相同的图形以不同的分辨率存储在mipmap文件夹中，因为它们被视为一个资源）。

如果没有扩展名，两个资源具有相同的ID，例如appicon.png和appicon.gif，Android Studio会标记错误，移动应用程序不会被编译。

资源还必须具有仅包含小写字母、数字、下画线和句点的名称。这个项目中的文件遵循这些规则。

现在项目有了一个新的图标，读者可以将它设置为移动应用程序的图标。这将通过编辑AndroidManifest.xml来实现。

24.4.2　配置移动应用程序的Manifest文件

Android移动应用程序中的主要配置工具是移动应用程序manifests文件夹中的一个名为AndroidManifest.xml的文件。双击AndroidManifest.xml，打开要编辑的XML文件。

icon字段标识移动应用程序的图标，该图标当前的值@mipmap/ic_launcher不正确。

在文件中找到如下行：

```
android:icon="@mipmap/ic_launcher"
```

该语句将设置移动应用程序的图标，并包含一个文件夹和资源名称。把它改成这样：

```
android:icon="@mipmap/appicon"
```

24.4.3 设计图形用户界面

移动应用程序的图形用户界面由布局组成，布局是容纳小部件（如文本框、按钮、图形和读者自己设计的自定义小部件）的容器。每个显示给用户的界面可以包含一个或多个布局。有垂直或水平堆叠组件的布局、将组件组织在表中的布局以及其他布局。

一个移动应用程序可以简单地包含一个界面，也可以包含多个界面。游戏可以组织成以下几个界面。

- 游戏加载时显示的闪屏。
- 一个主菜单界面，其中包含查看其他界面的按钮。
- 一个帮助界面，解释如何玩游戏。
- 得分界面，列出最高的玩家的得分。
- 游戏开发者的名字出现在得分界面上。
- 实际操作的游戏界面。

Leader 移动应用程序由一个界面组成，界面上有按钮，可以联系稍后要命名的 Leader。

移动应用程序的所有界面都保存在/res/layout 文件夹中。该移动应用程序在这个文件夹中有一个 activity_leader.xml 文件，它被指定为移动应用程序加载时显示的界面。

要开始编辑此界面的布局，请在 Package Explorer 中双击 activity_leader.xml。界面在 Android Studio 编辑窗格中被打开，如图 24.7 所示。

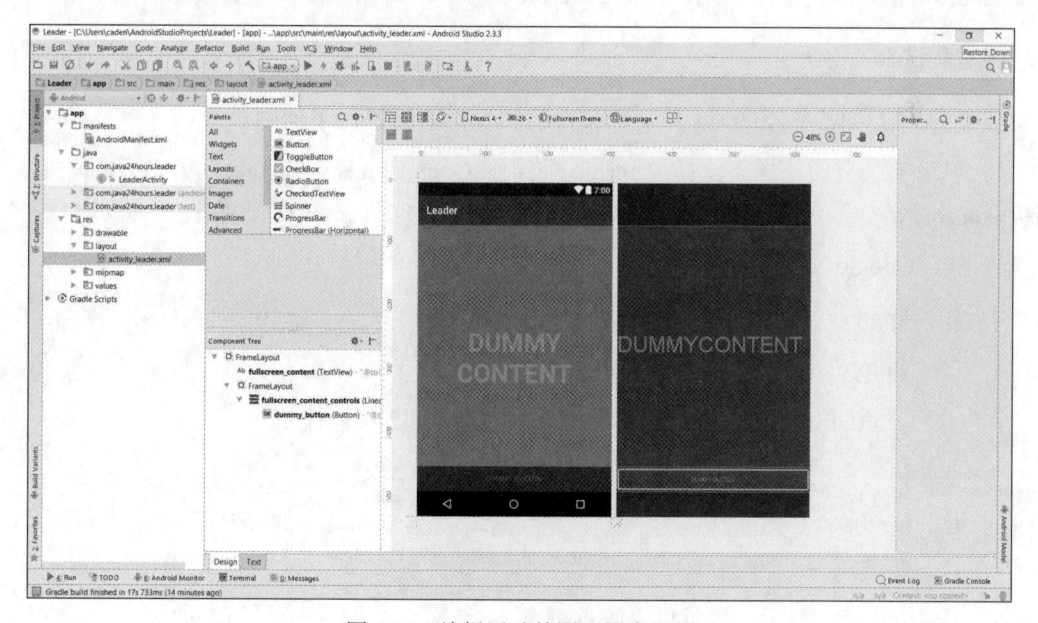

图 24.7 编辑活动的图形用户界面

24.5　总结

本章主要介绍了利用 Java 编写 Android 应用程序的过程，通过创建 Android 移动应用程序，可以进一步了解其组织结构，在有无 Android 手机的情况下运行程序（Android 手机与模拟器）。

本系列旨在帮助读者熟悉编程的概念，并对自己编写程序的能力充满信心——无论程序是在计算机、Web 服务器还是手机上运行。

在积累 Java 编程经验的同时，读者将熟悉程序设计的思想脉络，因为面向对象编程、虚拟机和安全环境等概念处于软件开发的前沿。

24.6　研讨时间

Q&A

Q：为什么使用 Android Studio 代替 NetBeans 来创建 Android 应用程序？

A：可以使用 NetBeans 来开发应用程序，但这是用于 Android 编程的更麻烦且支持较少的 IDE。Google 已将 Android Studio 指定为首选的 Android IDE。Android 开发人员网站上的官方文档和教程均使用 Android Studio。

适用于 Android 的大多数编程图书采用 Android Studio。尽管读者从 NetBeans 切换到 Android Studio 仍需要学习，但是掌握了编写、调试和部署应用程序的基础知识之后，读者会发现 Android Studio 更易于使用，因为 Android 对 Android Studio 的支持要好得多。

课堂测试

如果想测试刚刚在 Android 开发中获得的知识，请回答以下问题。

1．以下哪个公司不属于支持 Android 的组织 Open Handset Alliance（开放手机联盟）？拥护 Android？

A．Google。

B．Apple。

C．Motorola。

2．一个 Activity 使用哪个对象来告诉另一个 Activity 该做什么？

A．意图。

B．行动。

C．观点。

3．Android 模拟器无法执行以下哪些任务？

A．接收短信。

B．连接到互联网。

C．打电话。

答案

1．B。Apple.因为 Android 的创建部分是作为 Apple iPhone 的开源，非专有替代产品。

2．A。意图也是 Activity 与 Android 设备通信的方式。

3．C。模拟器无法完成实际设备可以做的所有事情，因此它们只测试一部分应用程序的流程。

活动

为了巩固读者的 Android 知识，请进行以下活动：

将 SalutonMondo 应用程序的文本更改为” Hello，Android”，然后在模拟器和 Android 设备上运行该应用程序（如果有）。

附录 A
使用 NetBeans IDE

虽然仅使用 Java 编程工具包和文本编辑器就可以创建 Java 程序，但是当读者使用 IDE 时，这种体验要愉快得多。

本书大部分程序使用 NetBeans IDE 编写，它是 Oracle 为 Java 程序员提供的免费 IDE。NetBeans IDE 是一个使组织、编写、编译和调试 Java 程序变得更容易的软件。它包括一个项目管理器、图形用户界面设计器和许多其他工具。一个特殊的工具是源代码编辑器，它可以在读者输入代码时自动检测 Java 语法错误。

在 8.2 版中，NetBeans IDE 已经成为专业 Java 开发人员喜爱的编程工具，它提供的功能和性能非常好。NetBeans IDE 也是 Java 新手较容易使用的 IDE 之一。

在本附录中，读者将了解有关 NetBeans IDE 足够多的知识。读者可以安装该软件并在本书中使用它。

安装 NetBeans IDE

NetBeans IDE 一开始的普及率不高，现在它已经成长为 Java 开发人员的主要编程工具之一。Java 的创建者戈斯林曾写道"我在所有 Java 开发中都使用 NetBeans 来进行。"多年来，在尝试了大多数可用的 IDE 之后，我也成为 NetBeans IDE 的使用者。

NetBeans IDE 支持 Java 标准版（Java SE）、Java 企业版（Java EE）和 Java 移动版（Java ME）这 3 个版本的 Java 编程。它还支持 Web 应用程序开发、Web 服务和 JavaBeans。本书的重点是 Java SE。

读者可以下载适用于 Windows、macOS 和 Linux 操作系统的 NetBeans IDE。该软件可与 JDK 捆绑下载，也可单独下载。计算机上必须安装 NetBeans IDE 和 JDK。NetBeans IDE 中有几个包，选择支持 Java SE 的包。

创建一个新项目

下载 JDK 和 NetBeans IDE，并按照安装向导在计算机上安装软件。读者可以在任何喜欢的文件夹中安装软件，但是最好还是使用默认的设置，除非读者有很好的理由这样做。

在安装之后第一次运行 NetBeans IDE 时，将看到一个 Start Page 页面，其中显示了可以跳转到 Demos 和 Tutorials 的链接（见图 A.1）。可以使用 NetBeans IDE 的内置 Web 浏览器读取这些内容。

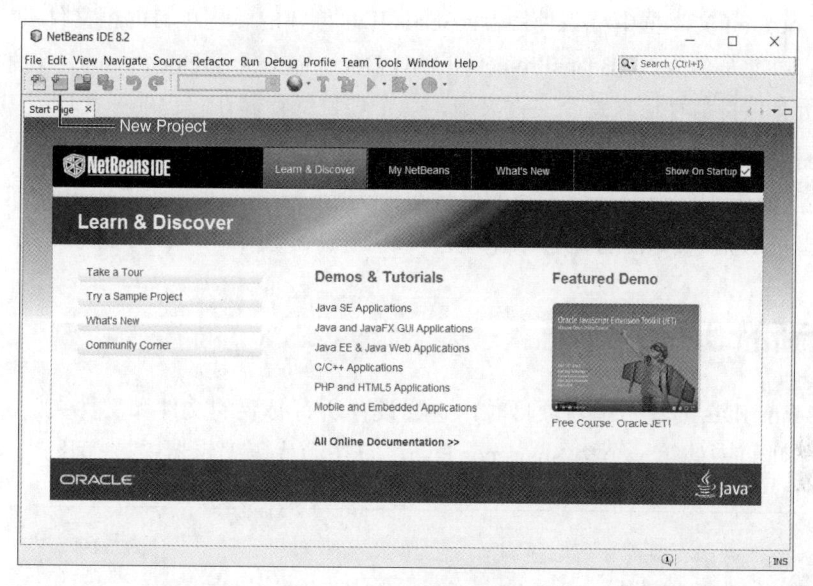

图 A.1　Start Page 页面

NetBeans IDE 项目由一组相关的 Java 类、这些类使用的文件和 Java 类库组成。每个项目都有自己的文件夹，可以使用文本编辑器和其他编程工具在 NetBeans IDE 之外探索和修改它。

要创建一个新项目，单击图 A.1 所示的 New Project 按钮，或者选择 File→New Project。打开 New Project 对话框，如图 A.2 所示。

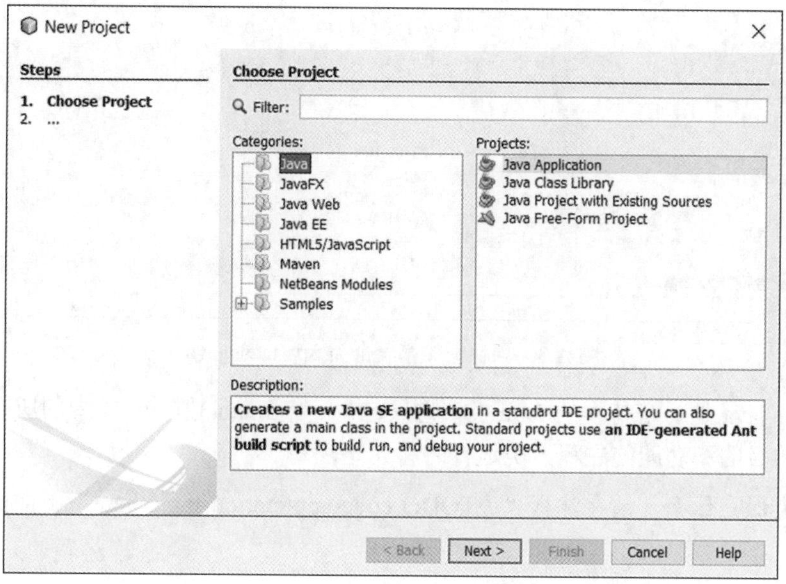

图 A.2　New Project 对话框

NetBeans IDE 可以创建多种类型的 Java 项目，但是在本书中，只创建一种类型的 Java 项目：Java Application。

对于读者的第一个项目（以及本书中的大多数项目），选择项目类型 Java Application 并单击 Next 按钮。此时，会要求为项目选择名称和位置。

Project Location 文本框中标识使用 NetBeans IDE 创建的编程项目的根文件夹。在 Windows 操作系统上，可能是名为 NetBeansProjects 的 My Documents（或 Documents）文件夹的子文件夹。创建的所有项目都存储在这个文件夹中，每个项目都存储在自己的子文件夹中。

在 Project Name 文本框中，输入 Java24。Create Main Class 文本框会对输入做出响应，建议将 java24.Java24 作为项目中主类的名称更改为 Spartacus 并单击 Finish 按钮，接受所有其他缺省值。完成后 NetBeans IDE 创建项目及其第一个类。

创建一个新的 Java 类

当 NetBeans IDE 创建一个新项目时，它会设置所有必要的文件和文件夹，并创建主类。图 A.3 显示了项目中的第一个类 Spartacus.java，它在源代码编辑器中被打开。

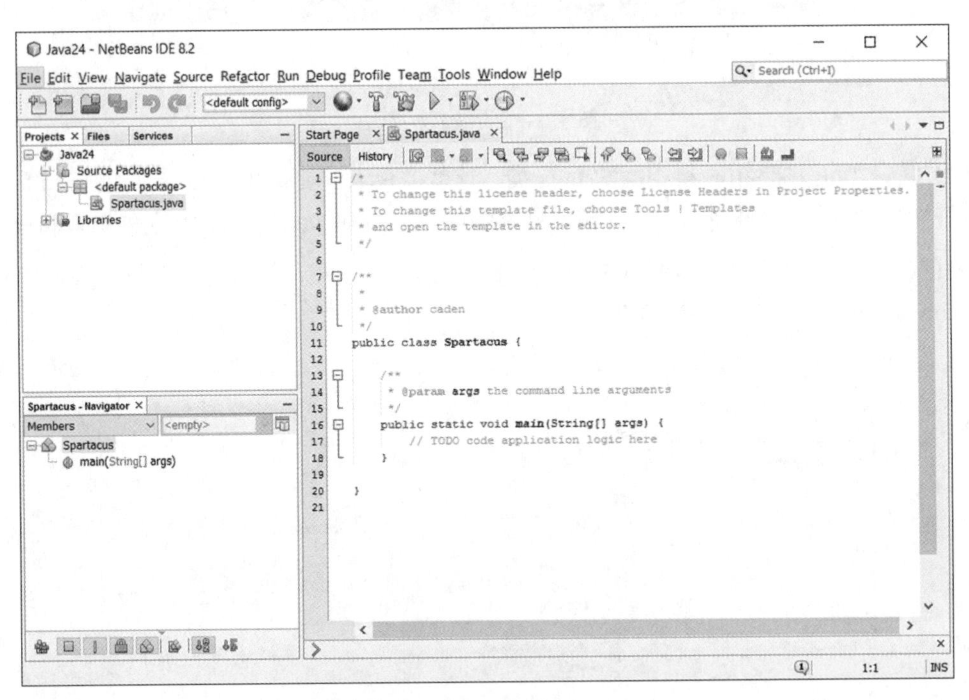

图 A.3　项目中的第一个类 Spartacus.java

Spartacus.java 是一个基本的 Java 类，它只包含一个 main()方法。类中的所有浅灰色内容都是解释类的目的和功能的注释，类运行时将忽略注释。

要让新类做点什么，请在注释“// TODO code application logic here”下面的新行上添加以下代码：

```
System.out.println("I am Spartacus!");
```

方法 System.out.println()显示一个文本字符串，在本例中是“I am Spartacus!”

确保输入的内容与显示的完全一致。确保输入正确的内容并以分号结束后，单击 Save All 按钮（或 File→Save All）保存类。

> **小提示**
>
> 当输入时，源代码编辑器会指出读者在做什么，并弹出与 System 类、out 实例变量和 println() 方法相关的有用信息。以后读者会喜欢这种帮助的，但现在要尽量忽略它。

在运行 Java 类之前，必须将它们编译成称为字节码的可执行形式。NetBeans IDE 尝试自动编译类。读者也可以用如下两种方式手动编译类。

- 选择相应菜单命令，编译文件。
- 在 Projects 窗格中右击 Spartacus.java，在弹出的快捷菜单中选择 Compile File。

如果 NetBeans IDE 不允许选择这些选项中的任何一个，那么表示它已经自动编译了该类。

如果类没有成功编译，则 Projects 窗格中的文件名 Spartacus.java 旁边会出现一个红色感叹号。要修复此错误，请将在源代码编辑器中输入的内容与清单 A.1 所示的 Spartacus.java 的完整源代码进行比较，然后再次保存文件。清单 A.1 中的行号不应该出现在读者的程序中——它们在本书中用于描述代码的工作方式。同样，第 9 行将使用读者自己的用户名来替代单词“User”。

清单 A.1　Spartacus.java

```
 1: /*
 2:  * To change this license header, choose License Headers in Project Properties.
 3:  * To change this template file, choose Tools | Templates
 4:  * and open the template in the editor.
 5:  */
 6:
 7: /**
 8:  *
 9:  * @author User
10:  */
11: public class Spartacus {
12:
13:     /**
14:      * @param args the command line arguments
15:      */
16:     public static void main(String[] args) {
17:         // TODO code application logic here
18:         System.out.println("I am Spartacus!");
19:
20:     }
21:
22: }
```

Java 类在第 11～22 行中被定义。当选择 Java Application 作为项目类型时，第 11 行之前的所有内容都是 NetBeans IDE 在每个新类中包含的注释。这些注释有助于向阅读源代码的人解释有关程序的内容，编译器会忽略它们。

运行应用程序

创建了 Java 类 Spartacus.java 并成功编译之后，可以在 NetBeans IDE 中以如下两种方式运行它。

- 选择 Run→Run File。
- 在 Projects 窗格中右击 Spartacus.java，在弹出的快捷菜单中选择 Run File。

运行 Java 类时，Java 虚拟机将调用它的 main()方法。字符串“I am Spartacus!”输出在 Output 窗格中，如图 A.4 所示。

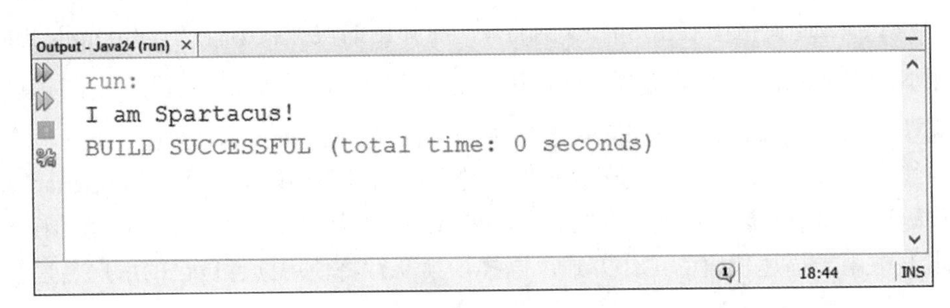

图 A.4　Spartacus.java 的输出

Java 类必须有一个 main()方法才能运行。如果试图运行一个缺少此方法的类，NetBeans IDE 将返回错误响应。

当检查完程序的输出后，通过单击 Output 窗格上的×（在 Output-Java24(run)的右侧）关闭 Output 窗格。这使得源代码编辑器更大，以便显示更多行。这在创建程序时非常方便。

修复错误

既然已经编写、编译并运行了 Spartacus.java，现在就应该试错，以获得一些经验，了解 NetBeans IDE 在出现严重错误时的响应方式。

像任何程序员一样，读者将有大量的实践来试错。

在源代码编辑器中打开 Spartacus.java，并去掉调用 System.out.println()的行（清单 A.1 中的第 18 行）末尾的分号。在保存文件之前，NetBeans IDE 就会发现错误，并在行左边显示一个红色警告图标（见图 A.5）。

将鼠标指针悬停在警告图标上，可以看到一个消息，描述 NetBeans IDE 发现的错误。

NetBeans IDE 源代码编辑器可以识别在编写 Java 程序时遇到的大多数常见编程错误和拼写错误。检测到错误将停止编译文件，直到错误被修复为止。

把分号放回这一行的末尾，红色警告图标消失，可以保存并再次运行该类。

这些基本特性是在本书中创建和编译 Java 程序所需要的全部内容。

NetBeans IDE 可以提供比这些特性多得多的功能，但是在深入研究 NetBeans IDE 之前，应该集中精力学习 Java。像使用简单的编程工具和文本编辑器一样使用 NetBeans IDE。编写类、标记错误，并确保可以成功地编译和运行每个项目。

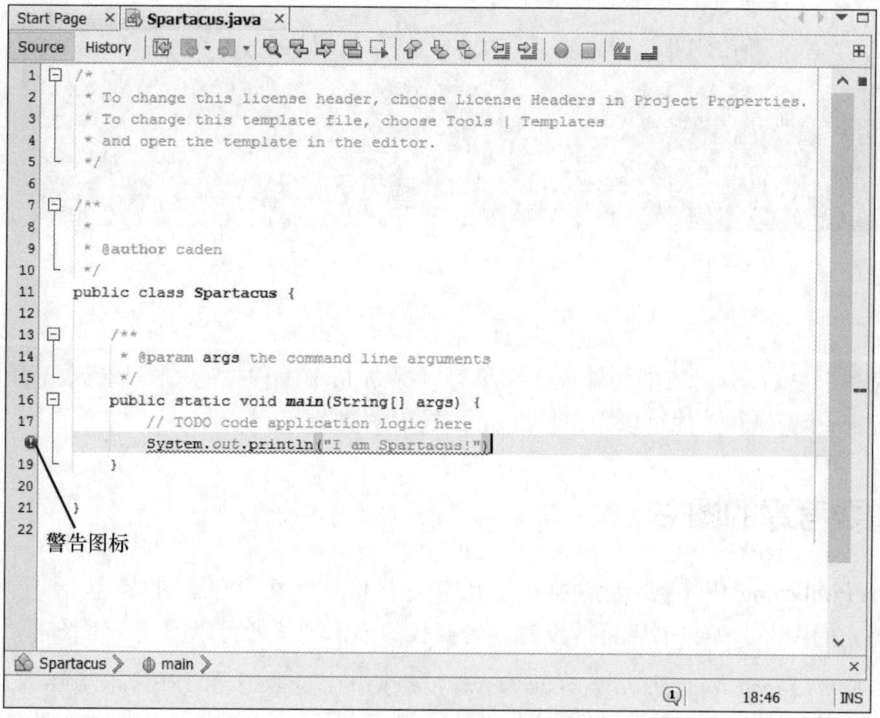
Start Page
Spartacus.java
Source
History
/*
* To change this license header, choose License Headers in Project Properties.
* To change this template file, choose Tools | Templates
* and open the template in the editor.
*/
/**
*
* @author caden
*/
public class Spartacus {
/**
* @param args the command line arguments
*/
public static void main(String[] args) {
// TODO code application logic here
System.out.println("I am Spartacus!")
}
}
警告图标
Spartacus
main
18:46
INS

图 A.5　标记源代码编辑器中的错误

当准备学习更多关于 NetBeans IDE 的知识时，Start Page 页面提供了学习如何使用它的资源。Oracle 还提供了相关教程和文档资源。

附录 B
获取 Java 资源

读完本书之后，读者可能想知道在哪里可以提高 Java 编程技能。本附录列出了一些图书、网站、Internet 论坛和其他可以用来扩展 Java 知识的资源。

其他需要考虑的图书

Sams Publishing 和其他出版商提供了几本关于 Java 编程的有用图书，包括一些对本书内容进行补充的图书。如果书店目前没有读者要找的书，则读者可以阅读如下图书。

- *Sams Teach Yourself Java in 21 Days*，罗杰斯·卡登黑德著。ISBN: 978-0-672-33795-6。虽然该书与本书前 7 章中的一些内容是重复的，但它更深入地讨论了 Java，并添加了许多高级主题。如果读者准备再花 504h 来学习 Java，那么这应该是一本合适的书。
- *Java Phrasebook*，蒂莫西·R.费希尔（Timothy R. Fisher）著。ISBN：0-67232-907-7。该书包含由专业程序员和 *Java Developer 's Journal* 创建的用于读者自己的 Java 项目的 100 多个代码片段。
- *Agile Java Development with Spring, Hibernate and Eclipse*，由阿尼尔·赫姆瑞贾尼（Anil Hemrajani）编写。ISBN：0-672-32896-8。这是一本 Java 企业版图书，展示了如何使用 Spring 框架、Hibernate 库和 Eclipse IDE 来降低企业应用程序编程的复杂性。
- *Android How to Program*，第 3 版由保罗（Paul）和哈维·戴特尔（Harvey Deitel）编写。ISBN：0-13-444430-2。该书系统介绍更新为 Android 6 和 Android Studio 的手机和平板计算机。通过阅读本书，读者将学习创建 8 个移动应用程序。
- *Java 9 for programming*，第 4 版由保罗和哈维·戴特尔编写。ISBN：978-0-134-77756-6。该书是对 Java 9 的高级探索，包括 Lambda 表达式、Java 模块系统、动画、视频以及使用 Java 数据库连接（Java DataBacse Connectivity，JDBC）和 Java 持久层 API（Java Persistence API，JPA）进行的数据库编程。

Oracle 的官方 Java 网站

Oracle 的 Java 软件部门维护着 3 个程序员和对该语言感兴趣的用户的网站。

一个网站可以下载 Java 编程工具包和其他编程工具的新版本，以及整个 Java 类库的文档。还有一个 Bug 数据库网站、一个本地面对面用户组目录和支持论坛网站。

该公司在官网上向消费者和非程序员推广使用 Java 的好处。读者可以从该网站下载 Java 运行时环境，该环境允许用户在他们的计算机上运行用 Java 创建的程序。该网站还有一个关于运行 Java 和解决安全问题的帮助部分。

Planet NetBeans 网站是多个博客的集合，这些博客讨论使用 NetBeans IDE 进行 Java 编程。网站上有来自博客的最新文章，读者可以在诸如 Feedly 这样的阅读器中订阅它们的 RSS 提要。

Java 类文件

Oracle 的 Java 网站中最有用的部分可能是 Java 类库中每个类、变量和方法的文档。网上有成千上万的免费网页，向读者展示如何在程序中使用这些类。

要查看 Java 9 的类文档，请访问 Java 官网。

附录 C
修复 Android Studio 模拟器的一个问题

自 2015 年发布以来，免费的 Android Studio 集成开发环境已经成为官方创建 Android 移动应用程序的工具。在第 24 章中，读者学习了如何使用 Android Studio 在 Java 中创建移动应用程序。

如果读者已经阅读了第 24 章并成功地在 Android 模拟器中运行了一个移动应用程序，那么读者不需要阅读本附录。

但是，如果读者根本无法使 Android 模拟器工作，那么读者可以通过阅读本附录解决某些问题。

运行移动应用程序的问题

当读者在 Android Studio 中运行某个移动应用程序时，可以选择 Run→Run App。

该命令打开一个 Choose Device 对话框，它询问应该在何处运行移动应用程序。该设备可以是真正的 Android 手机或平板计算机，如果它通过 USB 连接到读者的计算机，并配置为测试移动应用程序。该设备也可以是 Android 模拟器。

Android Studio 中的 Android 模拟器可以像运行 Android 手机和平板计算机一样工作。可以为多个 Android 虚拟设备设置一个模拟器。

一些用户第一次在 Android Studio 中使用模拟器运行 Android 移动应用程序时会遇到问题。模拟器崩溃了，这是一个不祥的消息：

```
ERROR: x86 emulation currently requires hardware acceleration!
Please ensure Intel HAXM is properly installed and usable. CPU
acceleration status: HAX kernel module is not installed!
```

此错误发生在 Windows 计算机上，表明在模拟器工作之前，它们需要来自 Intel 的硬件加速程序，称为硬件加速执行管理器（Hardware Accelerated Execution Manager，HAXM）。这个程序可以在 Android Studio 中下载，但是必须安装在 Android Studio 之外。

HAXM 是一种硬件虚拟化引擎，用于使用 Intel 处理器的计算机，它通过使模拟器运行得更快来加速 Android 开发。Android 移动应用程序编程的最大瓶颈之一是模拟器加载速度过慢。

在设置 HAXM 之前，必须将它添加到 Android Studio 的 Android SDK。

> **注意**
>
> HAXM 只应该安装在使用 Intel 处理器的计算机上。本附录解决了 Android Studio 需要 HAXM 来运行 Android 模拟器的问题。如果模拟器出现错误消息而没有提到 HAXM，请不要根据本附录内容来修复它。

在 Android Studio 中安装 HAXM

可以在运行 Android Studio 时下载 HAXM 并将其添加到 Android SDK。

单击 Android Studio 工具栏中的 SDK 管理器按钮，如图 C.1 所示。

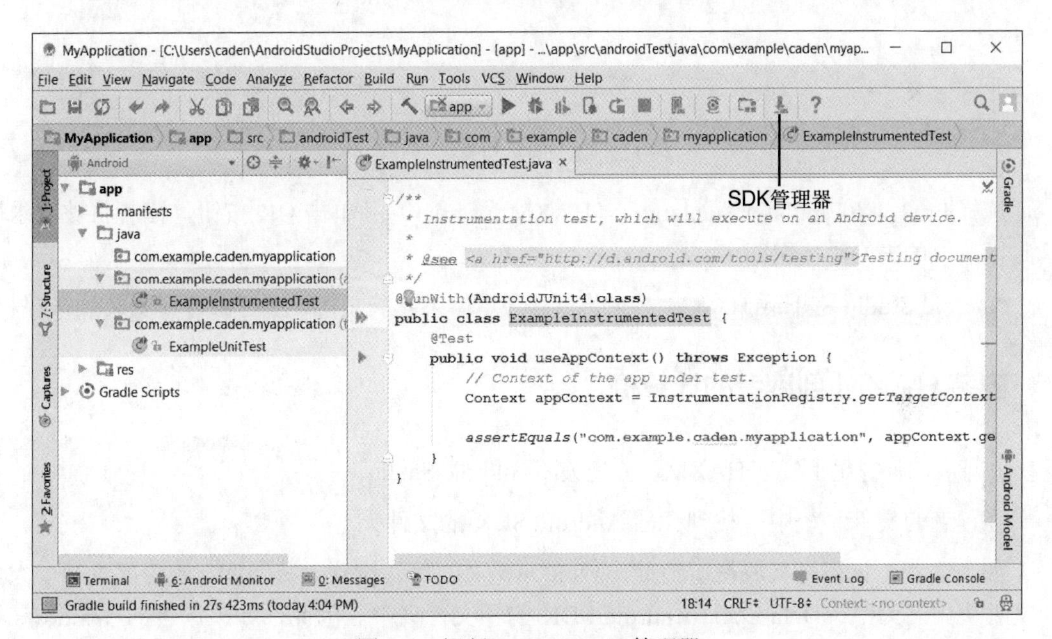

图 C.1　运行 Android SDK 管理器

SDK 管理器用于使用 Android 的附加版本和有用的 SDK 工具来增强 SDK。单击 SDK Tools。

SDK 中可用的工具将在已经安装的工具旁边列出，并在旁边加上一个复选框。

如果该项目旁边没有复选框，那么表示它还没有被添加到 Android Studio 的 Android SDK。

Android SDK 管理器如图 C.2 所示。

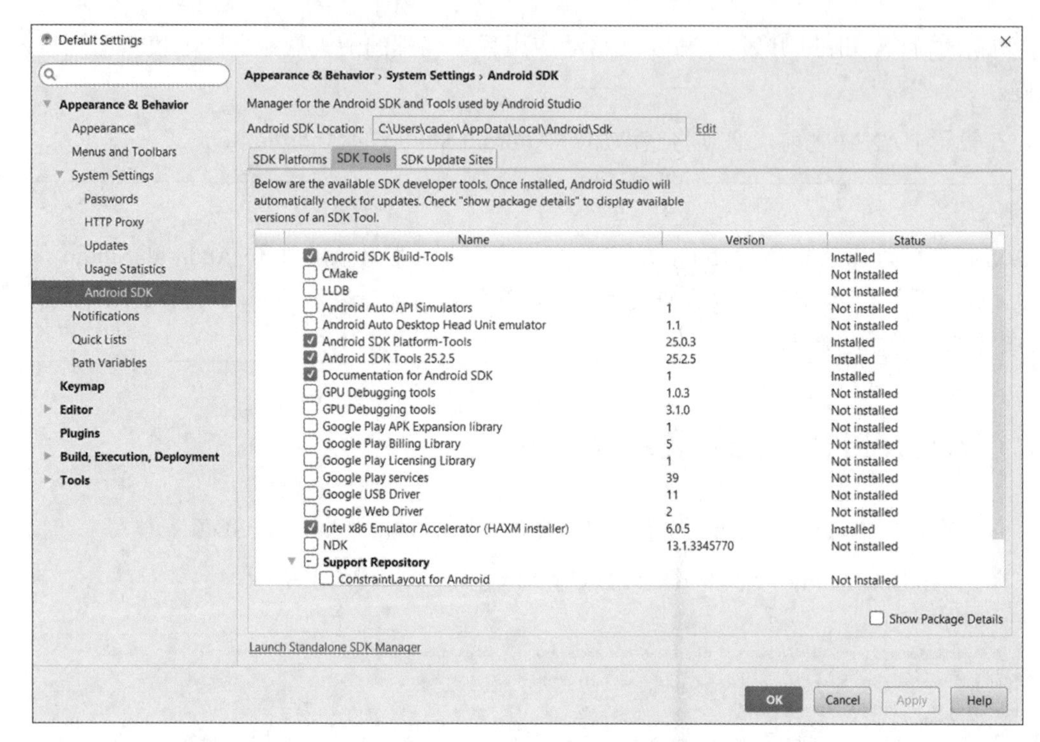

图 C.2　Android SDK 管理器

选择 Intel x86 Emulator Aaelerator（HAXM installer）并单击 OK 按钮。读者将被要求确认此更改，单击 OK 按钮即可。

Android Studio 将下载 HAXM 并报告其进度。如果安装正确，就可以将其安装到计算机。

安装 HAXM 到读者的计算机

在读者的计算机上安装 HAXM，首先关闭 Android Studio。

在读者的文件系统中，找到存储 Android SDK 的文件夹。

如果读者不记得将其放在了何处，Windows 上的默认设置是将 SDK 放在读者的个人用户文件夹中名为 AppData\Local\Android\SDK 的子文件夹中。因此，如果读者的 Windows 用户名是 Catniss，则 SDK 位置是\Users\Catniss\AppData\Local\Android\SDK。

如果读者在计算机上找到 SDK 的文件夹，请打开该文件夹，然后打开 extras\intel\Hardware_Accelerated_Execution_Manager 子文件夹。

该文件夹包含一个名为 intelhaxm-android.exe 的程序。这是 HAXM 安装程序。

HAXM 需要一台拥有 Intel 处理器、1GB 磁盘空间和 Windows 7 或更高版本的计算机，或者 64 位 macOS 10.8～10.11。此文件夹中名为 Release Notes.txt 的文本文件包含有关软件需求的详细信息。

在查看了发布说明文件之后，如果准备安装 HAXM，请运行 intelhaxm-android.exe 程序。安装程序将检查读者的计算机是否可以运行 HAXM，如果不能，则退出。

在安装期间，读者将被问到允许 HAXM 使用多少内存，默认值 2GB 应该足够了。

> **小提示**
> 如果读者稍后决定为 HAXM 分配了更多或更少内存，则可以通过再次运行安装程序来更改此设置。

安装了 HAXM 之后，读者应该重新启动计算机。

完成后，加载 Android Studio 并再次运行读者的 Android 移动应用程序，选择 Run→Run App。

移动应用程序应该在 Android 模拟器中运行。Android 模拟器看起来像一部手机，在加载时显示一个“Android”引导界面，然后运行移动应用程序。图 C.3 显示了 SalutonMondo 移动应用程序成功运行时的效果。

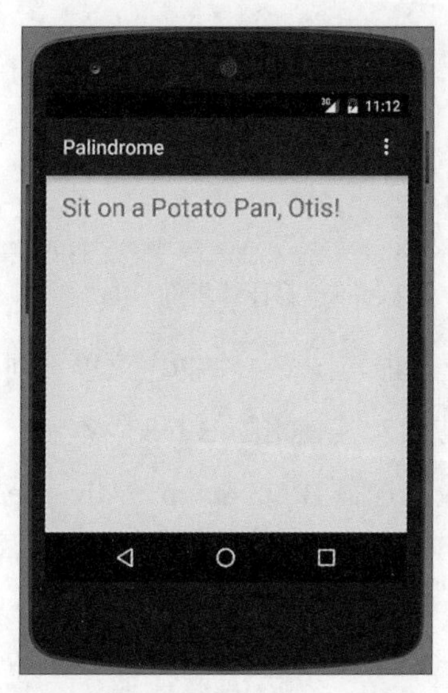

图 C.3　成功！模拟器加载并运行一个移动应用程序

如果成功了，读者就可以回到本书。

如果它以同样的错误消息失败，并要求读者“ensure Intel HAXM is properly installed and usable”，那么还有一件事读者可以检查，即检查计算机的基本输入/输出系统（Basic Input Output System，BIOS）设置并对其进行更改。

检查 BIOS 设置

要使 HAXM 工作，计算机的 BIOS 必须在其设置中启用 Intel 虚拟化技术。如果读者愿意更改 BIOS，那么检查和更改 BIOS 是一件很简单的事情。

因为 BIOS 的更改会影响读者的计算机的启动方式，甚至完全阻止它启动 Windows，所以只有在读者以前对计算机进行过 BIOS 更改时，才应该在 BIOS 中进行操作。否则，读者应该找一个专家来帮助自己，他可以指导读者完成这个过程。

BIOS 是一种软件，当读者打开 Windows 计算机时，它会控制计算机，负责启动计算机和其他必要的硬件功能。

当读者的计算机启动时，读者将看到一条简短的关于按功能键来检查 BIOS 设置的消息。

如果不按功能键，BIOS 将完成它的工作并加载 Windows。

如果读者按了功能键，读者将看到如图 C.4 所示的界面。

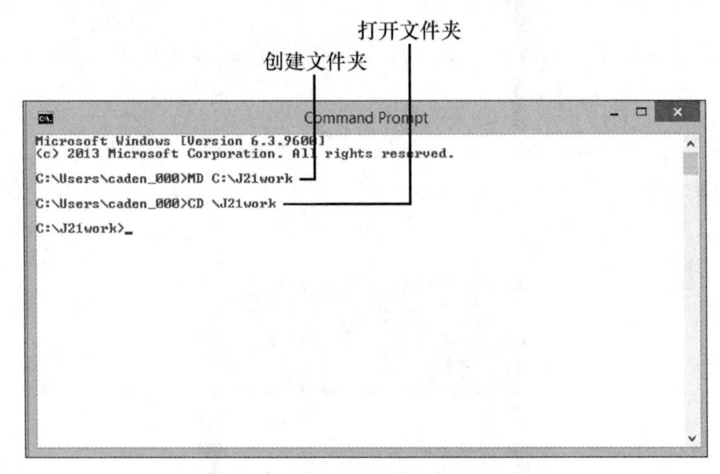

图 C.4　查看计算机的 BIOS 设置

读者计算机的 BIOS 主菜单可能与图 C.4 中的主菜单不同。

它取决于读者的计算机制造商及其使用的 BIOS 版本。

在我的戴尔台式机上，我通过选择 BIOS Setup→Advanced→Processor Configuration 来确定是否启用了 Intel 虚拟化技术。处理器设置列表在每个设置旁边显示“[Enabled]”或“[Disabled]”。这可以从一个设置切换到另一个设置。

如果读者在 BIOS 中启用 Intel 虚拟化技术并保存更改，读者的计算机应该能够运行 HAXM，并且应该解决模拟器问题。

附录 D 修复 NetBeans IDE 中不可见的包错误

Java 9 中引入的一个有趣的特性是模块，它使 Java 程序能够指出它们需要 Java 类库的哪些部分以及它们导出的类包。

模块还可以用来访问类库中通常不可用的 Java 包。直到模块 jdk.incubator.httpclient 被添加到该项目，第 21 章中对 HTTP 客户端的实验性支持才在编程项目中可用。

本附录介绍了当 NetBeans IDE 中的 Java 项目由于模块不可用而出现错误时应该如何处理。

添加模块信息

Java 类库包含数百个包。只有当它们的模块被添加到项目时，它们中的一小部分才可用。

如果试图导入模块中尚未可用的类或类组，import 语句将导致 NetBeans IDE 源代码编辑器标记错误。

下面是一个例子：

```
import jdk.incubator.http.*;
```

如果这导致源代码编辑器左侧边缘出现红色警告图标来标记错误，那么请查看错误消息：

```
Package jdk.incubator.http is not visible
(package jdk.incubator.http is declared in module
jdk.incubator.httpclient, which is not in the module
graph)
```

此错误消息显示模块的名称必须添加到项目以解决问题。在本例中，它是 jdk.incubat.http。

模块是在默认包中名为 module-info 的 Java 类中设置的（换句话说，根本没有 package 语句的类）。

按照以下步骤向 NetBeans IDE 中的 Java24 项目添加模块。

- 选择 File→New File，然后在 Categories 列表框中选择 Java。
- 在 File Types 列表框中选择 Java Module Info。

➢ 单击 Next 按钮。

➢ 对话框显示类名 module-info，不允许选择包名。单击 Finish 按钮。

在源代码编辑器中打开 module-info.java 文件以进行编辑。它只需要以下 3 行语句：

```
module Java24 {
    requires jdk.incubator.httpclient;
}
```

module 关键字后面跟着 Java24，因为这是项目的名称。如果要将模块添加到不同的项目，则应相应地修改语句。

在花括号内的 module 块中，requires 关键字后面跟着模块名 jdk.incubator.httpclient。如果读者的项目需要不同的模块，请编辑此语句以对应不同的模块。

一个项目可以有多个 requires 语句。

保存了 module-info.java 文件后，项目中的任何 Java 程序都可以使用模块（或多个模块）中的类。在该模块中添加包的 import 语句将没有错误，程序可以被编译并运行。